黑龙江水体水溶性有机物组成及微生物利用特性

魏自民　贾立明　杨天学　李英军　张　旭　赵　越　主编

科学出版社

北　京

内 容 简 介

水溶性有机物（DOM）是水体中由各种有机分子构成的复杂混合体，对水生生态环境具有重要作用。本书以黑龙江流域水体 DOM 微生物利用特性为研究对象，探讨了黑龙江流域 DOM 的组成及复杂化特征，证实了黑龙江流域 DOM 组分均为类腐殖质物质，揭示了黑龙江流域浮游细菌群落组成和理化变量、DOM 及地理因素之间的关系，构建了 DOM 组分与浮游细菌群落结构的响应关系。结合室内模拟，开展了 DOM 生物利用特性研究，阐明了 DOM 中 C、N、P 组分转化特性；基于最小二乘法构建了有机碳、有机氮、有机磷矿化动力学模型；通过冗余分析，揭示了 DOM 生物利用特性、DOM 组成与水体优势微生物的响应特性。

本书可供从事流域水环境、湖泊科学、水质标准、环境科学与工程、生态学、生物学等多个学科的科研和管理人员阅读。

图书在版编目（CIP）数据

黑龙江水体水溶性有机物组成及微生物利用特性/魏自民等主编. —北京：科学出版社, 2018.6

ISBN 978-7-03-057597-5

Ⅰ. ①黑… Ⅱ. ①魏… Ⅲ. ①黑龙江–水溶性–有机物–水生微生物–研究 Ⅳ. ①X143 ②Q938.8

中国版本图书馆 CIP 数据核字(2018)第 124934 号

责任编辑：罗 静 岳漫宇 田明霞 / 责任校对：王晓茜
责任印制：张 伟 / 封面设计：北京图阅盛世文化传媒有限公司

科学出版社 出版
北京东黄城根北街 16 号
邮政编码: 100717
http://www.sciencep.com

北京虎彩文化传播有限公司 印刷
科学出版社发行 各地新华书店经销

*

2018 年 6 月第 一 版 开本：B5 (720×1000)
2018 年 6 月第一次印刷 印张：15 1/2
字数：302 000

定价：128.00 元

(如有印装质量问题, 我社负责调换)

《黑龙江水体水溶性有机物组成及微生物利用特性》编辑委员会

主编 魏自民 贾立明 杨天学 李英军 张 旭 赵 越

编委（按姓氏汉语拼音排序）

崔洪洋 东北农业大学
贾立明 黑龙江省环境监测中心站
李英军 北京农业职业学院
庞 燕 中国环境科学研究院
邱琳琳 东北农业大学
时俭红 东北农业大学
汤 玉 东北农业大学
魏自民 东北农业大学
吴俊秋 东北农业大学
许秋瑾 中国环境科学研究院
杨天学 中国环境科学研究院
张 旭 东北农业大学
赵昕宇 中国环境科学研究院
赵 越 东北农业大学
朱龙吉 东北农业大学

前　言

水溶性有机物（dissolved organic matter，DOM）是水体中十分活跃的组分，可通过其生物利用特性影响水生生态系统的理化性质，参与生态系统的物质和能量循环，在水生生态系统中发挥着重要的作用。浮游细菌作为淡水生态系统的重要组成部分，参与催化重要的生物地球化学反应，并在水生食物网的微食物环中起重要作用。随着浮游细菌群落组成评价方法的进步，越来越多的关注点聚焦在影响群落结构的决定性因素上。水生生态系统中 DOM 是生物圈有机碳的最大存储库，它和浮游细菌群落组成的联系最为密切。黑龙江流域地处我国的最北端，当春季融雪发生时，来源于植物残体和表层土壤的水溶性有机物进入水体中，对黑龙江流域的水生环境产生重要影响。因此，研究黑龙江流域水体 DOM 组成及微生物利用特性，可为该流域分区、分类管理提供重要的科学依据。

本书研究成果是在东北生态屏障区生态环境监测预警与管控技术研究（201509040）、国家水污染控制专项专题东北平原与山地湖区湖泊基本特征调查及富营养化现状和趋势分析（2009ZX07106-001-001-001）、兴凯湖富营养化控制标准应用研究（2009ZX07106-001-006-005）、国际环境监测与信息 2111101（2013）“中俄界河（黑龙江和乌苏里江）本底、有机污染现状及浓度水平调查”等联合资助下完成的，同时也参考收录了大量国内外相关专家学者专著或论文的最新内容，作者也从中获得了很大的教益与启发，在此向他们表示衷心的谢意。

本书分 3 章，其中第 1 章系统分析了黑龙江流域水体氮磷组分、叶绿素 a 季节性变化规律及区域分布特性。采用紫外光谱、荧光光谱分析方法，探讨了黑龙江流域 DOM 的组成及腐殖化特征；发现了黑龙江流域 DOM 组分均为类腐殖酸物质，证实了 DOM 组分对黑龙江流域 COD_{Mn}、BOD_5 贡献率较小。第 2 章采用变性梯度凝胶电泳对黑龙江流域各季节浮游细菌的多样性和群落组成进行分析，并结合多元统计分析方法探究了黑龙江流域浮游细菌群落组成和理化变量、DOM 及地理因素之间的关系；证实了黑龙江流域的主要优势浮游细菌隶属于 α 变形菌纲、β 变形菌纲、拟杆菌纲及放线菌纲；阐明了水体理化特性时空变化对浮游细菌群落结构的影响，构建了 DOM 组分与浮游细菌群落结构的响应关系。第 3 章采用室内模拟的方法，开展了 DOM 生物利用特性研究，阐明了 DOM 中 C、N、P 组分转化特性，基于最小二乘法构建了有机碳、有机氮、有机磷矿化动力学模型。结合荧光特性分析，探讨了矿化过程中 DOM 荧光组分变化规律，揭示了 DOM 组分碳固定与释放的互动关系。通过冗余分析，揭示了 DOM 生物利用特性、DOM 组成与水体优势微生物的响应特性。

编写此书的主要人员和分工是：第 1 章，魏自民、赵越、张旭、崔洪洋、朱龙吉；第 2 章，贾立明、汤玉、李英军、庞燕、邱琳琳；第 3 章，杨天学、许秋瑾、时俭红、赵昕宇、吴俊秋。全书由魏自民和赵越完成统稿及校稿工作。

本书是作者多年来在水环境领域研究与实践的结晶，但还有许多研究工作需要不断的补充和完善。限于作者水平和经验，虽经努力，书中仍难免有不妥之处，在此恳请读者不吝指教。

作　者

2017 年 8 月于东北农业大学

目　　录

第1章　黑龙江水体水溶性有机物结构组成特性

1.1　水溶性有机物生态学意义

1.1.1　黑龙江流域概况

黑龙江是一条非常重要的国际河流，它流经蒙古国、中国和俄罗斯三个国家。其全长约为 5498 km，中国境内长度约为 4440 km，是中国的四大河流①之一；流域面积约为 185.5×10^4 km^2，在中国境内可达 89.34×10^4 km^2，约占全流域的 48%[1]。黑龙江是由南源的额尔古纳河和北源的石勒喀河于黑龙江省漠河以西的洛古河村进行汇合后形成的。沿途接纳俄罗斯境内的结雅河、布列亚河和中国境内的呼玛河、逊河、松花江和乌苏里江等支流，最终在俄罗斯境内注入鞑靼海峡。黑龙江干流大致可分为三段，上游为洛古河到黑河市流域，其长约为 905 km；中游为黑河市到乌苏里江口流域，其长约为 982 km；下游为乌苏里江口到黑龙江入海口流域，其长约为 934 km。黑龙江上游流经大兴安岭余脉与阿马札尔岭山坡之间的山谷，属于山区性河流，两岸山地很多，山岩陡峭，森林覆盖率可达 70%，水流较急，涨落变幅较大，流态杂乱。中游流入结雅河—布列亚河盆地，左坡与平原融为一体，右坡与小兴安岭毗连，

① 中国的四大河流为黑龙江、黄河、长江和珠江。

该段以平原区为主，兼有山区性河流特征，属于河流过渡段，两岸植被大多为柳、桦、杨等杂树和草原耕地等[2]。

在黑龙江流域，主要为季风气候。全年平均气温为−8～6℃，具有显著的时空分布差异，该流域年降水量平均可达 400～600 mm，上游流域降水量要低于下游流域，且全年降水分布不均，主要集中在夏季，可达全年降水量的 60%～70%。该流域由于充沛的降水，较好的植被覆盖，以及永久冻层的存在，具有良好的径流条件，地表径流较为丰富。径流量季节差异显著，夏季径流量最大，可占全年径流量的 70%，冬季径流量很小，仅占 2%左右[2, 3]。

黑龙江流域具有丰富的自然资源。该流域主要有大兴安岭、小兴安岭、长白山和张广才岭等山脉，森林覆盖率较大，以兴安落叶松等寒带针叶林和针阔混交林为主。由于位于几个生物地理区的重叠地带，这里的生物也是极其多样的，据统计，维管植物可达 5000 多种，鸟类有 400 多种，东北虎等哺乳动物有 70 多种，还有 120 多种鱼类生活在该流域。该流域也具有丰富的土壤资源，包括肥力较高、适合农作物生长的黑土和黑钙土，森林覆盖区的暗棕壤，以及盐渍化草甸土。黑龙江两岸土壤多为具有大量腐殖质的黑土，流经黑龙江的水流冲刷岸边的土壤，使黑土沉入江中，沉积在江底，使得黑龙江水体看起来是黑色的[3]。

黑龙江是中国的第三大河[4]，也是中俄界河，其流域生态环境的变化会直接影响两岸居民的生产生活。黑龙江水资源是重要的战略资源，对其进行整治和保护可对保护黑龙江流域黑土地、湿地、森林等重要自然资源发挥重要作用，防止流域生态环境退化，保证黑龙江流域的可持续发展。其水资源的保护对边境地区的稳定及国土生态安全也具有重要意义。所以，黑龙江的环境保护问题一直受到有关部门和社会各界的广泛关注。近些年，人们针对黑龙江流域地理环境、地表水和水环境等方面进行了大量的研究[1, 3]。

在地理环境研究方面，易卿等对黑龙江—阿穆尔河流域研究发现，气候变暖使得该流域生态环境发生了变化[5]。满卫东采用统计分析、定量分析和对比分析等方法对研究区内湿地动态变化特征进行了研究[6]。于灵雪等通过研究发现黑龙江流域积雪覆盖面积具有显著的季节变化[7]。

在地表水研究方面，也有研究者对中国境内黑龙江流域的自然地理概况、降水、蒸发及水文观测等方面进行了论述，并对气候变化和冻土对产流方式的影响等水文研究成果进行了完善[1]。郭敬辉对黑龙江干流和重要支流的水道网分布、分段特征和径流的年变化规律等进行了论述，并科学地分析了洪水、冰凌、干旱等水文现象，对黑龙江的水文状况作出了经济评价[8]。赵锡山对 2013 年 8 月黑龙江干流造成洪水的原因进行了分析，并计算出了结雅水库和布列亚水库对黑龙江中下游洪水的影响程度[4]。

在地表水环境研究方面，郭锐等采用有机污染综合评价法分析了黑龙江干流水质，发现黑龙江水体主要污染指标是高锰酸钾指数，但水质总体较好[9]。李玮等对松花江流域水污染进行了研究，并提出注重水污染的风险管理等相应的调控对策[10]。

近些年，虽然针对黑龙江流域的研究较多，但对黑龙江水体水溶性有机物（DOM）的生物有效性，以及 DOM 的来源、组成和演化过程的研究很少，所以，有必要针对以上几个方面对黑龙江水体进行研究，帮助人们更好地了解黑龙江水体 DOM 的来源、组成和演化过程，以及DOM通过其生物有效性在氮、磷等营养元素的生物地球化学循环过程中所发挥的重要作用。

1.1.2 DOM研究现状

1.1.2.1 DOM概述

DOM为自然水体的组成成分，其中含有水体中微生物分泌和降解产物及陆源动植物腐烂分解产物，且具有不同的分子质量和复杂的结构，是非常重要的生物地球化学载体[11]。有色DOM为DOM组成的一部分，俗称黄质，但近期研究中，学者多倾向采用有色DOM统一表征DOM中的光吸收组分。但也有研究者按照DOM对光的吸收能力将其分为有色水溶性有机物（CDOM）和非发色水溶性有机物（UDOM）。在不同水体中，UDOM和CDOM在DOM中所占的比例也不同。CDOM是水溶性有机碳中最为活跃的部分之一，对全球碳循环及气候变化具有不可忽视的调节作用；同时也是影响海洋光场的主要因素之一，具有吸收紫外光和可见光后发射荧光的性质。通过其荧光性质的差异，可以反映出CDOM组成的差异，进而反映出水环境下物理、生物和化学过程[12, 13]。目前，CDOM的紫外及荧光光谱学特性已经被用来研究海湾、河口、河流及海洋水体中CDOM的来源、沉降及海水混合过程，对水环境的研究意义重大[12, 14]。

1.1.2.2 DOM的光谱学性质

1. DOM的荧光性质

荧光是水体中的DOM在特定的激发或发射波长的照射下，激发

DOM 中的电子使其从基态跃迁到空轨道至激发态，电子从激发态跃迁回到基态的过程中所发出的光即为荧光。DOM 中含有大量拥有不同官能团的芳香结构及不饱和脂肪链[15]，因为 DOM 的发色团中含有较低能量的 π-π*跃迁的芳香结构（及共轭生色团），所以 DOM 具有发荧光的特性。多年来，许多科研工作者均利用荧光光谱技术研究不同环境水体中 DOM 的来源和迁移转化。三维荧光光谱（EEM）技术可同时提供 DOM 不同激发和发射波长荧光特性的详尽信息，同时通过 EEM 指纹图谱峰也可识别不同来源 DOM，是一种非常灵敏的光谱学指纹技术，因此受到越来越多的国内外相关学者的关注。

2. DOM 的紫外吸收性质

一般情况下，DOM 的相对浓度可以利用紫外光谱某一波长下的吸收系数来表示，常用的吸收系数有 $\alpha375$[11]、$\alpha355$[16]、$\alpha350$[17]和 $\alpha280$[18]。吸收系数 α 的计算方法如下：

$$\alpha(\lambda)=\alpha(\lambda_0)\times e^{S(\lambda_0-\lambda)}$$

式中，S 为光谱斜率系数；$\alpha(\lambda)$ 为在 λ 波长下的吸收系数；$\alpha(\lambda_0)$ 为在参考波长 λ_0 下的吸收系数。

通常情况下，通过非线性回归拟合出的光谱斜率 S 的数值为 DOM 的一个重要的定性指标，能够反映出 DOM 的芳香碳含量的变化，对 275～290 nm 及 350～400 nm 两个波段的紫外数据用 Origin2015 数据处理软件进行非线性拟合即可得到光谱斜率比值 $S_{275\sim295}$ 和 $S_{350\sim400}$，即可更加准确地表征 DOM 中芳香碳的相对含量。

1.1.2.3 DOM组成及其来源

1. DOM 的组成

（1）类蛋白物质：DOM 中类蛋白物质的荧光发色团主要为水体中游离态或结合态的芳香环氨基酸物质[19]。同时 DOM 的类蛋白发色团中类色氨酸和类酪氨酸也是其主要的成分[20]。

（2）类腐殖质物质：自然水体中类腐殖质物质是复杂分子的混合物，其中包括富里酸和胡敏酸等[21]，腐殖质物质的来源不同其组成成分也有所不同。有研究表明，胡敏酸的芳构化程度高于富里酸[22]。同时研究表明，胡敏酸荧光峰（Ex/Em）位置相比富里酸有红移现象，且很难将两种物质的荧光峰位置区分开[23, 24]。

2. DOM 的来源

（1）陆源输入：自然水体中 DOM 的来源主要为水体自身、污水、生物活动及沉积物。此外，DOM 的组分分布还受到光漂白、生物活动降解等的影响[18]。研究表明，自然水体表层水主要受到陆源河流和污水输入的影响，底层水体主要受到生物活动和微生物降解的影响[25]。同时，自然因素（环流、沿岸流、底层流、潮汐作用、冷水团和强风暴等）、水体底部栖息动物扰动和人为因素等也可导致DOM在自然水体中的再分配[15, 26]。研究表明，雨水中的 DOM 也可对自然水体中的 DOM 产生影响[27]。

（2）生物活动：研究表明，水体生物活动严重影响着自然水体中的 DOM[13, 28]，Hátún 等研究发现，水体中类蛋白物质的荧光强度与叶绿素 a 的含量具有较强的相关性[29]。Sierra 等研究发现，强的类蛋白物质荧光信号可在发生赤潮的水体 DOM 中被检测到[14]。Coble 等发现 DOM 的荧光强度与营养盐含量存在正相关关系，该结果可解释海域中层水体中，DOM 的主要来源为微生物活动的产物[30]。也有研究表明，水体中 DOM 类蛋白物质的一个重要来源是细胞衰老和死亡的破解产物[31]。

（3）沉积物来源：沉积物与接触面的水体在一定的水域中其 DOM 的含量也会相对较高，该水体中沉积物成为 DOM 的主要来源。这不仅影响水体中 DOM 的平面及垂直分布，而且研究表明，在成岩过程中沉积物附近水体会产生活性 DOM（氨基酸类物质）[26]，此外颗粒性有机物（POC）的矿化也成为水体 DOM 的主要来源[32]。

1.1.2.4　DOM 的环境行为

水体 DOM 一般分为两个去向：光解反应、微生物降解反应。光解作用为 DOM 降解的主要反应[18]。光解 DOM 可产生许多无机 C、N 等营养物质，同时也可产生分子质量较小的有机质以满足水体中微生物生长，使水体中微生物活性增强。

1.1.3　DOM 的研究方法

1.1.3.1　三维荧光光谱分析方法

三维荧光光谱（EEM）的原理是在激发和发射波长范围内同时扫描样品，将激发和发射各波长处的荧光强度提取绘制三维图，建立 DOM 样品的空间光学图谱，如图 1-1 所示，通过三维荧光光谱得出荧光组分的荧光峰并进行归类，荧光峰位置以及所代表的荧光类型如表 1-1 所示。荧光光谱相对紫外-可见吸收光谱的敏感性更强，荧光光谱与紫外-可见吸收光谱相比可输出更多关于化学组成的细节信息。因为不能准确地确定水体中单个荧光化，所以研究人员将三维荧光矩阵进行分解，将其分解成 5 个区域，各区域的位置以及代表的物质如图 1-1 所示。

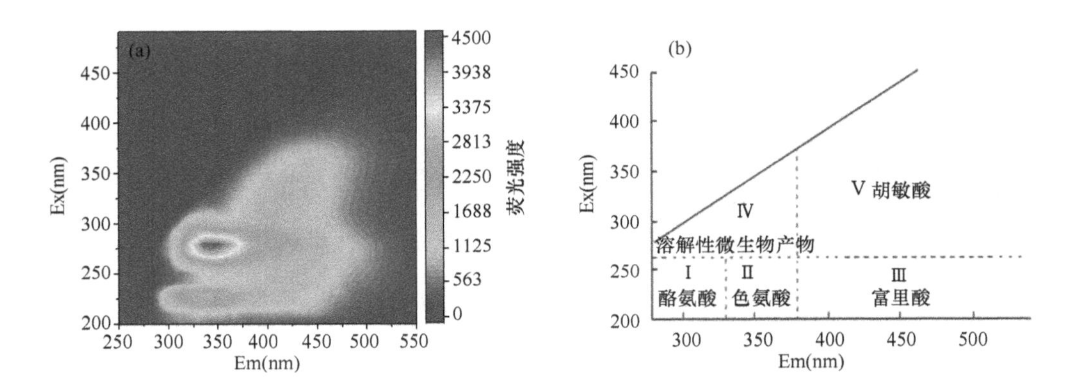

图 1-1 常见水体三维荧光光谱图（a）及各区域的代表物质（b）（彩图请扫封底二维码）
Figure 1-1 Excitation-emission 3-D fluorescence spectra of water（a）; the substances that each region represent in regional integration analysis（b）

表 1-1 三维荧光光谱中各荧光基团所代表的物质
Table 1-1 The substances that each fluorescence peak represent for in exciation-emission 3-D fluorescence spectra

荧光基团	性质描述	Ex/Em（nm）位置
A	类腐殖质	237～260/300～500
C	类腐殖质	300～370/400～500
Q	海洋类腐殖质	290～310/370～410
B	类蛋白（类酪氨酸）	225～237/309～321 与 275/310
T	类蛋白（类色氨酸）	225～237/348～381 与 275/340

应用 EEM 技术研究 DOM，是基于其分子结构中大量的带有

不同官能团的芳香结构与不饱和脂肪链等发色基团。同时 EEM 对这些发色基团具有较高的灵敏性，多年来国内外诸多专家学者均利用该技术对陆源 DOM 输入进行示踪，以及表征其动力学和迁移转化方面的研究[16, 21, 32, 33]。EEM 可以表征 DOM 在激发（Ex）、发射（Em）以及荧光强度组成的三维图谱中不同物质的具体信息，同时也可对 DOM 的来源进行谱峰的辨别，因此 EEM 被学者认为是一种“DOM 指纹识别技术”。有学者提出该技术可应用于区分陆源腐殖质及本底腐殖质[34]。

1.1.3.2　平行因子分析方法

平行因子（PARAFAC）分析被用于 EEM 荧光光谱的分解分析，它的原理是基于交替的最小二乘法迭代，可将由多个 EEM 数据集构成的矩阵进行分析并分解，该模型方程如下：

$$X_{ijk}=\sum_{f}^{F}c_{if}b_{jf}a_{kf}+\sigma_{ijk}\quad i=1,\cdots,I;\ j=1,\cdots,J;\ k=1,\cdots,K$$

式中，F 代表模型中的荧光组分数；X_{ijk} 代表在整个 EEM 数据集中第 k 个样本 EEM 矩阵在 i 激发波长和 j 发射波长的荧光强度；c_{if} 为 EEM 矩阵 $\boldsymbol{A}$ 中与 i 激发波长处的吸光系数成正比的元素（i，n）；b_{jf} 为 EEM 矩阵中与第 n 个分析样品的荧光量子产率有关的 j 激发波长处的元素（j，n）；a_{kf} 为 EEM 矩阵中元素（k，n）的相对浓度，该浓度与第 k 个样品第 n 个组分的浓度成正比；σ_{ijk} 为该模型中的误差项，它代表着不能为模型所揭示的数值。平行因子分析法可最大限度地表征所有荧光信息，识别荧光信号并将重叠部分进行分解，使其成为相对独立的荧光矩阵，可提高光谱分析的准确性，此外，PARAFAC 输出的结果是唯一的，可解决由于组分间化学结构相似所导致的辨别组分困难的问题。

依据前人分析，PARAFAC 分析为研究水环境中 DOM 的 EEM 提供了较好的支持。EEM 结合 PARAFAC 现已广泛应用于江、河、湖、海等水体[35~40]的 DOM 检测中，并且用于追寻其在生态环境中的变化特性。表 1-2 提供了 PARAFAC 各荧光峰的位置、来源及其性质的描述。

表 1-2　PARAFAC 分析得到水体 DOM 荧光组分特性描述

Table 1-2　Characterization of PARAFAC components of water DOM

荧光组分	峰位置 λEx/Em（nm）（PARAFAC）	性质描述	参考文献
类酪氨酸	B 峰：275/305～310 D 峰：230/300～310	色氨酸类物质，可能来源于本土、微生物降解产物或陆源物质	B1 峰=（220～235）nm/（304～310）nm [41] B2 峰=（270～280）nm/（304～310）nm [41] 组分 4=274nm/306nm [36] 组分 4=（260～290）nm/（290～340）nm [42]
类色氨酸	T 峰：280/320～350 S 峰：230/325～350	氨基酸类物质，可能来源于本土、微生物降解产物或陆源物质	微生物组分 3：295nm/398nm [37] 组分 6：<260（325）nm/385nm [39] 组分 1：（240）320nm/396nm [43]
类腐殖质	A 峰 A：230～260/380～460 C 峰：320～360/420～480	芳香类氨基酸组分，普遍存在于陆地以及颗粒性有机物中	组分 4：<250（360）nm/440nm [44] 组分 5：345nm/434nm [37] 组分 8：<260（355）nm/434nm [19]
类腐殖质	M 峰：290～310/370～420	海洋自身的类腐殖质物质（浮游生物以及微生物的残体降解产生）或陆源物质	陆源组分 1：<240nm/436nm [36] 组分 1：<260nm/458nm [39] 组分 2：250nm/420nm [21]
非类腐殖质	N 峰：280/370	不稳定物质，水环境下微生物降解产物	组分 3：（270）360nm/478nm [36] 组分 3：（275）390nm/479nm [39] 组分 4：（270）390nm/508nm [43]

1.1.3.3　二维相关光谱分析方法

二维相关光谱（2DCOS）分析方法，可对获取的 DOM 的二维光谱（如紫外光谱、同步荧光光谱）数据进行分析，并获得另一个维度上的数据，提升光谱的分辨率，并可识别含有多个重叠峰的复杂二维光谱，并可通过提供各峰信号之间的变化关系，识别分子内与峰之间的相互作用。Noda 依据二维核磁共振（NMR）技术理论提出了把磁实验中多重射频励磁看作对体系的一种外部扰动这样一个概念。这种全新的看待二维 NMR 技术的视角为二维相关技术在其他领域的应用提供了无限的潜力。经过后续的一系列实验分析，Noda 等再次对已有的理论进行修正，将 2DCOS 技术进行扩展，即外扰形式从局限于正弦波形扩展到各种波形，从简单的脉冲波、正弦波到静态的物理变化或随机的噪声都可应用于外扰，如电场、热、磁、化学、机械，甚至声波等变化。因此通过对 DOM 的二维光谱数据的相关光谱分析，可得出 DOM 的演化情况[45, 46]。

1. 二维同步相关光谱

同步的 2DCOS 强度 Φ（v_1，v_2）表征在外扰 R 的 R_{min}～R_{max} 区间内，横纵坐标 v_1 和 v_2 测量的光谱峰强度的同步变化情况，表征在外扰的施加下光谱信号动态变化的协同变化程度。当光谱 v_1 和 v_2 波长处动态变化一致时，Φ（v_1，v_2）为最大值；而当光谱 v_1 和 v_2 波长处两个光谱的动态趋势变化正交（即相差为 π/2）时，Φ（v_1，v_2）的值为 0；当 v_1 和 v_2 动态变化趋势彼此反相（即相差为 π）时，Φ（v_1，v_2）的值最小。

图 1-2 为 2DCOS 的示意图。二维同步相关光谱为轴对称图形，它的对称轴为 v_1=v_2 对角线。相关峰出现在对角线上和非对角线区域。对角线上的相关峰与数学中自相关函数紧密相关，所以称为自动峰（autopeak）。如图 1-2（a）所示，对角线上的 A、B、C、D 峰为自动

峰。自动峰总为正值，它的强度代表特定的光学变量 v 在外扰 R_{min}～R_{max} 区间内变化的程度。因此在外扰区间内光谱的任一区域内出现显著的变化都会出现强自动峰。剩下的近似不变的区域不会出现自动峰，即自动峰代表系统在外在因素影响下导致的光谱强度变化在不同峰位置相关光谱改变的敏感程度。

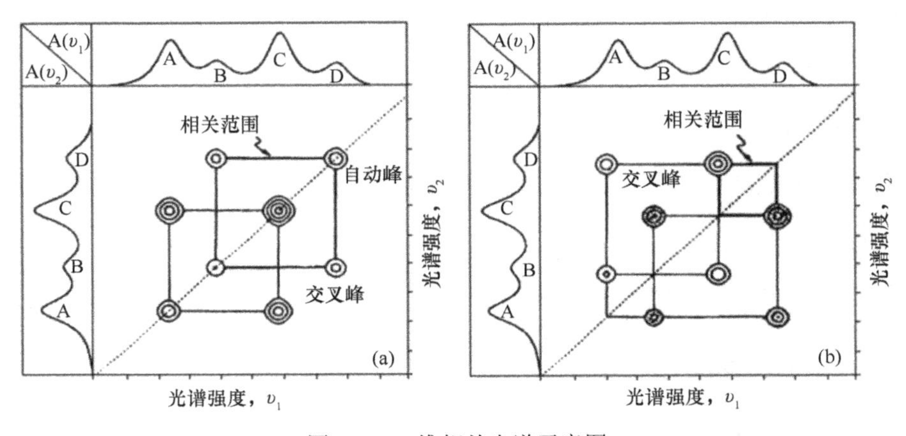

图 1-2　二维相关光谱示意图

Figure 1-2　The diagram of 2DCOS

在对角线两旁呈现对称的同步 2DCOS 峰称为交叉峰（crosspeak），表示位于不同光谱波数 v_1 和 v_2 的波峰变化呈现同步趋势。交叉峰则可能表示这两个峰所代表的物质在外扰下的变化机理以及这两种物质的起源是相同的。

自动峰的数值始终为正值，但交叉峰的数值可能为正也可能为负。在所观察的外在干扰 t 的变化范围内，若在不同光谱位置处的两个峰强度同时增大或者减小，二维同步相关光谱上交叉峰就会显示为正值；反之则为负值。

如图 1-2（a）所示，光谱峰 A 和 C 在 2DCOS 的同步光谱中的交叉峰为负值，则表示光谱峰 A 和 C 在外扰条件下的变化方向是相反的，即一个增大而另一个减小；光谱峰 B 和 D 在 2DCOS 的同步光谱中的交叉峰为正值，则表示光谱峰 B 和 D 在外扰条件下的变化方向是一致的，即它们在同时增大（或减小）[45]。

2. 二维异步相关光谱

图 1-2（b）为二维异步相关光谱图示。异步 2DCOS 表征的是在光谱波长 v_1 和 v_2 处光谱的强度在同一外扰条件下呈现的继承性的、连续的演变情况，光谱强度 Φ（v_1，v_2）数值的含义是在同一外扰条件下两个光谱信号之间动态演变的差异程度。当两个光谱信号的动态演变彼此正交时，Φ（v_1，v_2）值达到最大或者最小；但当两个动态光谱信号同相或者异相时，Φ（v_1，v_2）的值为 0。不同于同步 2DCOS 的是，异步 2DCOS 的对角线两侧呈现反对称图谱。异步 2DCOS 没有自动峰，仅仅由对角线两侧的交叉峰组成。异步 2DCOS 交叉峰产生的原因是两个光谱峰光谱强度变化拥有相同的加速度。这种光谱特性可帮助区分重叠在一起的但起源不同的峰。只要光谱中光谱强度的连续变化拥有足够大的差别，即便两个物质峰互相紧密靠近也可以准确区分。

异步 2DCOS 在光谱学参数的范围内一定会出现交叉峰。异步 2DCOS 的交叉峰可为正值也可为负值。如果在 v_1 波谱下的光谱强度变化明显地在 v_2 波谱下的光谱强度变化之前，那么就会出现负峰（仅针对对角线右下方区域而言）；如果在 v_2 波谱下的光谱强度变化之后，则会出现正峰（仅针对对角线右下方区域而言）。但如果 Φ（v_1，v_2）<0，则结果规则相反。如图 1-2（b）所示，A 和 C 处的交叉峰发生

在 B 和 D 之后[45]。

1.1.4 对黑龙江水体 DOM 研究的意义

黑龙江流经中国、蒙古国和俄罗斯 3 个国家，是一条非常重要的国际河流。黑龙江有其独特的水环境，它位于我国东北部，气候严寒，冰封期长，且流经大兴安岭、小兴安岭等山脉，形成森林径流，使得水体中腐殖质含量较高。

DOM 是水体中由各种有机分子构成的复杂混合物，其不断经历着多种生物地球化学过程，是重要的生物地球化学的载体，具有非常重要的环境意义。DOM 可通过其生物利用特性影响水生生态系统的理化性质，参与生态系统的物质和能量循环，它还对土地利用状况等流域生态环境的变化敏感，能够指示人类活动对生态环境的影响，帮助人类了解生态环境恶化的原因和机制。另外，DOM 还可以追踪其输入源，用于鉴定水体有机质的不同来源，从而记录污染物源头。

DOM 有着非常重要的光谱学意义，它可在自然水体中起着水体有机质基团示踪的作用，同时也可作为环境中的指示因子。DOM 是水体中水溶性有机质的混合物，其成分较复杂，近些年，众多的专家学者一直以 254 nm 波长处的吸收系数来代表自然水体中 DOM 的浓度[15, 47]。影响自然水体颜色的重要因素之一是：DOM 在紫外以及可见光波段可呈现出较强的吸收[47]。国家气象中心报告指出，我国大气中的臭氧层数量呈现逐年减少的趋势，导致紫外线透过大气层的辐射增加，也导致 DOM 的分布和迁移变化发生较大的转变，因此研究自然水体中 DOM 的光谱学特性对于研究全球生态系统碳循环作用显得越来越重要。

DOM 也具有显著的生物学意义，DOM 主要由分子质量较大的溶解性有机物组成，而大分子溶解性有机物不容易被微生物等浮游生物降解利用[48]，结构复杂、分子质量大的 DOM 组分通常需要经阳光照射、光漂白后分解为小分子有机质，才能供水体中的浮游生物以及微生物生长繁殖利用[49]。由此总结出 DOM 经过光化学反应以后，化学性质和理化性质都发生了相应的变化[50]。

DOM 在水中还可以与金属离子络合，吸附有机污染物等，由此可见 DOM 对污染物的迁移转化作用有重要影响，因此研究 DOM 对于研究黑龙江水体的碳通量、有毒重金属、营养元素的迁移循环、生态动力学过程有重要作用。

1.2　水体 DOM 样品采集及测试方法

1.2.1　样品采集及处理

研究分别在 2014 年 2 月、5 月、6 月和 8 月进行取样，选取黑龙江流域 8 个采样点为研究对象，其中包括黑龙江的南源额尔古纳河，干流包括洛古河、呼玛河上游、黑河、名山及同江东港，支流包括呼玛河和乌苏里江，支流采样点较为靠近干流每个采样点，每个季节采取 5 个平行样品进行测定。各采样点信息见表 1-3。采集的水体样品装入预先经稀盐酸浸泡并用 Milli-Q 水进行清洗过的棕色玻璃集水瓶中，水样采集完成后，将玻璃集水瓶置于冰上，立即送至实验室并进行理化及光谱学分析。水样运送回实验室立即将水样过 0.45 μm 玻璃纤维素滤膜以排除颗粒性物质、原生生物和部分微生物

（注：在水样过膜之前，0.45 μm 玻璃纤维素滤膜需要用 Milli-Q 水进行清洗，以去除滤膜上的杂质）。过完滤膜的水体即为该样品的 DOM，将其装入预先清洗过的棕色瓶中。然后对各采集的样品进行光谱学分析，以及理化指标的测定，所有的测定均在样品采集后的 24 h 之内完成。

表 1-3 黑龙江流域各采样点基本信息

Table 1-3 Basic information of the sampling sites in Heilongjiang watershed

名称	采样点代码	纬度	经度
额尔古纳河	EER	53°19′55.1″N	121°28′59.8″E
洛古河	LGR	53°21′08.2″N	121°35′24.2″E
呼玛河上游	HMSR	51°44′07.5″N	126°39′59.1″E
呼玛河下游	HMR	51°39′54″N	126°36′27.2″E
黑河	HR	50°05′28.7″N	127°31′23.8″E
名山	MR	47°41′12.6″N	131°03′09″ E
同江东港	TJR	47°57′18.7″N	132°39′51.9″E
乌苏里江	WSR	48°13′55.8″N	134°40′2.8″E

1.2.2 水体理化指标的测定

水体中各指标主要包括 C、N 和 P 指标，其中 C 指标指的是水溶性有机碳（DOC）和颗粒性有机碳（POC）；N 指标包括水溶性总氮（total dissolved nitrogen，TDN）、硝态氮（NO_3^--N）、亚硝态氮（NO_2^--N）、氨态氮（NH_4^+-N）和水溶性有机氮（DON）；P 指标包括总溶解性磷（total dissolved phosphorus，TDP）、水溶性反应磷（dissolved reactive phosphorus，DRP）和水溶性有机磷（DOP）。

DOC 的测定利用日本岛津 TOC/TN-V 分析仪，其他各指标的测定均依据《水和废水监测分析方法》[51]。DON 的测定采用过硫酸钾氧化-紫外分光光度法，硝态氮（NO_3^--N）的测定采用紫外分光光度法，亚硝态氮（NO_2^--N）的测定采用 *N*-(1-萘基)-乙二胺光度法，氨态氮（NH_4^+-N）的测定采用纳氏试剂光度法，总溶解性磷（TDP）的测定采用过硫酸钾消解-钼锑钪比色法，水溶性反应磷（DRP）的测定采用钼锑钪比色法。水溶性有机氮（DON）的浓度为水溶性总氮与水溶性无机氮的差值，即 DON=TDN−（NO_3^--N + NO_2^--N + NH_4^+-N）。水溶性有机磷（DOP）的浓度为总溶解性磷质量浓度与水溶性反应磷质量浓度的差值，即 DOP=TDP－DRP。化学需氧量（COD_{Mn}）采用高锰酸钾氧化法进行测量。五日生化需氧量（BOD_5）采用 BOD 检测仪进行检测。

1.2.3　水体 DOM 吸收光谱测定

将采集后的水体样品，在最短的时间内进行紫外可见吸收光谱扫描，本实验采用紫外分光光度计对水体 DOM 进行测定，扫描波长为 200～900 nm，扫描波长间隔 0.5 nm。测定 254 nm、350 nm 及 440 nm 的特征紫外吸光度，并与 DOC 浓度作比值计算，结果记为 α254、α350 和α440；对 203 nm、220 nm、253 nm 下吸光度进行提取，计算 E_{253}/E_{203} 及 E_{253}/E_{220} 的值；300 nm 与 400 nm 的吸光度比值记为 E_{300}/E_{400}；对 226～400 nm 的紫外吸光度进行面积积分，记为 $A_{226\sim400}$；计算 275～295 nm 及 350～400 nm 波长的曲线斜率，记为 $S_{275\sim295}$、$S_{350\sim400}$。

1.2.4 水体 DOM 荧光光谱测定

采用 HITACHI Luminescence Spectrometer F7000 仪器进行 DOM 荧光光谱的测定，主要性能参数如下。激发光源：150 W 氙弧灯；PMT 电压：700 V；信噪比>110；带通（Bandpass）：Ex = 1 nm；Em =2 nm；响应时间：自动；扫描光谱进行仪器自动校正。同步扫描光谱：波长扫描范围为 E_{ex} = 200～600 nm，$\Delta\lambda = E_{em} - E_{ex}$ = 18 nm，扫描速度为 200 nm/min；三维荧光光谱：发射光谱波长 E_{em} = 200～600 nm，扫描速度：2400 nm/min。

1.2.5 数据处理

利用 OriginPro 2015 分析碳、氮、磷各指标的变化趋势，利用 SPSS 22.0 进行相关性分析，利用 MATLAB R2013a 软件进行投影寻踪模型分析、平行因子分析，利用 Canoco 5 软件进行非度量多维标度分析，利用 2D shige 软件进行相关光谱分析。

1.3 黑龙江水体 DOM 特性研究

1.3.1 黑龙江流域水体理化特性

1.3.1.1 DOC 与 POC 的区域差异性

如图 1-3（a）所示，黑龙江流域 DOC 含量从上游 EER 到 HMR 采样点呈现逐渐降低的趋势。除 HR 采样点外，其他采样点 DOC 含量差异不大。HR 处 DOC 含量最高，这可能是由于 HR 采样点靠近小兴安岭，有大量的山间径流将土壤中的有机质带入水体，导致 HR 采样点 DOC 含量较高。

POC 被视为森林生态系统的碳收支重要组分，是森林土壤的活性碳库，主要以大气沉降、雨水携带、凋落物质等形式输入森林土壤系统，然后以土壤的呼吸作用、侧向运输，以及渗透的方式输出生态系统。而黑龙江水体上游存在较低含量的 POC，自 MR 采样点下游 POC 含量呈现明显的上升趋势。由于受到黑龙江地理因素的影响，黑龙江春季融雪以及雨季山间径流会将大量的森林陆源有机质带入黑龙江水体。尤其明显的是 MR 采样点，其与小兴安岭相邻较近，山间径流携带大量的陆源有机质进入黑龙江水体，这也就导致黑龙江下游水体 POC 累积，导致其含量显著升高[图 1-3（b）]。

1.3.1.2　COD_{Mn}与 BOD_5的区域差异性

化学需氧量（chemical oxygen demand，COD_{Mn}）是以化学氧化方法测量水体中可被氧化的还原性物质的量。其数值代表水体中可还原性物质的含量，其中主要成分为有机物。但 COD_{Mn}数值高不一定意味着对水体产生危害，需具体判断分析有机物的种类及其可降解情况。以《地表水环境质量标准》来衡量黑龙江水体 COD_{Mn}，在 HR 上游黑龙江水体可达到《地表水环境质量标准》中的 I 类和 II 类水标准（COD_{Mn}≤15 mg/L）[图 1-4（a）]。而黑龙江 HR 采样点及其下游水体 COD_{Mn}较高，这可能是由于 HR 采样点下游恰好与小兴安岭走势一致，山间径流带入大量陆源物质，导致水体中有机物含量上升，致使 COD_{Mn}数值较高，HR 采样点及其下游水体达到Ⅳ类水标准（COD_{Mn}≤30 mg/L）[图 1-4（a）]。

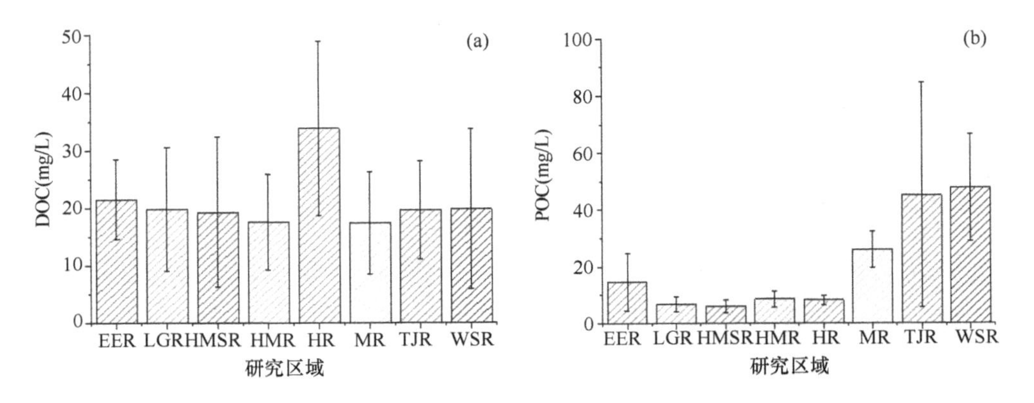

图 1-3 黑龙江流域水体 DOC 和 POC 分布特征

Figure 1-3 Distribution characteristic of DOC and POC in Heilongjiang watershed

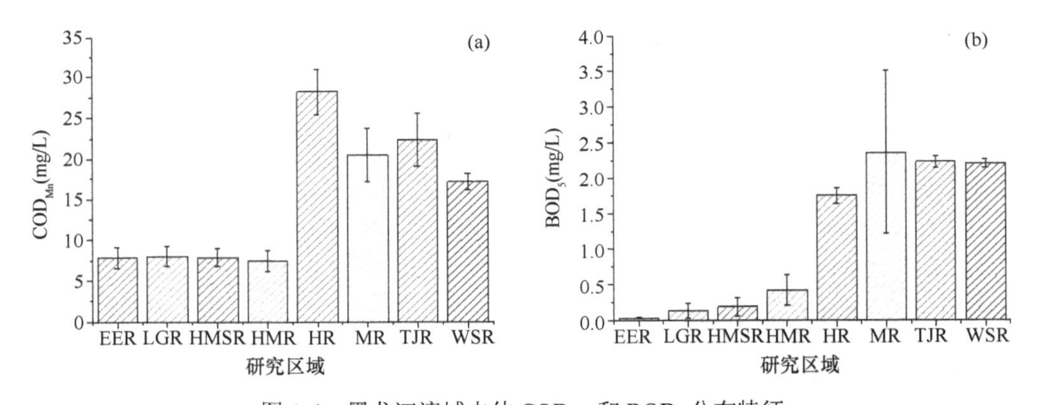

图 1-4 黑龙江流域水体 COD_{Mn} 和 BOD_5 分布特征

Figure 1-4 Distribution characteristic of COD_{Mn} and BOD_5 in Heilongjiang watershed

五日生化需氧量（biochemical oxygen demand，BOD_5）是一种利用微生物代谢所消耗的溶解氧量间接表示水体有机物含量的指标。如图 1-4（b）所示，从黑龙江上游采样点 EER 到 HMR 采样点，黑龙江水体 BOD_5 呈现逐渐缓慢上升的趋势。以《地表水环境质量标准》来衡量黑龙江水体 BOD_5，其可达到《地表水环境质量标准》中的 I 类和 II 类水标准，自采样点 HR 及其下游开始，水体

BOD_5显著高于其上游（$P<0.05$），其原因可能是HR采样点处及其下游小兴安岭大量的山间径流流入黑龙江水体，带入大量的陆源有机质，导致水体BOD_5显著升高。

1.3.1.3　NH_3^+-N、NO_3^--N、NO_2^--N的区域差异性

NH_3^+-N、NO_3^--N、NO_2^--N为水质重要的指标，本研究在黑龙江各采样点对其进行了监测。NH_3^+-N和NO_2^--N浓度过高时会影响水生生物体血氧的正常携带，严重时会引起水生生物窒息死亡。NH_3^+-N作为水体微生物和藻类重要的N来源，对黑龙江水体微生物和藻类的活动以及有机物的转化有着重要的影响。NO_3^--N可对生物致癌、致畸，有学者提出饮用水中NO_3^--N最高含量为5.600 mg/L，从黑龙江水体NO_3^--N含量（图1-5）数据来看，其NO_3^--N含量较低，目前处于安全范围。氮素是植物生长所需的主要营养元素之一，过量的氮素会造成自然水体富营养化。由图1-5可知，黑龙江水体NH_3^+-N含量为（0.164±0.085）～（0.661±0.039）mg/L，其中HMSR采样点NH_3^+-N含量最低，HR采样点NH_3^+-N含量最高；NO_3^--N含量为（0.125±0.085）～（0.610±0.258）mg/L，其中HMSR采样点NO_3^--N含量最低，HMR采样点NO_3^--N含量最高；NO_2^--N含量为（0.003±0.002）～（0.041±0.037）mg/L，其中MR采样点NO_2^--N含量最低，HR采样点NO_2^--N含量最高。以《地表水环境质量标准》来衡量黑龙江水体N含量，可知，EER、LGR、HMSR、MR、WSR采样点水体NH_3^+-N含量可达到地表水质标准中的Ⅰ类和Ⅱ类水质，而HMR、HR和TJR采样点NH_3^+-N含量较高，为Ⅲ类水质。

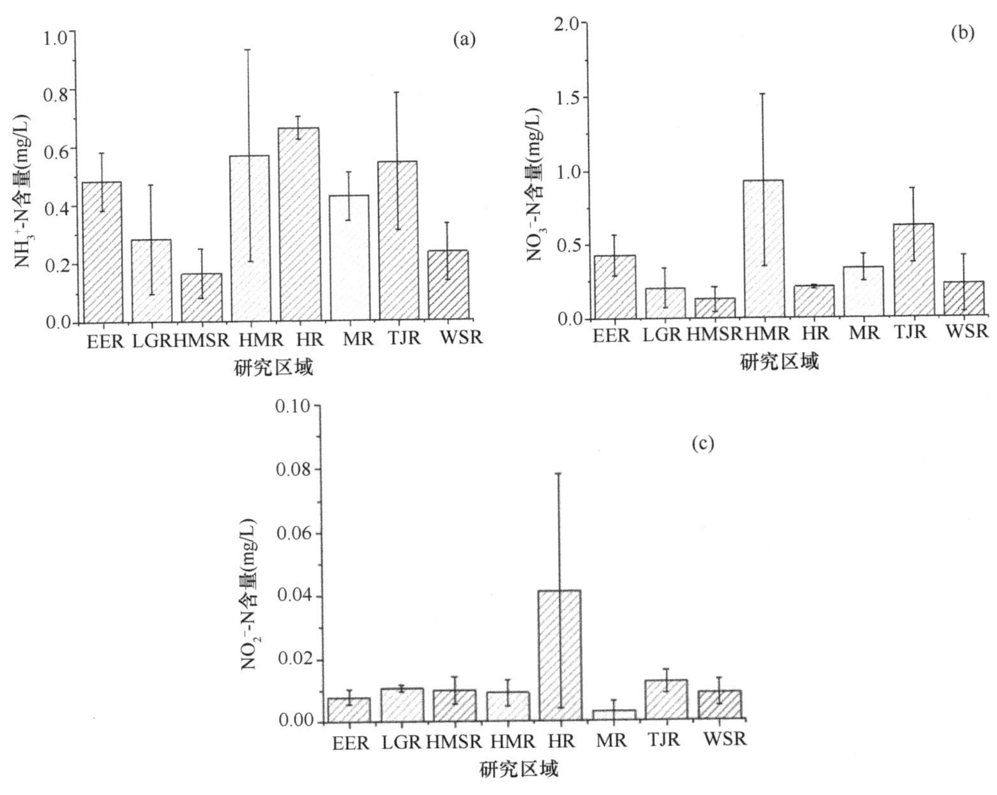

图 1-5 黑龙江流域水体 NH_3^+-N、NO_3^--N 和 NO_2^--N 分布特征

Figure 1-5 Distribution characteristic of NH_3^+-N，NO_3^--N and NO_2^--N in Heilongjiang watershed

1.3.1.4 TDP、DRP 的区域差异性

P 是能够引起水体富营养化现象的限制性元素之一，它可供给水体中的藻类及其他浮游生物营养元素并使其迅速繁殖，从而导致水体中的溶解氧含量下降，造成水生生物死亡。水体中的 P 主要来自内源性 P 和外源性 P，内源性 P 主要为富 P 底质中的 P，它在一定条件下可向水体释放。外源性 P 存在两种类型，即点源输入 P 和非点

源输入 P。由图 1-6 可知，黑龙江水体 TDP 含量为（0.032±0.025）～（0.161±0.147）mg/L[图 1-6（a）]，DRP 含量为（0.017±0.007）～（0.032±0.006）mg/L [图 1-6（b）]。以《地表水环境质量标准》来衡量黑龙江水体 P 含量，可知，黑龙江水体除 MR 及 HMR 采样点处 TDP 稍高些，其他位点 P 含量均可达到 I 类水质。

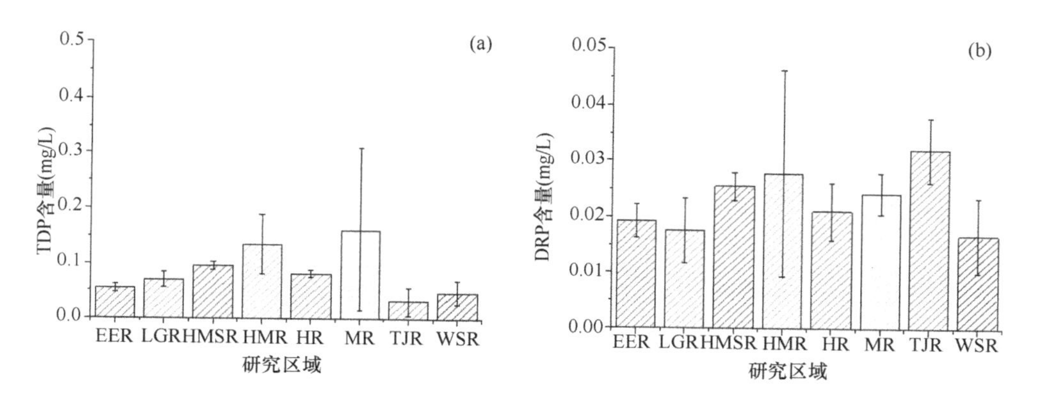

图 1-6 黑龙江流域水体 TDP 和 DRP 分布特征

Figure 1-6 Distribution characteristic of TDP and DRP in Heilongjiang watershed

1.3.1.5 Chl-a 的区域差异性

叶绿素 a（Chl-a）是水体初级生产力的重要指标，自然水体中 Chl-a 的含量可代表水体的生产力以及富营养化水平，通过 Chl-a 可以估算浮游植物生物量，是水质监测的常规项目之一。浮游植物的主要光合色素为叶绿素，而 Chl-a 存在于所有的浮游植物中，是浮游植物生物量的重要指标。如图 1-7 所示，黑龙江水体 Chl-a 含量为（1.125±0.381）～（6.001±0.806）mg/L，其中 WSR 采样点 Chl-a 含量最低。

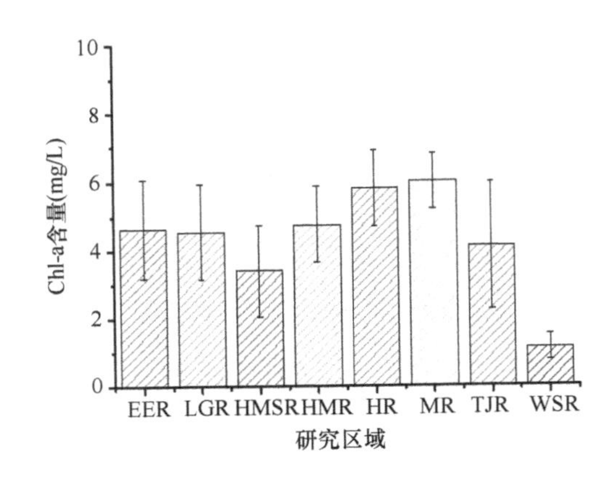

图 1-7　黑龙江流域水体 Chl-a 分布特征
Figure 1-7　Distribution characteristic of Chl-a in Heilongjiang watershed

1.3.2　黑龙江流域 DOM 紫外吸收特性研究

1.3.2.1　DOM 中不饱和 C═C 键类化合物的区域差异性

研究表明，254 nm 下的紫外吸收主要代表包括芳香族化合物在内的具有不饱和 C═C 键的一类有机化合物，同一 DOM 浓度的有机物在该波长下的吸光度与芳香碳含量及腐殖化程度呈正相关关系，DOM 中所含芳香族和不饱和共轭双键越多，α254 值越大。因此α254 可用于表征有机质的芳构化程度，且其数值与芳构化程度呈正相关关系[52]。图 1-8 所示为黑龙江水体α254 指标变化情况，由图 1-8 可知，黑龙江上游 EER 到中游 HMR 处α254 吸收呈现逐渐下降的趋势。自 HR 采样点α254 吸收突然高于 HMR 采样点（$P<0.05$），且 HR 采样点至其下游α254 呈现逐渐降低的趋势。这表明 EER 和 HR 采样点水体 DOM 中不饱和 C═C 键类化合物含量较高，这可能是由于这两个采样点的陆源输入有机质较高且其中含有不饱和 C═C 键的一类

有机化合物的量相对较高。随着水体的流动，水体 DOM 可被水体中的微生物矿化、水生植物利用，所以到 EER 以及 HR 两采样点下游 α254 吸收系数呈现降低趋势。

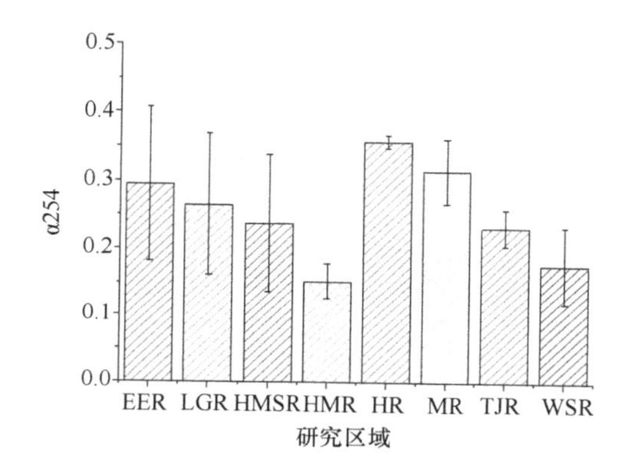

图 1-8　黑龙江流域水体紫外吸收系数α254 分布特征

Figure 1-8　Distribution characteristic of absorption coefficient α254 in Heilongjiang watershed

1.3.2.2　DOM 中木质素结构物质的区域差异性

研究表明，350 nm 下的紫外吸收主要代表物质是木质素，可作为陆源有机碳的指示性指标。因此，DOM 在该波长下的吸光度与陆源有机碳输入呈正相关关系，陆源有机质输入越多，α350 值越大[53]。因此，α350 可用于表征黑龙江水体中陆源有机质的输入量，其数值与陆源有机质的输入量呈正相关关系。图 1-9 所示为黑龙江水体α350 指标变化情况，可知黑龙江上游 EER 到中游 HMR 处α350 吸收呈现逐渐下降的趋势。自 HR 采样点α350 指标吸收突然高于 HMR 采样点（$P<0.05$），且 HR 采样点及其下游α350 也呈现下降的趋势。这表明 EER 和 HR 采样点水体 DOM 中陆源输入的比例较高，且随着水体的流动，水体 DOM 可被水体中的微生物矿化、水生植物利用，导

致 EER 以及 HR 两采样点下游α350 吸收系数呈现降低趋势。该指标与α254 指标的变化具有较强的一致性。

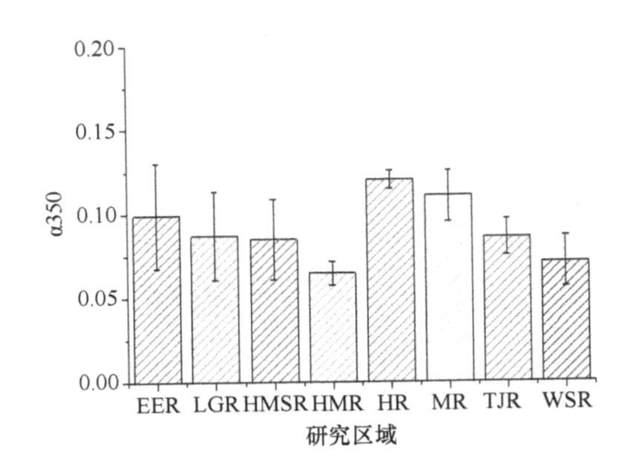

图 1-9 黑龙江流域水体紫外吸收系数α350 分布特征

Figure 1-9 Distribution characteristic of absorption coefficient α350 in Heilongjiang watershed

1.3.2.3 基于α440 表征 DOM 中可光漂白组分的区域差异性

Morris 等研究表明，440 nm 下的紫外吸光度可表征水体光漂白情况，DOM 中的有色吸光部分是导致水体中光衰减的重要因子，发色 DOM 吸收太阳辐射后可使其生物可利用性增大，同时其对有害紫外辐射的吸收也可以保护水生生物，但 DOM 被光漂白后，有害紫外辐射的穿透深度增加又会增加湖泊生态系统的生产力[11, 54]。水体光漂白可调控水颜色，它影响水生植物的光合作用、水体碳循环及富营养化。α440 数值越大，表明该部分水体的光降解越强。如图 1-10 所示，黑龙江水体各采样点α440 分布特征与α254 和α350 较为相似，从上游 EER 到中游 HMR α440 下降趋势不明显，HR 采样点至其下游 WSR α440 下降较为明显（$P<0.05$）。这表明水体中易于光降

解的 DOM 组分含量与α254 和α350 所代表的 C═C 键的一类有机化合物和陆源有机碳有一定的相关性。

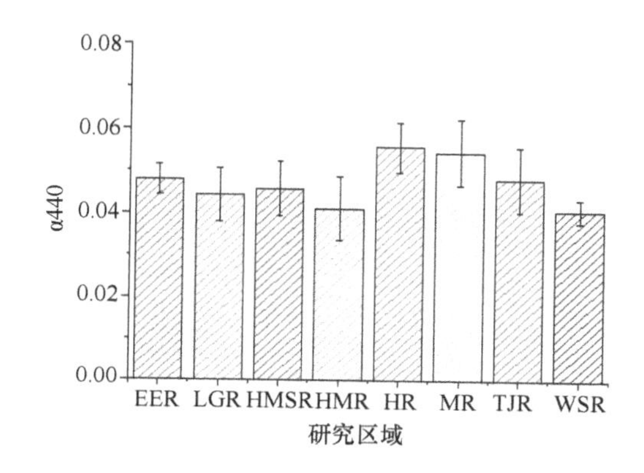

图 1-10　黑龙江流域水体紫外吸收系数α440 分布特征

Figure 1-10　Distribution characteristic of absorption coefficient α440 in Heilongjiang watershed

1.3.2.4　DOM 中芳香环取代基的区域差异性

Korshin 等[55]认为，有机质分子在 253 nm 的吸光度与 203 nm、220 nm 吸光度的比值 E_{253}/E_{203}、E_{253}/E_{220} 可反映芳香环的取代程度及取代基种类[52]。当芳香环上的取代基脂肪链含量增多时，该值会变小，而当具有芳香环结构的有机质的取代基中羰基、羧基、羟基、酯类含量增多时，E_{253}/E_{203}、E_{253}/E_{220} 值会增大[52]。如图 1-11 所示，E_{253}/E_{203}、E_{253}/E_{220} 在黑龙江各采样点呈现的变化趋势一致，上游 EER 采样点到 HMR 采样点的 E_{253}/E_{203}、E_{253}/E_{220} 差别不大，且均显著高于下游各采样点 E_{253}/E_{203}、E_{253}/E_{220} 值。下游 MR 采样点 E_{253}/E_{203}、E_{253}/E_{220} 稍高于其他采样点，TJR 采样点 E_{253}/E_{203}、E_{253}/E_{220} 最低。因此可以推断，黑龙江上游各采样点 DOM 中带有芳香环类物质的取代基中羰基、羧基、羟基、酯类含量较高，而黑龙江下游各采样点 DOM 中带有芳香环类物质的取代基中脂肪族化合物含量较多[52, 56]。

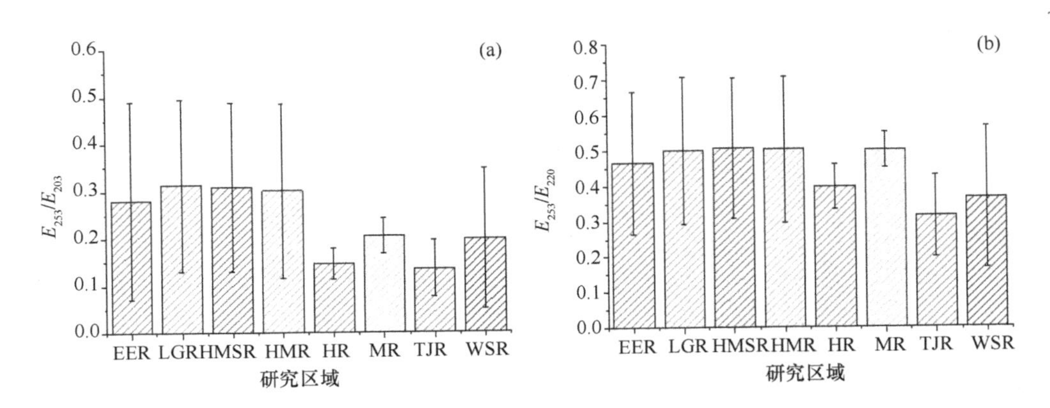

图 1-11 黑龙江流域水体紫外吸收系数 E_{253}/E_{203} 和 E_{253}/E_{220} 分布特征

Figure 1-11 Distribution characteristic of absorption coefficient E_{253}/E_{203} and E_{253}/E_{220} in Heilongjiang watershed

1.3.2.5 DOM 中有机质分子聚合度的区域差异性

E_{300}/E_{400} 也能反映有机质分子质量和聚合度的变化，该参数与水体 DOM 的腐殖化程度以及有机质的分子质量和聚合度呈现正相关关系[57]。图 1-12 所示为黑龙江水体 E_{300}/E_{400} 指标变化情况，黑龙江上游 EER 到中游 HMR 处 E_{300}/E_{400} 呈现逐渐下降的趋势。自 HR 采样点 E_{300}/E_{400} 突然高于 HMR 采样点（$P<0.05$），且 HR 采样点及其下游 E_{300}/E_{400} 也呈现下降的趋势。这表明 EER 和 HR 采样点水体 DOM 中陆源输入的比例较高，且陆源 DOM 的分子质量和聚合度较低。随着水体的流动，水体 DOM 可被水体中的微生物矿化、水生植物利用，由于微生物更易利用聚合度较低的有机质，EER 及 HR 两采样点下游 E_{300}/E_{400} 呈现降低趋势，DOM 聚合度升高。

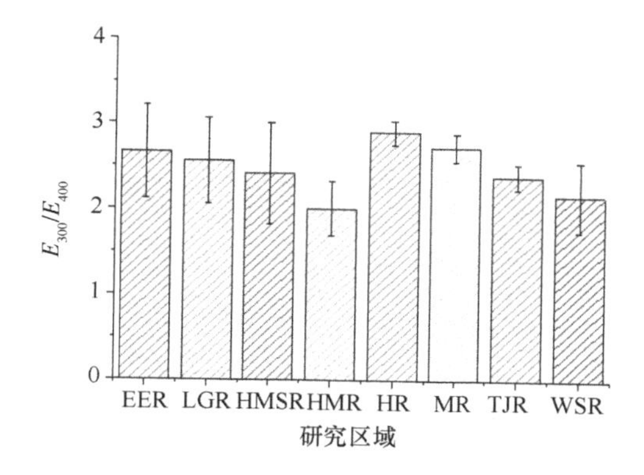

图 1-12　黑龙江流域水体紫外吸收系数 E_{300}/E_{400} 分布特征

Figure 1-12　Distribution characteristic of absorption coefficient E_{300}/E_{400} in Heilongjiang watershed

1.3.2.6　基于 $A_{226\sim400}$ 表征 DOM 中共轭结构的区域差异性

在 DOM 水溶液的紫外吸收光谱中，200 nm 附近的吸收强度可表征化合物中 n-σ*的电子跃迁情况，溶解氧、水分常在此处发生紫外吸收，因此该处的吸光强度不适宜表征水体中有机物的吸收光谱特性；200～226 nm，可能存在无机离子的吸收带，也不适宜表征水体中有机物的吸收光谱特性。一般而言，堆肥中 DOM 在 226～250 nm 下的吸收峰主要由不饱和 **π-π***键产生，而 260～400 nm 下的吸收带则由具有多个共轭体系的苯环结构引起[52, 58]。226～400 nm 的紫外吸收光谱基本反映了有机质的吸收光谱特性，为了从整体上研究黑龙江水体 DOM 的苯环类化合物情况，本研究对 226～400 nm 的吸光度进行积分，如图 1-13（a）所示，图中黑色区域即为紫外光谱 226～400 nm 积分区间，记为 $A_{226\sim400}$[52]。图 1-13（b）所示为黑龙江水体 $A_{226\sim400}$ 指标变化情况，黑龙江上游 EER 到中游 HMR $A_{226\sim400}$ 呈现逐渐下降的趋势。自 HR 采样点 $A_{226\sim400}$ 突然高于 HMR 采样点（$P<0.05$），

且 HR 采样点及其下游 $A_{226\sim400}$ 也呈现下降的趋势。这表明 EER 和 HR 采样点水体 DOM 芳构化程度较高，这可能是陆源 DOM 输入所导致的，但由于水体 DOM 可被水体中的微生物矿化、水生植物利用，EER 及 HR 两采样点下游 $A_{226\sim400}$ 吸收系数呈现降低趋势，芳构化程度降低。

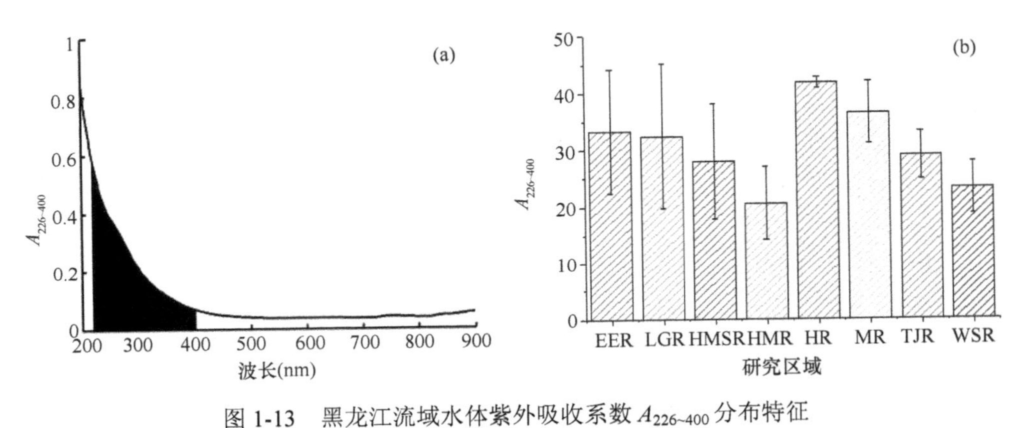

图 1-13　黑龙江流域水体紫外吸收系数 $A_{226\sim400}$ 分布特征

Figure 1-13　Distribution characteristic of absorption coefficient $A_{226\sim400}$ in Heilongjiang watershed

1.3.2.7　DOM 中芳香碳含量的区域差异性

研究表明，低紫外波长（200～226 nm）下，NO_3^-、NO_2^-等无机盐离子能产生强烈紫外吸收，会影响 DOM 中芳香碳含量的分析结果。本研究选取远紫外波长 275～295 nm、350～400 nm 的吸收曲线的斜率 $S_{275\sim295}$、$S_{350\sim400}$[图 1-14（a）]来表征黑龙江水体 DOM 组分中芳香碳含量的变化[53, 59]。如图 1-14 所示，$S_{275\sim295}$、$S_{350\sim400}$ 在整个黑龙江流域各采样点变化趋势明显一致，黑龙江上游 EER 到中游 HMR 处 $S_{275\sim295}$、$S_{350\sim400}$ 斜率绝对值呈现逐渐下降的趋势。HR 采样点

$S_{275\sim295}$、$S_{350\sim400}$ 斜率绝对值突然高于 HMR 采样点（$P<0.05$），HR 采样点至其下游 $S_{275\sim295}$、$S_{350\sim400}$ 斜率绝对值也呈现逐渐降低的趋势，且与α254、α350、E_{300}/E_{400}、$A_{226\sim400}$ 指标的变化趋势一致。由此可知，EER 采样点及 HR 采样点的 DOM 的芳香碳含量、分子质量及芳香碳上取代基的不饱和程度均最高，而这两个采样点的下游区域 DOM 的芳香碳含量、分子质量及芳香碳上取代基的不饱和程度均有所降低。

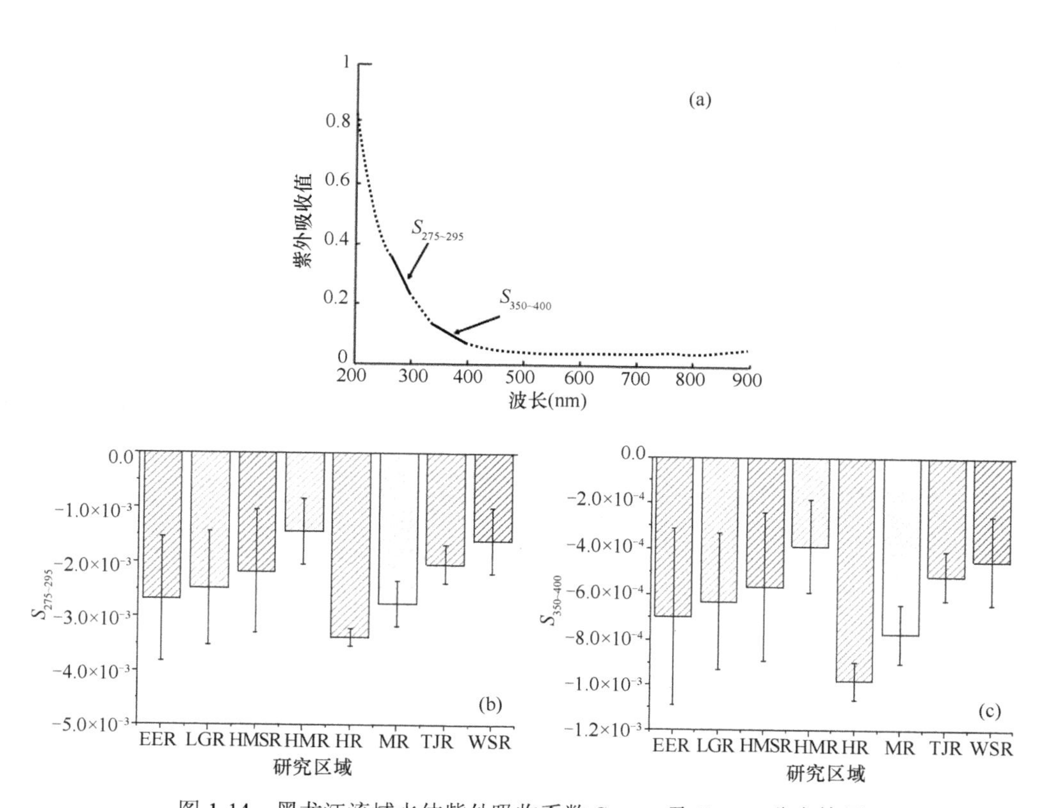

图 1-14　黑龙江流域水体紫外吸收系数 $S_{275\sim295}$ 及 $S_{350\sim400}$ 分布特征

Figure 1-14　Distribution characteristic of absorption coefficient $S_{275\sim295}$ and $S_{350\sim400}$ in Heilongjiang watershed

1.3.2.8 黑龙江流域各采样点DOM特性分析

为了探究黑龙江流域各采样点水体DOM特性的变化情况，本研究采用了非度量多维标定（NMDS）分析及投影寻踪分析。

NMDS法主要是通过排序使得多个实体之间的实际相异性和在低维排序空间上的距离相一致，它能够较好地对大量的非线性数据进行提取并能以低维排序图的形式展示出来，是一种具有广阔应用前景的排序技术[60]。依据DOM结构特性的NMDS排序[图1-15(a)]，黑龙江流域水体EER、LGR及MR采样点的DOM结构较为相似，分为一类；HMSR和HMR采样点的DOM结构相似，分为一类；TJR和WSR采样点的DOM结构相似，分为一类；HR采样点DOM的特性与其他采样点均具有较大差异。

投影寻踪（projection pursuit，PP）模型是通过数学规划的方法，从不同的角度去观测高维数据特性，即将高维数据投影到低维空间，通过投影数据在低维空间的散布规律来研究高维数据特性，从而解决涉及诸多评价指标的多因素评价问题[61~65]。结合表征DOM各结构特性的紫外参数对黑龙江水体各采样点进行投影寻踪分析，结果如图1-15（b）所示，结果与NMDS分析一致，黑龙江流域水体EER、LGR及MR采样点的投影值相近，表明其DOM结构较为相似分为一类；HMSR和HMR采样点的投影值相近，表明其DOM结构相似分为一类；TJR和WSR采样点的投影值相近，表明其DOM结构相似分为一类；HR采样点投影值最高，与其他采样点差异较大，表明该采样点DOM的特性与其他采样点均具有较大差异。

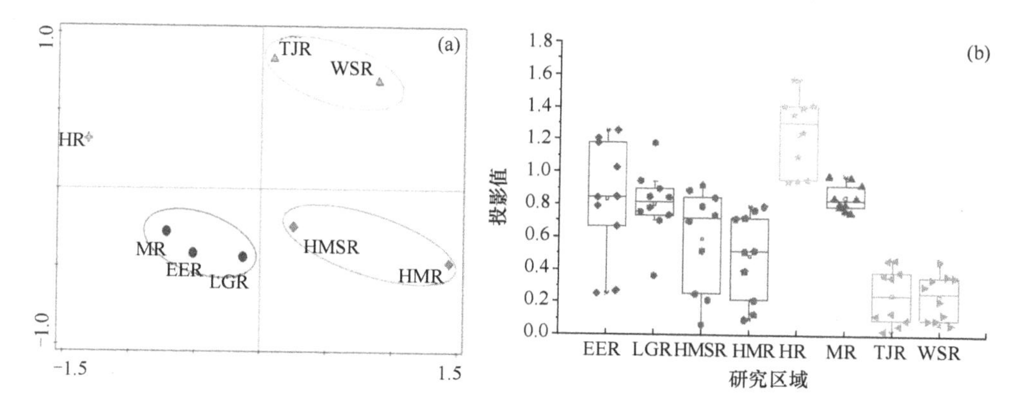

图 1-15　黑龙江流域水体 DOM 结构特性的非度量多维标定分析以及投影寻踪分析（彩图请扫封底二维码）

Figure 1-15　Multi-dimensional nonmetric multidimensional scaling ordination and projection pursuit regression analysis based on DOM UV parameters characterization in Heilongjiang watershed

1.3.3　黑龙江流域 DOM 荧光光谱特性研究

1.3.3.1　DOM 二维同步荧光光谱特性

黑龙江流域水体 DOM 二维同步荧光光谱扫描结果如图 1-16 所示，同步荧光光谱的扫描波长可分为 3 个范围，分别为 250～300 nm、300～385 nm 和 385～500 nm。依据现有报道，250～300 nm 的同步荧光波谱的荧光峰代表类蛋白物质；300～385 nm 的同步荧光波谱的荧光峰代表分子质量较低的类富里酸物质；385～500 nm 的同步荧光波谱的荧光峰代表分子质量较高、结构较为复杂的类胡敏酸物质。从黑龙江流域水体 DOM 二维同步荧光光谱扫描结果（图 1-16）可以看出，黑龙江水体 DOM 中除了 TJR 采样点出现微量的类蛋白类物质外，其他采样点并未检测到有类蛋白物质的存在，黑龙江水体 DOM 中主要成分为富里酸和胡敏酸类物质[66, 67]。

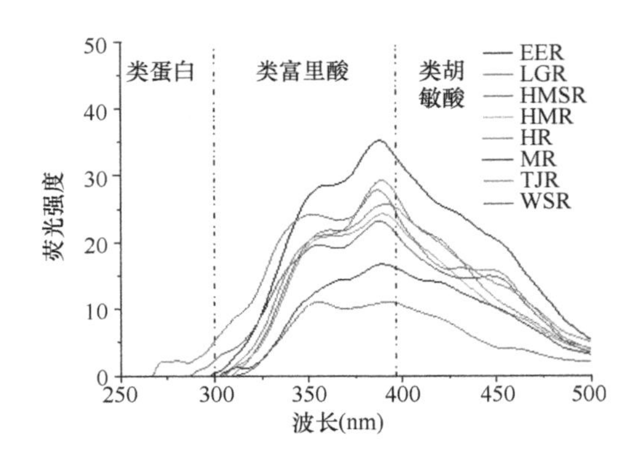

图 1-16 黑龙江流域水体各采样点 DOM 二维同步荧光光谱特性（彩图请扫封底二维码）
Figure 1-16 Two-dimensional synchronization spectrum of DOM in Heilongjiang watershed

1.3.3.2 DOM 三维荧光光谱特性

三维荧光光谱能够获得激发波长和发射波长同时变化时的荧光强度信息，在物质鉴别中应用较为广泛。在 DOM 三维荧光光谱中，Peak S 类酪氨酸范围：激发波长 E_{ex}<250 nm，发射波长分别为 280 nm<E_{em}<330 nm、330 nm<E_{em}<380 nm。Peak A 类富里酸范围：激发波长 E_{ex}<250 nm，发射波长 380 nm<E_{em}<550 nm。Peak T 类色氨酸范围：激发波长 E_{ex}>250 nm，发射波长 280 nm<E_{em}<380 nm。Peak C 类胡敏酸范围：激发波长 E_{ex}>250 nm，发射波长 380 nm<E_{em}<550 nm。处于长波长处的 Peak C 和 Peak A 属于类腐殖质物质，表征 DOM 分子中复杂化程度较高的成分，处于短波长处的 Peak T 和 Peak S 属于类蛋白物质，表征 DOM 分子中复杂化程度较低的成分。以下分析 2014 年 2 月和 6 月黑龙江水体 DOM 特性。

1. EER 三维荧光光谱分析

额尔古纳河（EER）冬季（2014 年 2 月）水样三维荧光光谱如图 1-17 所示，所有位点均只检测到类富里酸荧光峰 Peak A[Ex/Em=230 nm/（410～419）nm]和类胡敏酸荧光峰 Peak C[Ex/Em=（300～330）nm/（398～419）nm]。该结果表明，EER 采样点冬季水体 DOM 结构复杂化较高，物质的分子质量相对较高，其中主要以类胡敏酸和类富里酸为主，从区域积分中可以观察到，类蛋白物质的含量极低。此外，从各采样点的三维图谱中可知，各采样点的类胡敏酸荧光峰 Peak C 的荧光强度均低于类富里酸荧光峰 Peak A 的荧光强度，这表明，EER 采样点冬季水体 DOM 中类胡敏酸含量要低于类富里酸含量。

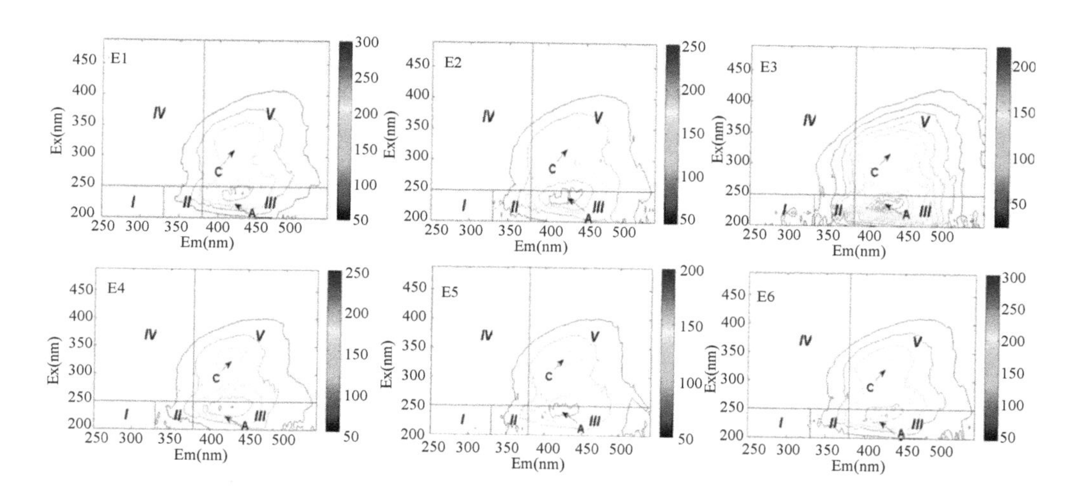

图 1-17　2014 年 2 月额尔古纳河三维荧光光谱（彩图请扫封底二维码）

Figure 1-17　Excitation-emission 3-D fluorescence spectra of EER in February，2014

A：Peak A；C：Peak C；余同（The rest of the same）

额尔古纳河夏季（2014 年 6 月）水样三维荧光光谱如图 1-18 所示，所有位点均只检测到类富里酸荧光峰 Peak A[Ex/Em=230 nm/（410～419）nm]和类胡敏酸荧光峰 Peak C[Ex/Em=（300～330）nm/（398～419）nm]，与冬季水样三维荧光光谱相比，夏季额尔古纳河水样中也均检测到类酪氨酸荧光峰 Peak S[Ex/Em=（210～220）nm/（355～367）nm]。从 EER 各采样点的三维图谱中可以观察到，EER 各采样点夏季类蛋白区域的荧光强度相对冬季有明显的升高，这表明，EER 采样点夏季水体 DOM 中类蛋白物质相对冬季水体 DOM 中类蛋白物质含量有所上升，同时类富里酸荧光峰 Peak C 的荧光强度仍低于类富里酸荧光峰 Peak A 的荧光强度，这表明 EER 采样点冬季水体 DOM 中类胡敏酸含量要低于类富里酸含量。总体而言，说明 EER 夏季 DOM 分子的复杂化程度相对冬季较低。这可能是由于夏季微生物生长旺盛或藻类繁殖。

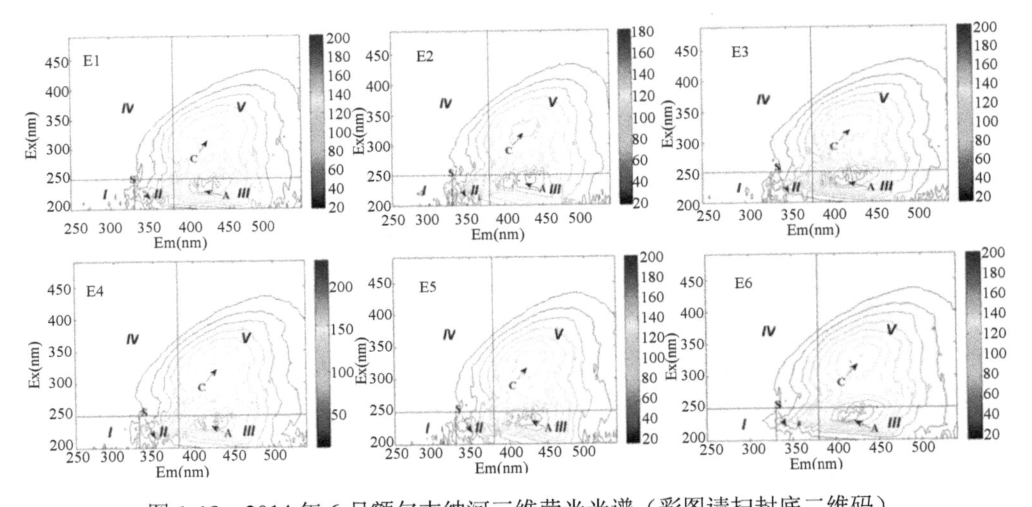

图 1-18　2014 年 6 月额尔古纳河三维荧光光谱（彩图请扫封底二维码）

Figure 1-18　Excitation-emission 3-D fluorescence spectra of EER in June，2014

S：Peak S；余同（The rest of the same）

2. LGR 三维荧光光谱分析

洛古河（LGR）冬季（2014 年 2 月）水样三维荧光光谱如图 1-19 所示，所有位点均检测到类富里酸荧光峰 Peak A[Ex/Em=230 nm/（410～419）nm]和类胡敏酸荧光峰 Peak C[Ex/Em=（300～330）nm/（398～419）nm]，其中采样点 L2 与 L4 同时检测到类酪氨酸荧光峰 Peak S[Ex/Em=（210～220）nm/（355～367）nm]。这表明洛古地区冬季 DOM 总体复杂化程度较高。从 LGR 冬季各采样点三维荧光光谱中可以看出，除 L2 和 L4 采样点检测到较强的类蛋白物质荧光峰外，其他采样点均未检测到类蛋白物质的存在。与 EER 采样点冬季水体 DOM 相似，LGR 采样点冬季水体 DOM 中类富里酸荧光峰 Peak A 的荧光强度明显高于类胡敏酸荧光峰 Peak C 的荧光强度。这表明，LGR 采样点冬季 DOM 分子的相对分子质量以及复杂化程度相对较高。

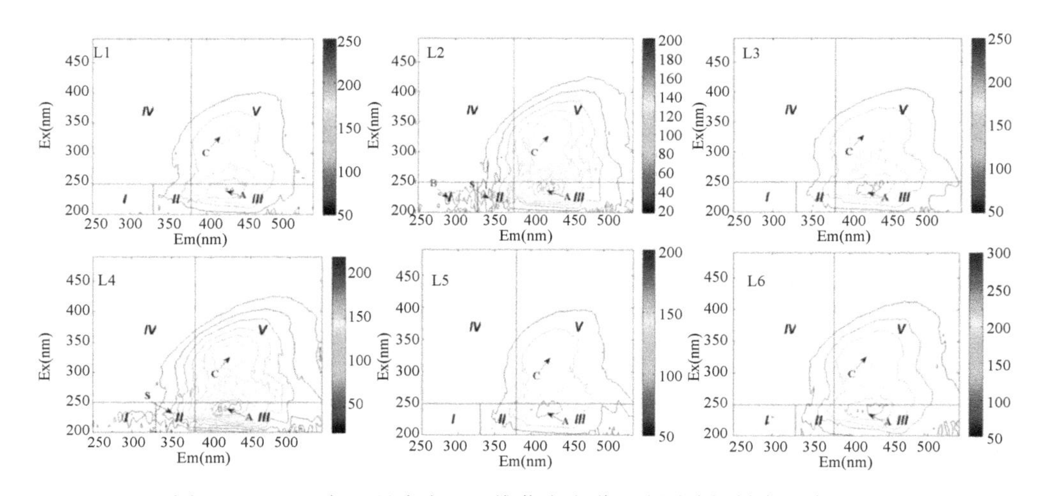

图 1-19　2014 年 2 月洛古河三维荧光光谱（彩图请扫封底二维码）

Figure 1-19　Excitation-emission 3-D fluorescence spectra of LGR in February，2014

LGR 夏季（2014 年 6 月）水样三维荧光光谱如图 1-20 所示，所有位点均检测到类富里酸荧光峰 Peak A[Ex/Em=230 nm/（410～419）nm]、类胡敏酸荧光峰 Peak C[Ex/Em=（300～330）nm/（398～419）nm]和类酪氨酸荧光峰 Peak S[Ex/Em=（210～220）nm/（355～367)nm]。这表明洛古地区冬季与夏季的 DOM 复杂化程度差异较大，冬季的 DOM 复杂化程度较高，而夏季 DOM 中类蛋白物质含量较高。从图 1-20 中可以看出，冬季样品中 Peak A 峰与 Peak C 峰的荧光强度均高于冬季样品的 Peak A 峰与 Peak C 峰的荧光强度，这表明冬季样品中类腐殖质的含量相对夏季较高。此外，从 LGR 夏季各采样点三维荧光光谱图中可以看出，LGR 夏季各采样点 DOM 中均检测到类蛋白荧光物质，与 LGR 冬季水体 DOM 相比，夏季水体 DOM 的腐殖化程度以及分子聚合度相对较低。

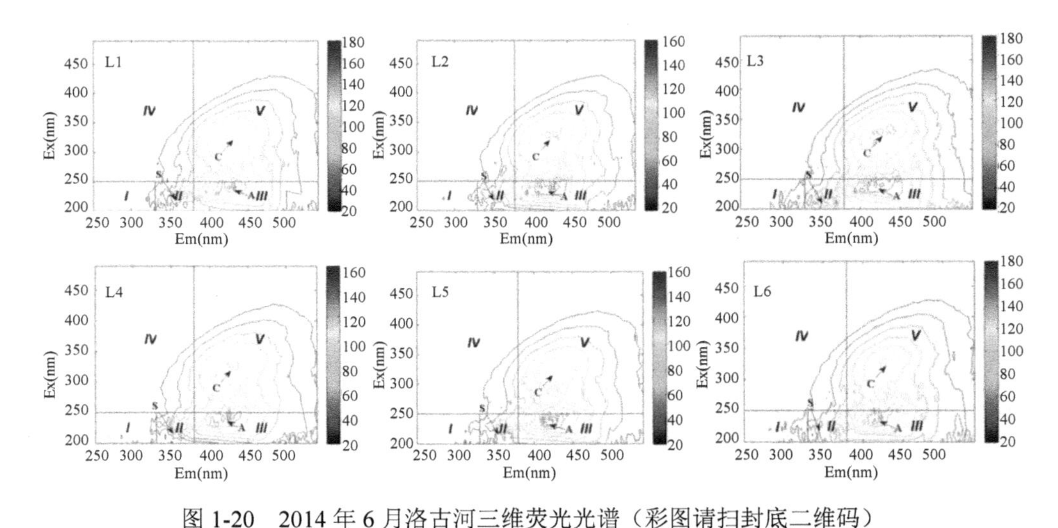

图 1-20　2014 年 6 月洛古河三维荧光光谱（彩图请扫封底二维码）

Figure 1-20　Excitation-emission 3-D fluorescence spectra of LGR in June，2014

3. HMSR 三维荧光光谱分析

呼玛河上游（HMSR）冬季（2014 年 2 月）水样三维荧光光谱如图 1-21 所示，所有位点均检测到类富里酸荧光峰 Peak A[Ex/Em=230 nm/（410～419）nm]、类胡敏酸荧光峰 Peak C[Ex/Em=（300～330）nm/（398～419）nm]和类酪氨酸荧光峰 Peak S[Ex/Em=（210～220）nm/（355～367）nm]。HMSR 冬季各采样点类富里酸荧光峰 Peak A 的荧光强度均高于各采样点类胡敏酸荧光峰 Peak C 的荧光强度，这表明 HMSR 采样点类富里酸含量显著高于类胡敏酸。此外，从 HMSR 冬季各采样点三维荧光光谱中可以看出，各采样点均检测到类蛋白物质，这表明 HMSR 冬季水体 DOM 的复杂化程度相对较低。

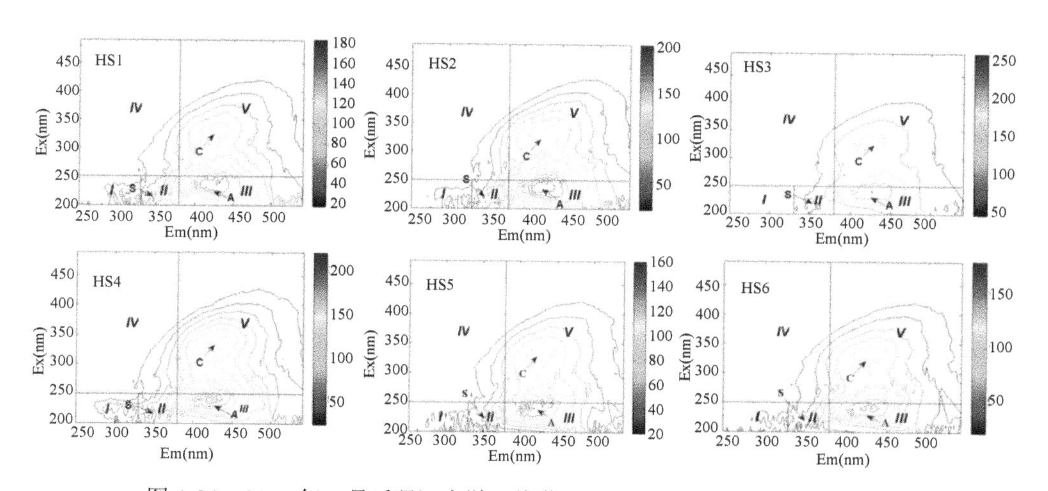

图 1-21　2014 年 2 月呼玛河上游三维荧光光谱（彩图请扫封底二维码）

Figure 1-21　Excitation-emission 3-D fluorescence spectra of HMSR in February，2014

HMSR 夏季（2014 年 6 月）水样三维荧光光谱如图 1-22 所示，

所有位点均检测到类富里酸荧光峰 Peak A[Ex/Em=230 nm/（410～419）nm]、类胡敏酸荧光峰 Peak C[Ex/Em=（300～330）nm/（398～419）nm]和类酪氨酸荧光峰 Peak S[Ex/Em=（210～220）nm/（355～367）nm]。这表明呼玛河上游的 DOM 在冬季与夏季的变化并不大。从 HMSR 各采样点三维荧光光谱图可知，HMSR 夏季各采样点均检测到较强的类蛋白物质，同 HMSR 冬季差异性不大，表明 HMSR 水体 DOM 腐殖化程度冬夏差异不大。

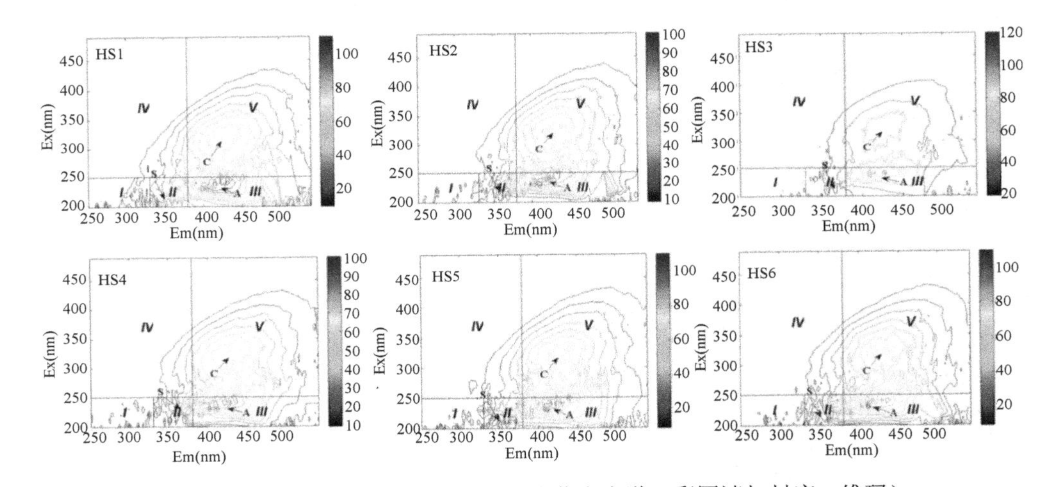

图 1-22　2014 年 6 月呼玛河上游三维荧光光谱（彩图请扫封底二维码）

Figure 1-22　Excitation-emission 3-D fluorescence spectra of HMSR in June，2014

4. HMR 三维荧光光谱分析

呼玛河（HMR）冬季（2014 年 2 月）水样三维荧光光谱如图 1-23 所示，所有位点均检测到类富里酸荧光峰 Peak A[Ex/Em=230 nm/（410～419）nm]、类胡敏酸荧光峰 Peak C[Ex/Em=（300～330）nm/（398～419）nm]和类酪氨酸荧光峰 Peak S[Ex/Em=（210～220）nm/

（355～367）nm]，且只有呼玛 H3 与 H6 样品中出现了很明显的 Peak B 荧光峰。与其他采样点相似，HMR 采样点冬季水体 DOM 中类富里酸荧光峰 Peak A 的荧光强度显著高于类胡敏酸荧光峰 Peak C 的荧光强度，表明 HMR 冬季水体 DOM 中类富里酸含量高于类胡敏酸含量。HMR 冬季各采样点三维荧光光谱中类蛋白区域的荧光强度较强，表明 HMR 采样点处类蛋白物质含量相对较高。

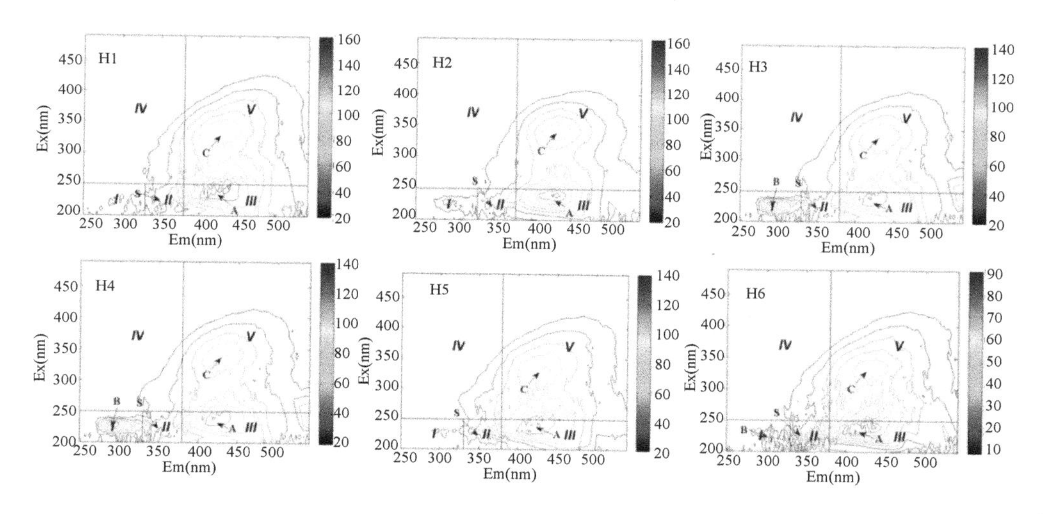

图 1-23　2014 年 2 月呼玛河三维荧光光谱（彩图请扫封底二维码）

Figure 1-23　Excitation-emission 3-D fluorescence spectra of HMR in February，2014

B：类蛋白物质（Protein-like material）

HMR 夏季（2014 年 6 月）水样三维荧光光谱如图 1-24 所示，所有位点均检测到类富里酸荧光峰 Peak A[Ex/Em=230 nm/（410～419）nm]、类胡敏酸荧光峰 Peak C[Ex/Em=（300～330）nm/（398～419）nm]和类酪氨酸荧光峰 Peak S[Ex/Em=（210～220）nm/（355～367）nm]。夏季样品中并未检测出明显的 Peak B 荧光峰。这表明呼玛样品中 DOM 冬季与夏季的差异性较大。与 HMR 冬季水体样品相比，HMR 夏季水体 DOM 中类蛋白物质荧光强度明显低于冬季水体 DOM 中类蛋白物质的荧光强度，这可能是由于 HMR 夏季水体微生物菌群对类蛋白物质的消耗较大，而进入冬季时，水体藻类以及微生物的大量死亡导致水体中类蛋白物质含量显著上升，同时微生物活动减弱，致使 HMR 采样点冬季和夏季 DOM 三维荧光光谱结果与其他采样点有所差异。

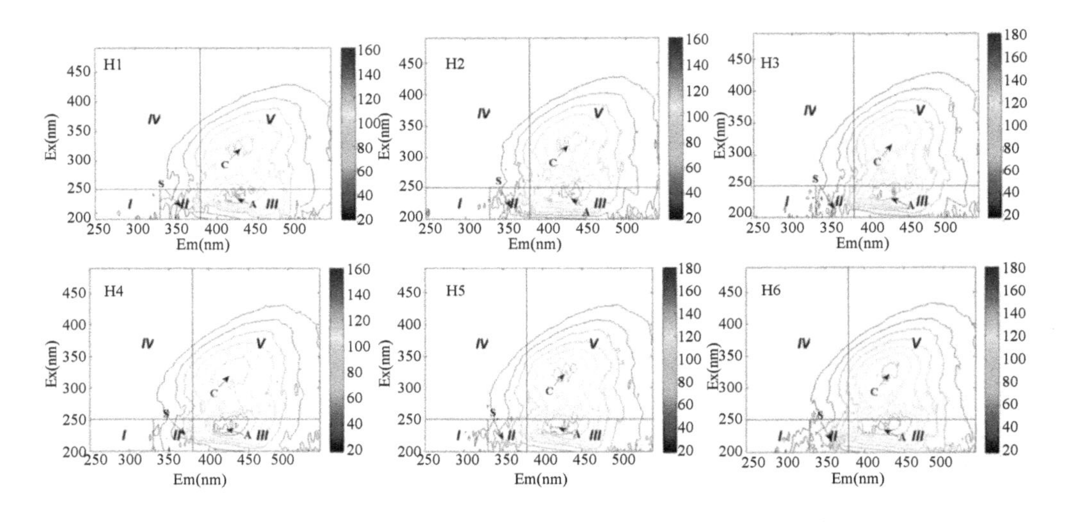

图 1-24 2014 年 6 月呼玛河三维荧光光谱（彩图请扫封底二维码）

Figure 1-24 Excitation-emission 3-D fluorescence spectra of HMR in June，2014

5. HR 三维荧光光谱分析

黑河（HR）冬季（2014 年 2 月）水样三维荧光光谱如图 1-25 所示，所有位点均检测到类富里酸荧光峰 Peak A[Ex/Em=230 nm/（410～419）nm]、类胡敏酸荧光峰 Peak C[Ex/Em=（300～330）nm/（398～419）nm]，HR2 采样点在荧光 II 区域检测到较为明显的荧光，其余采样点在类蛋白区域均未检测到有类蛋白物质的存在，这表明，HR 采样点除冬季水体的腐殖化程度较高外，DOM 主要以类腐殖质的形式存在。同时，从 HR 冬季各采样点的三维荧光光谱中可以看出，HR 冬季各采样点 DOM 中类富里酸荧光峰 Peak A 与类胡敏酸荧光峰 Peak C 的差别不大，这表明，冬季 HR 采样点水体 DOM 中类胡敏酸和类富里酸含量差别较小。

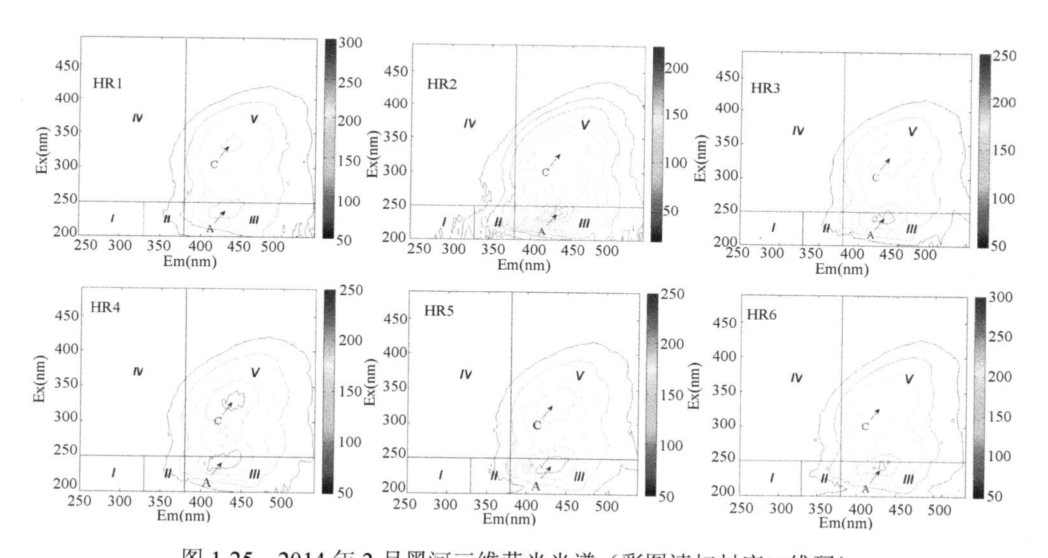

图 1-25　2014 年 2 月黑河三维荧光光谱（彩图请扫封底二维码）

Figure 1-25　Excitation-emission 3-D fluorescence spectra of HR in February，2014

HR 夏季（2014 年 6 月）水样三维荧光光谱如图 1-26 所示，所有位点均检测到类富里酸荧光峰 Peak A[Ex/Em=230 nm/（410～419）nm]和类胡敏酸荧光峰 Peak C[Ex/Em=（300～330）nm/（398～419）nm]，其中各采样点类富里酸荧光峰 Peak A 的荧光强度均显著高于类胡敏酸荧光峰 Peak C 的荧光强度，与 HR 采样点冬季水体样品 DOM 相比，HR 采样点夏季水体 DOM 类富里酸的含量低于类胡敏酸的含量。从 HR 夏季各采样点三维荧光光谱中可以看出，各采样点中均检测出较低的类蛋白物质荧光峰，这表明，HR 采样点夏季水体 DOM 中类蛋白的含量极低。

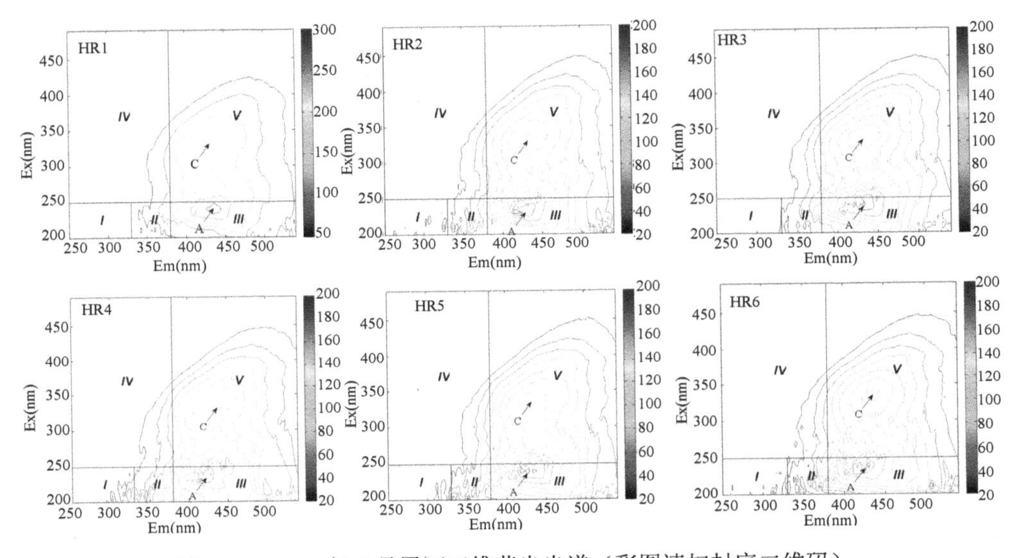

图 1-26　2014 年 6 月黑河三维荧光光谱（彩图请扫封底二维码）

Figure 1-26　Excitation-Emission 3-D fluorescence spectra of HR in June，2014

6.MR 三维荧光光谱分析

名山（MR）冬季（2014 年 2 月）水样三维荧光光谱如图 1-27 所示，所有位点均检测到类富里酸荧光峰 Peak A[Ex/Em=230 nm/（410～419）nm]和类胡敏酸荧光峰 Peak C[Ex/Em=（300～330）nm/（398～419）nm]，且荧光强度均较高。由 MR 冬季各采样点 DOM 三维荧光光谱分析结果可知，类富里酸荧光峰 Peak A 的荧光强度均高于类胡敏酸荧光峰 Peak C 的荧光强度，这表明 MR 冬季水体各采样点 DOM 中类富里酸含量高于类胡敏酸含量。此外，从 MR 冬季各采样点三维荧光光谱中可知，MR 冬季水体 DOM 中几乎不含类蛋白物质，这表明，MR 冬季水体 DOM 的腐殖化程度较高，分子聚合度较高。

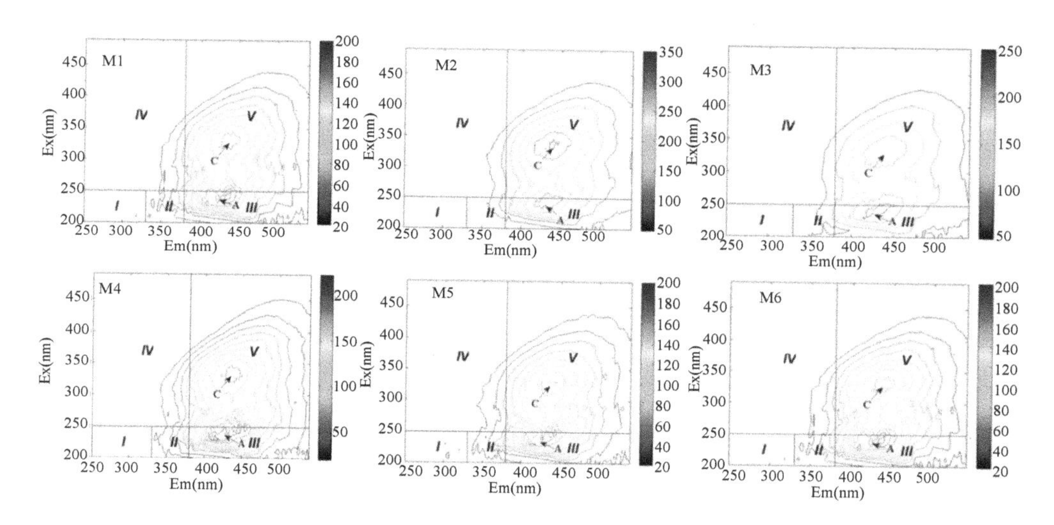

图 1-27　2014 年 2 月名山三维荧光光谱（彩图请扫封底二维码）

Figure 1-27　Excitation-emission 3-D fluorescence spectra of MR in February，2014

MR 夏季（2014 年 6 月）水样三维荧光光谱如图 1-28 所示，所有位点均检测到类富里酸荧光峰 Peak A[Ex/Em=230 nm/（410～419）nm]和类胡敏酸荧光峰 Peak C[Ex/Em=（300～330）nm/（398～419）nm]。从图 1-28 中可以看出，各位点荧光强度均小于冬季样品的荧光强度，表明 MR 冬季复杂化程度高的 DOM 含量高于夏季。与 MR 上游大部分采样点相似，MR 采样点类富里酸荧光峰 Peak A 的荧光强度均显著高于类胡敏酸荧光峰 Peak C 的荧光强度，表明，MR 采样点夏季水体 DOM 中类富里酸含量高于类胡敏酸。此外，从 MR 夏季各采样点三维荧光光谱结果中可以看出，各采样点均检测到较弱的类蛋白物质，这可能是由于夏季水体温度较高，微生物活动增强，使得MR夏季水体中类蛋白物质含量上升。而冬季微生物活动减弱，类蛋白物质的含量降低，因此MR冬季类蛋白区域几乎无荧光峰出现。

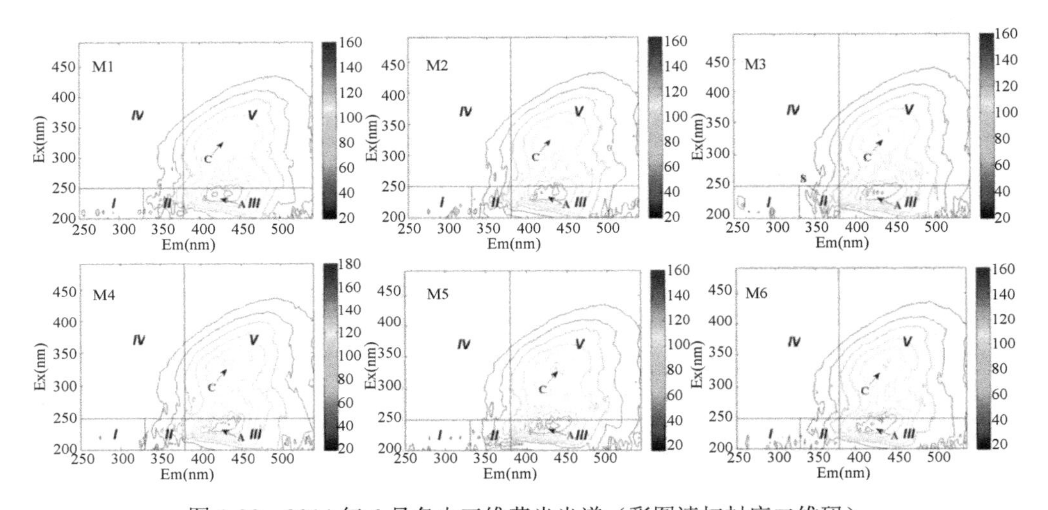

图1-28　2014年6月名山三维荧光光谱（彩图请扫封底二维码）

Figure 1-28　Excitation-emission 3-D fluorescence spectra of MR in June，2014

7. TJR三维荧光光谱分析

同江东港（TJR）冬季（2014年2月）水样三维荧光光谱如图1-29所示，所有位点均检测到类富里酸荧光峰Peak A[Ex/Em=230 nm/（410～419）nm]和类胡敏酸荧光峰Peak C[Ex/Em=（300～330）nm/（398～419）nm]，只有T4位点出现明显的类酪氨酸荧光峰Peak S[Ex/Em=（210～220）nm/（355～367）nm]，而T2位点有出现类酪氨酸荧光峰Peak S的趋势，但从TJR冬季各采样点三维荧光光谱中可知，TJR冬季水体DOM中依然以类腐殖质为主，也表明其冬季水体中 DOM 的腐殖化程度较高，分子聚合度较高。由类腐殖质荧光强度对比可知，在 TJR 冬季各采样点中，类富里酸荧光峰 Peak A 的荧光强度明显高于类胡敏酸荧光峰 Peak C 的荧光强度，该结果表明，TJR 冬季水体中类富里酸含量明显高于类胡敏酸。

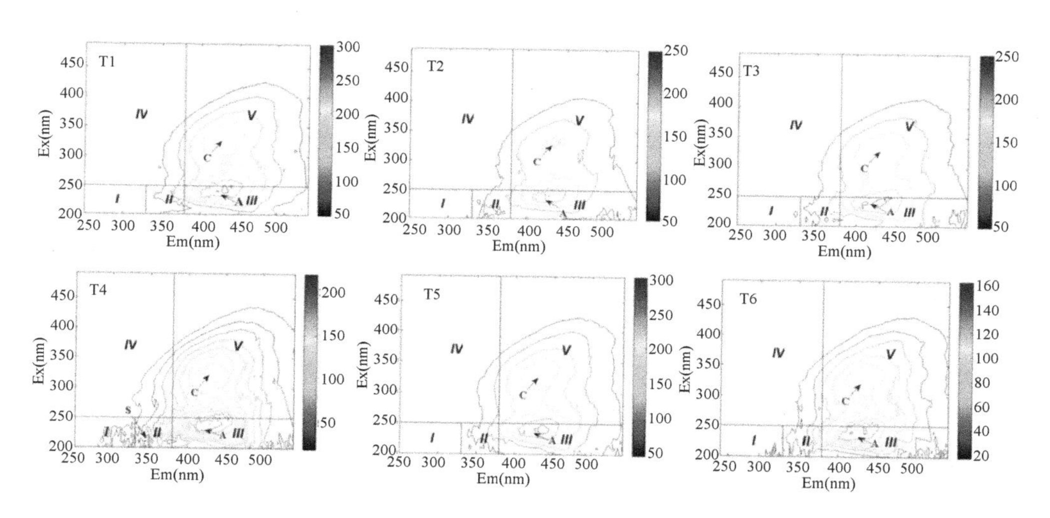

图 1-29　2014 年 2 月同江三维荧光光谱（彩图请扫封底二维码）

Figure 1-29　Excitation-emission 3-D fluorescence spectra of TJR in February，2014

TJR 夏季（2014 年 6 月）水样三维荧光光谱如图 1-30 所示，所有位点均检测到类富里酸荧光峰 Peak A[Ex/Em=230 nm/（410～419）nm]、类胡敏酸荧光峰 Peak C[Ex/Em=（300～330）nm/（398～419）nm]和类酪氨酸荧光峰 Peak S[Ex/Em=（210～220）nm/（355～367）nm]。与冬季样品对比可以看出，夏季 DOM 样品中类蛋白物质含量较高，且明显高于冬季，但夏季 Peak A 与 Peak C 的荧光强度明显低于冬季。这表明 TJR 冬季与夏季 DOM 差异性非常明显。由 TJR 夏季各采样点三维荧光光谱结果可知，TJR 夏季水体中类蛋白区出现荧光，这表明 TJR 夏季水体中 DOM 的腐殖化程度相对冬季较低，分子复杂化程度也较低。

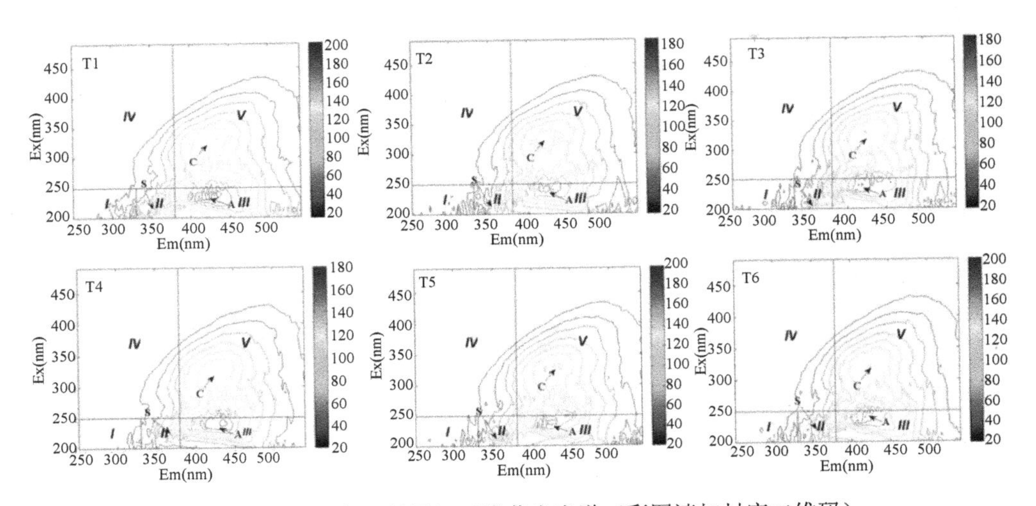

图 1-30　2014 年 6 月同江三维荧光光谱（彩图请扫封底二维码）

Figure 1-30　Excitation-emission 3-D fluorescence spectra of TJR in June，2014

8.WSR 三维荧光光谱分析

乌苏里江（WSR）冬季（2014 年 2 月）水样三维荧光光谱如图 1-31 所示，所有位点均检测到类富里酸荧光峰 Peak A[Ex/Em=230 nm/（410～419）nm]、类胡敏酸荧光峰 Peak C[Ex/Em=（300～330）nm/（398～419）nm]和类酪氨酸荧光峰 Peak S[Ex/Em=（210～220）nm/（355～367）nm]。由 WSR 冬季各采样点三维荧光光谱结果可知，WSR 冬季水体 DOM 中类蛋白区荧光强度相对其他采样点明显升高，可能是由于夏季上游水体中的类蛋白物质随水体流动在下游 WSR 处产生累积，而 WSR 采样点水体菌群结构无法完全消耗累积的类蛋白物质，同时冬季水体温度低，微生物活性减弱，因此，WSR

冬季水体 DOM 中类蛋白物质相对其他采样点稍高。对比 WSR 冬季各采样点腐殖质类物质荧光强度可知，类富里酸荧光峰 Peak A 的荧光强度均明显高于类胡敏酸 Peak C 的荧光强度，这表明，WSR 冬季水体中类富里酸的含量高于类胡敏酸的含量。

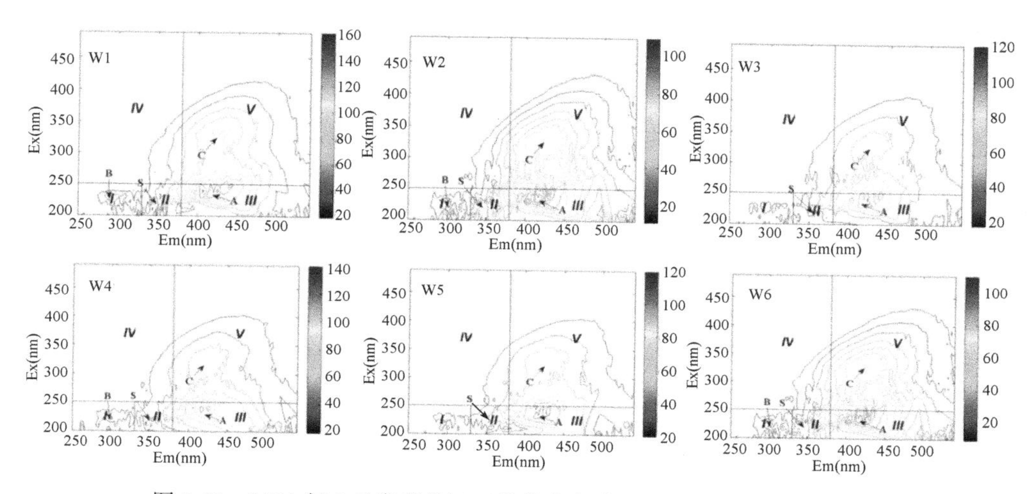

图 1-31　2014 年 2 月乌苏里江三维荧光光谱（彩图请扫封底二维码）

Figure 1-31　Excitation-emission 3-D fluorescence spectra of WSR in February，2014

WSR 夏季（2014 年 6 月）水样三维荧光光谱如图 1-32 所示，所有位点均检测到类富里酸荧光峰 Peak A[Ex/Em=230 nm/（410～419）nm]、类胡敏酸荧光峰 Peak C[Ex/Em=（300～330）nm/（398～419）nm]和类酪氨酸荧光峰 Peak S[Ex/Em=（210～220）nm/（355～367）nm]。从图 1-32 中可以看出，WSR 冬季与夏季 DOM 差异不大。

1.3.3.3　三维荧光光谱 PARAFAC 分析组分检验

平行因子模型与传统的三维荧光的激发发射矩阵相比，能够提供更多的 DOM 组分信息[16, 68]。对来自不同处理的 125 个激发发射矩阵进行平行因子分析，分析步骤如下。

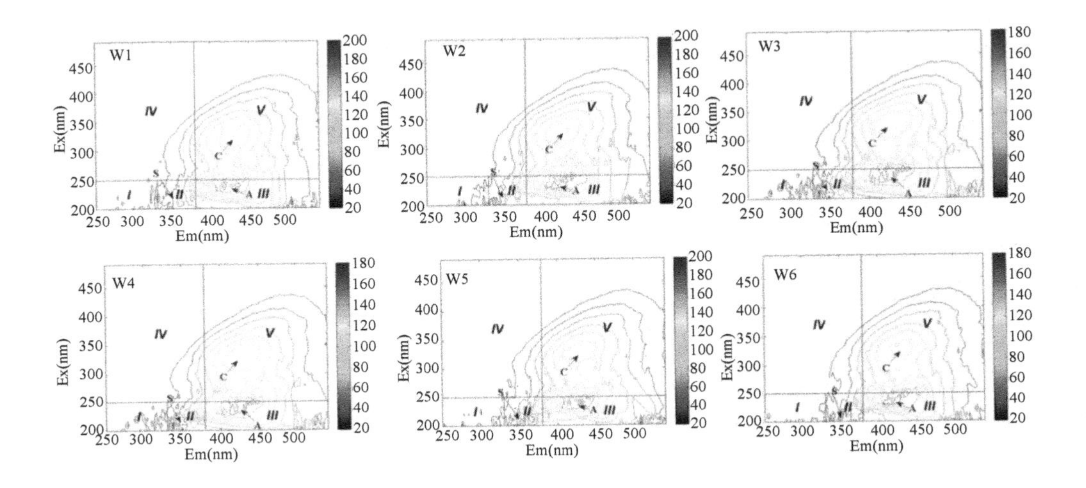

图 1-32　2014 年 6 月乌苏里江三维荧光光谱（彩图请扫封底二维码）

Figure 1-32　Excitation-emission 3-D fluorescence spectra of WSR in June，2014

（1）数据转换及散射去除：利用 MATLAB 软件绘制各样品原始荧光扫描的三维荧光图谱，从原始图谱（图 1-33）中可以看出瑞利散射和拉曼散射严重影响样品的三维荧光光谱特性的表达。Helms 等采用扣除 Milli-Q 水荧光矩阵来去除散射，但效果不佳。本节选择用 MATLAB 的三角插值方式去除瑞利散射和拉曼散射[40, 60, 68]，该技术可有效地消除散射峰对样品物质峰的影响且保留散射峰位置的荧光信号（图 1-33）。

（2）选择最佳组分：依据 MATLAB“DOMToolbox”文件夹中的组分选择方法，利用误差平方和分析、对半分析（split-half analysis）及可视性检验确定最佳组分[40]。

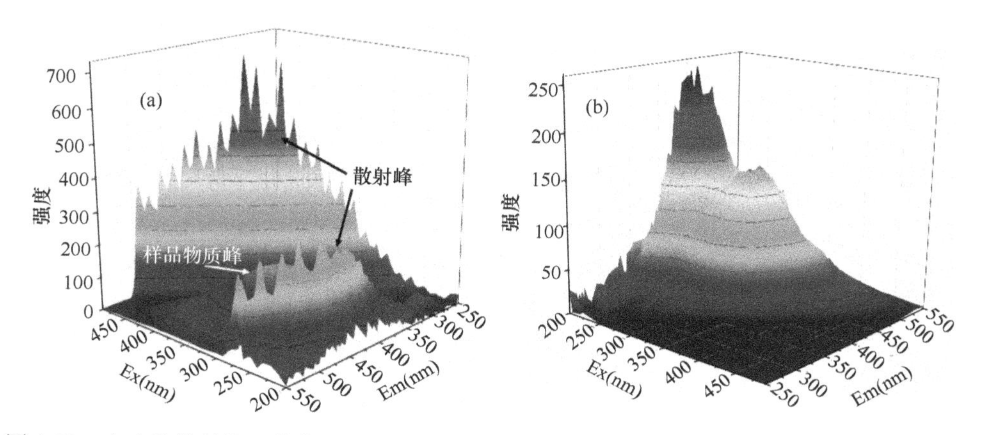

图 1-33　未去除散射的三维荧光图谱（a）和去除散射后的三维荧光图谱（b）（彩图请扫封底二维码）

Figure 1-33　Uncorrected EEM（a）and scatter-corrected EEM（b）

（3）对半分析原理及其验证：平行因子（PARAFAC）分析法中的对半分析是将三维荧光光谱的整体数据随机平分成 2 个子数据库，分别验证其分得的荧光组分结果的可靠性，其分析方法如图 1-34 所示。

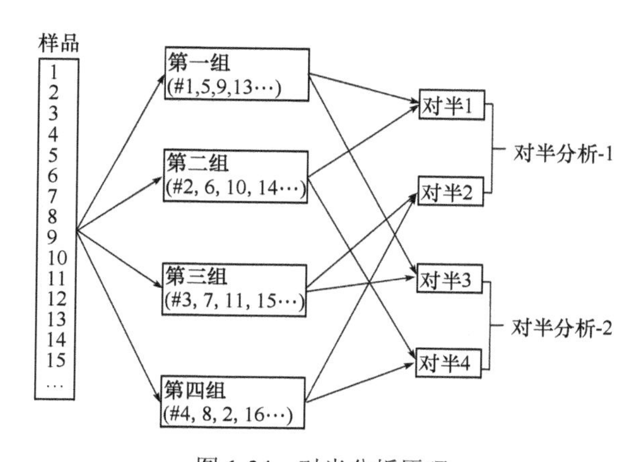

图 1-34　对半分析原理

Figure 1-34　The principle of split-half analysis

1.3.3.4 DOM 荧光组分的识别

将黑龙江水体整体 EEM 数据集进行 PARAFAC 分析，PARAFAC 分析方法依据 Stedmon 和 Bro 所提出的方法[11]。分析过程中将三维矩阵的激发波长 200～220 nm 的数据删除，以消除随机的数据波动。PARAFAC 可将 DOM 的 EEM 荧光数据分解为几个独立的组分，为保证所分组分数的准确性和科学性，首先需对整体 EEM 数据进行初步分组试验，并进行误差平方和分析。如图 1-35 所示，由黑龙江水体整体 EEM 分组误差平方和结果可知，当组分数目为 4 和 5 时，两组的误差平方和非常接近，这表明 4 组分对于黑龙江水体 EEM 更适合。为了进一步确定组分数，本研究还进行了 EEM 数据集的对半分析。如图 1-36 所示，当 PARAFAC 组分数目为 4 时对半分析结果拟合较好，图 1-36 显示的整体数据库及 2 个子数据库的分析结果几乎相同，说明所选择的 4 个成分是合理的。因此从对半分析角度可确定对于黑龙江水体 EEM 矩阵 PARAFAC 分为 4 个组分更为准确。最后，进行组分输出，从 PARAFAC 组分图（图 1-37）中可以看出，4 组分均表现完整，因此，最终将黑龙江水体 EEM 数据的 PARAFAC 分为 4 个组分。但需指出，虽然本研究将 PARAFAC 分为 4 个独立的组分，但并不表示仅 4 个荧光组分存在于黑龙江水体，其他的荧光组分也可能存在，但它们的影响较小以至于不能将其与噪声进行区分。因此，4 个荧光组分可解释黑龙江水体 DOM 大多组分。

表 1-4 列出了 PARAFAC 荧光组分、荧光峰位置、荧光组分性质，以及与已知荧光组分的对比。除荧光组分 C3 外，其他荧光组分均呈

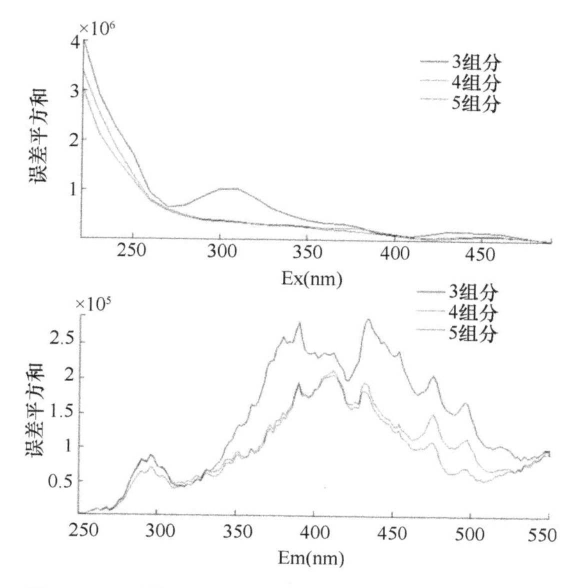

图 1-35　误差平方和分析（彩图请扫封底二维码）

Figure 1-35　Sum of squared error analysis

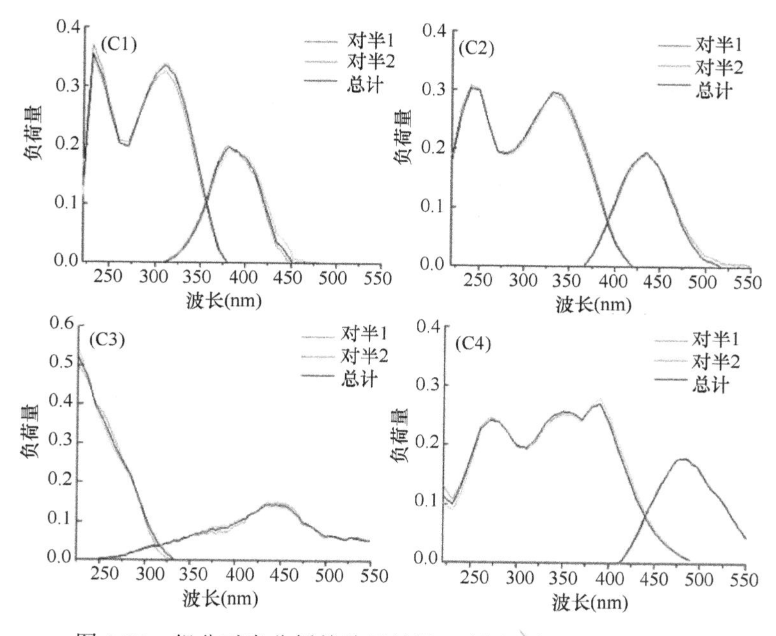

图 1-36　组分对半分析的验证结果（彩图请扫封底二维码）

Figure 1-36　Analysis of split-half validation results of the components

现两个荧光峰。荧光组分 C1 由两个荧光峰组成，其激发峰波长位置为 240 nm 和 320 nm，发射峰波长位置为 390 nm。该荧光组分被定义为胡敏酸类组分，且该荧光组分的光谱特性与低分子质量微生物荧光组分相似[37, 39, 69]。荧光组分 C2 也由两个荧光峰组成，其激发峰波长位置为 240 nm 和 340 nm，发射峰波长位置为 436 nm，对比荧光组分 C1 可知，荧光组分 C2 产生了红移现象。根据 Coble 的研究可知，荧光组分 C2 为传统陆源胡敏酸组分的复合物，其包括荧光峰 A 和荧光峰 C，也有研究认为，该组分来自陆源植物或土壤有机组分[13]。

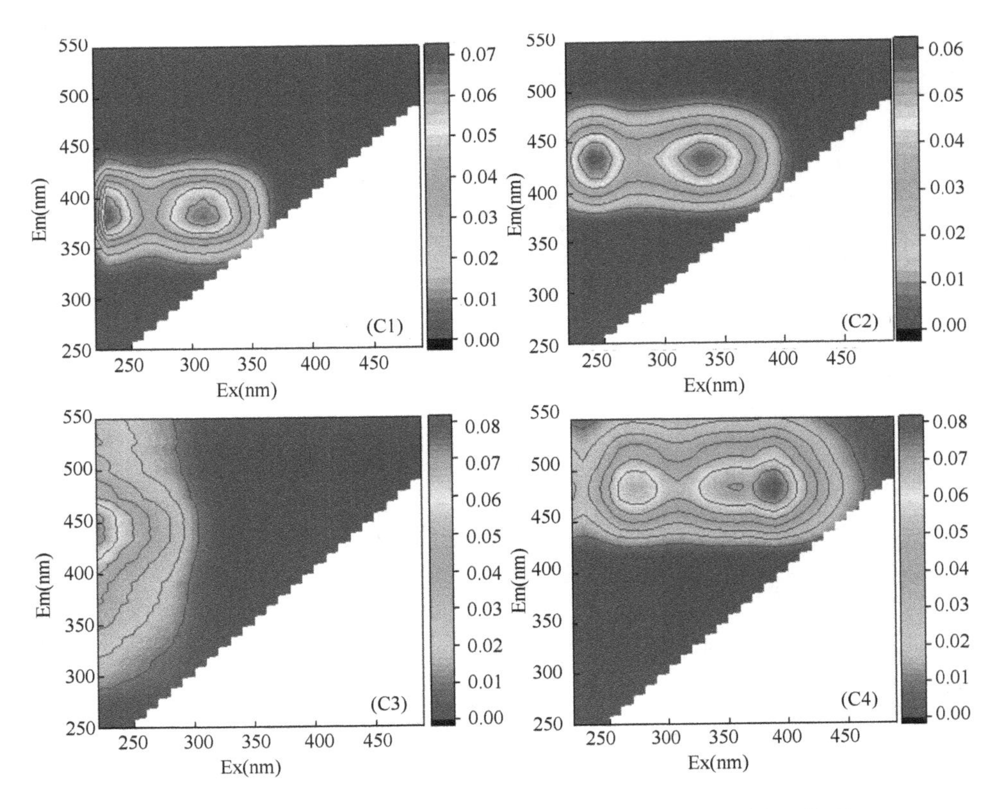

图 1-37 黑龙江水体 DOM 平行因子荧光组分（彩图请扫封底二维码）

Figure 1-37 Fluorescence components of DOM components

荧光组分 C3 则仅有一个荧光峰，其荧光峰对应的激发峰波长/发射峰波长位置为<240 nm/448 nm，该荧光峰通常被认为是陆源胡敏酸组分[21, 39, 43, 70]。Stedmon 和 Markager 认为该组分在森林溪流和湿地中含量较高[36, 37, 71]。荧光组分 C4 也由两个荧光峰组成，其激发峰波长位置为 280 nm 和 400 nm，发射峰波长位置为 480 nm。该荧光组分拥有较大的激发峰波长/发射峰波长，Stedmon 和 Kowalczuk 等认为该组分与高分子质量芳香性陆源有机质相似[40, 43]。在黑龙江流域，本研究未检测到类蛋白物质，所有荧光组分均为腐殖质类组分，虽然在采样点三维荧光光谱中可观察到少量的类蛋白物质的荧光峰存在，但其荧光强度较弱，表明与腐殖质类物质的含量相比类蛋白物质的含量极低，占水体 DOM 总份额的极小部分，且很难与光谱检测时的噪声进行区分。因此，在平行因子分析过程中，类蛋白物质所占各样品的比例小到可以忽略。这与黑龙江水体 DOM 二维同步荧光光谱的结果一致。而未检测到类蛋白物质的河流与湖库鲜有报道，Hudson 等认为类蛋白物质与生物效应、活性有机质和可降解的肽类物质有关[72, 73]。与腐殖质类物质相比，类蛋白荧光组分更容易被微生物作为能源物质所利用。研究认为，类蛋白物质可用于人类活动所导致的有机污染的一个指标[74, 75]。因此，黑龙江流域未检测到类蛋白物质表明黑龙江水体并未受到人类活动的影响。

1.3.3.5　DOM 荧光组分的分布特征

黑龙江流域各采样点 PARAFAC 荧光组分相对含量如图 1-38 所示，荧光组分 C1～C4 的相对含量变化分别为 41.8%～53.0%、16.9%～24.1%、11.1%～23.1%和 14.0%～18.5%。荧光组分 C1 的相对含量在各采样点中均显著高于其他荧光组分，这表明荧光组分 C1 对黑龙江水体的影响较大，同时表明黑龙江水体微生物活性较强。荧光组分 C2 在整个黑龙江流域并未出现显著的差别。陆源腐殖质荧光组分 C3 在整个黑龙江流域的变化趋势与荧光组

表 1-4 黑龙江水体 DOM 荧光组分特性及来源

Table 1-4 Spectral characteristics of set collected in the Heilongjiang watershed compared to previously identified sources

荧光组分	峰位置 λEx/Em（nm）	组分描述	引用
C1	240，320/390 M1 峰/M2 峰	类腐殖质，微生物降解产物	微生物组分 3：295/398 [36, 37] 组分 6：<260（325）/385 [39] 组分 1：（240）320/396 [43]
C2	240，340/436 A 峰/ C 峰	类腐殖质，陆源物质	组分 4：<250（360）/440 [44] 组分 5：345/434 [11] 组分 8：<260（355）/434 [19]
C3	<240/448 T 峰	类腐殖质，陆源物质	陆源组分 1：<240/436 [36] 组分 1：<260/458 [39] 组分 2：250/420 [21]
C4	280，400/480 L1 峰/L2 峰	类腐殖质，陆源物质	组分 3：（270）360/478 [36] 组分 3：（275）390/479 [39] 组分 4：（270）390/508 [21, 43]

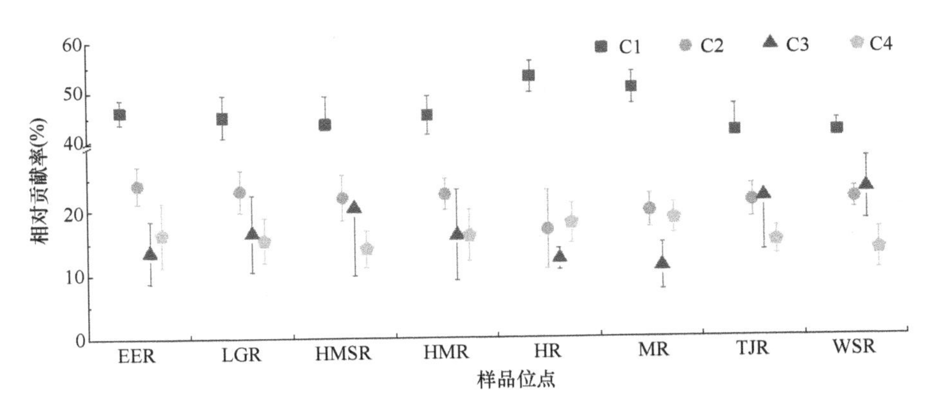

图 1-38 黑龙江水体各采样点 DOM 平行因子组分相对贡献率（彩图请扫封底二维码）

Figure 1-38 Changes in the relative distributions rate of the four PARAFAC-modeled CDOM components in Heilongjiang

分 C1 相反，其在 WSR 采样点呈现最大值，在 MR 采样点处最低。对于荧光组分 C4 而言，其相对含量在整个黑龙江流域的变化趋势与荧光组分 C1 的变化趋势相似，在 MR 采样点的相对含量最高，在 WSR 采样点的相对含量最低。

1.3.3.6　DOM 荧光组分相互关系研究

黑龙江流域 DOM 荧光组分间相关性如图 1-39 所示，荧光组分 C1、C2 和 C4 之间均呈现较强的相关性（$P<0.001$），荧光组分 C1 与荧光组分 C2 之间的相关性方程为 $Y=0.0141+0.382X$（$r=0.836$，$P<0.001$）[图 1-39（a）]，荧光组分 C1 与荧光组分 C4 之间的相关性方程为 $Y=0.007+0.379X$（$r=0.867$，$P<0.001$）[图 1-39（b）]，荧光组分 C2 与荧光组分 C4 之间的相关性方程为 $Y=0.007+0.588X$（$r=0.586$，$P<0.001$）[图 1-39（c）]。如图 1-39（d）、（e）、（f）所示，荧光组分 C3 与其他 PARAFAC 组分间并未呈现出任何的相关性。Liu 等认为，荧光组分间呈现较强的相关性表明荧光组分受相同的因子调控[76]。

1.3.4　基于 DOM 荧光组分 Ex loadings 的相关光谱分析

1.3.4.1　空间外扰下的二维相关光谱分析

黑龙江流域 DOM 基于 PARAFAC 荧光组分激发波长载荷（Ex loadings）的空间外扰 2DCOS 结果如图 1-40 所示，基于 PARAFAC 组分 C1 Ex loadings 空间外扰的二维同步相关光谱结果显示[图 1-40（a）]，从黑龙江上游到下游水体 DOM 的 PARAFAC 荧光组分 C1 的 Peak M1 峰和 Peak M2 峰的交叉峰呈现负值，表明 Peak M1 峰和 Peak

M2 峰的变化呈现出相反的趋势。基于 PARAFAC 组分 C1 Ex loadings 空间外扰的二维异步相关光谱结果表明[图 1-40（b）]，Peak M1 峰的变化要先于 Peak M2 峰的变化。从荧光组分 C1 的特性可知，荧光组分 C1 为微生物类腐殖质，其分子质量相对较低，结构相对简单，因此，荧光组分 C1 的 Peak M1 峰容易被降解，即其变化也会先于 Peak M2 峰。基于 PARAFAC 组分 C2 Ex loadings 空间外扰的二维同步相关光谱结果显示[图 1-40（c）]，与荧光组分 C1 较为相似，从黑龙江上游到下游水体 DOM 的 PARAFAC 荧光组分 C2 的 Peak A 峰和 Peak C 峰的交叉峰呈现负值，表明 Peak A 峰和 Peak C 峰的变化呈现出相反的趋势。基于 PARAFAC 组分 C2 Ex loadings 空间外扰的二维异步相关光谱结果表明[图 1-40（d）]，Peak A 峰的变化要先于 Peak C 峰的变化。基于 PARAFAC 组分 C3 Ex loadings 空间外扰的二维同步相关光谱结果如图 1-40（e）所示，荧光组分 C3 的三维图中仅显示出明显的一个荧光峰，但荧光组分 C3 的二维同步荧光光谱中显示出两个自动峰。这表明，荧光组分 C3 中还存在一个不明显的肩峰，而在二维同步相关光谱中肩峰与荧光组分 C3 的 Peak T 峰的交叉峰呈现负值。表明，肩峰与荧光组分 C3 的变化趋势是相反的。基于 PARAFAC 组分 C3 Ex loadings 空间外扰的二维异步相关光谱结果表明[图 1-40（f）]，荧光组分 C3 的肩峰在地理空间外扰下的变化先于荧光组分 C3 的 Peak T 峰的变化。基于 PARAFAC 组分 C4 Ex loadings 空间外扰的二维同步相关光谱结果表明[图 1-40（g）]，DOM 的 PARAFAC 荧光组分 C4 的 Peak L1 峰和 Peak L2 峰的交叉峰呈现负值，表明 Peak L1 峰和 Peak L2 峰的变化呈现出相反的趋势。基于 PARAFAC 组分 C4 Ex loadings 空间外扰的二维

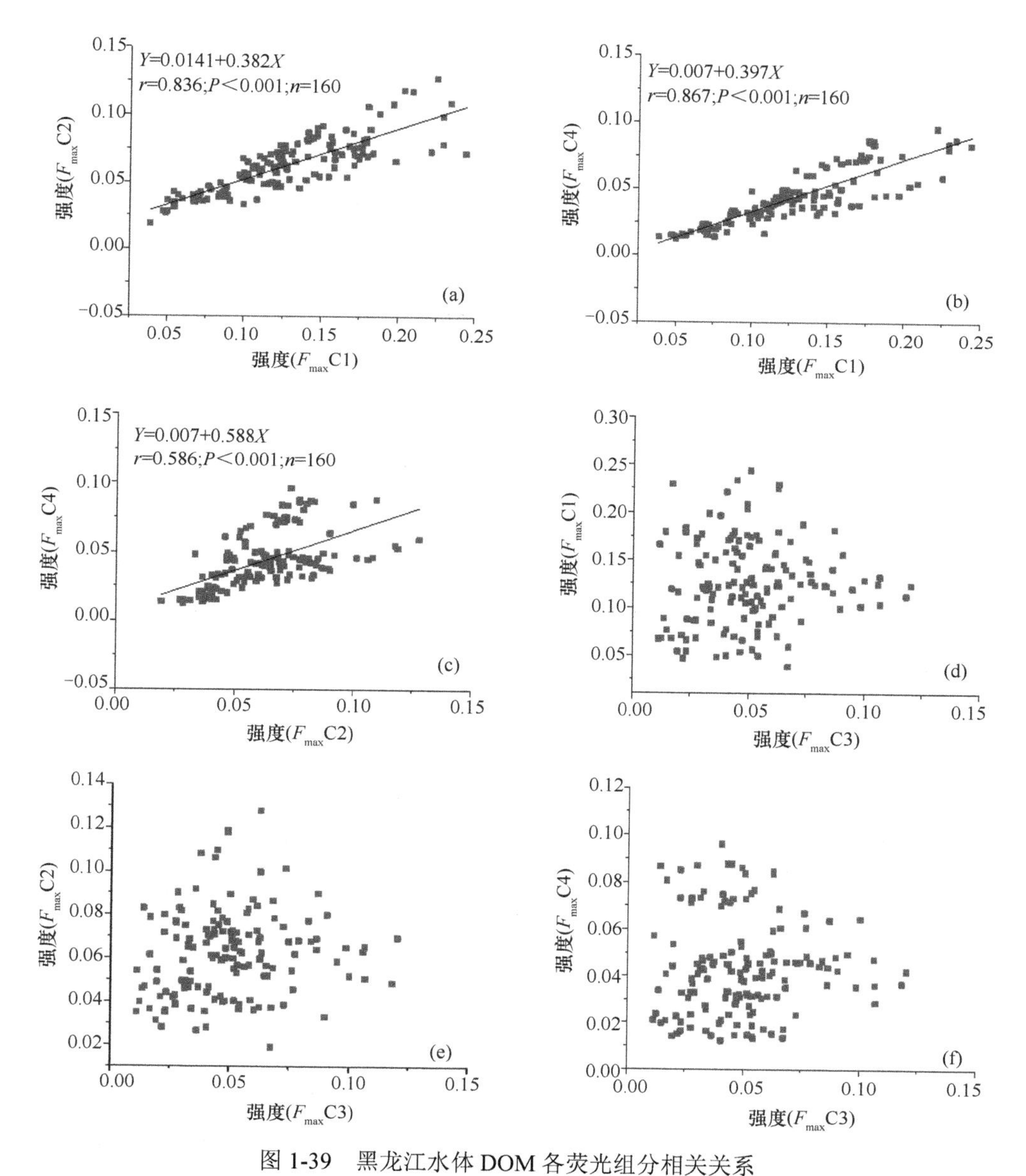

图 1-39　黑龙江水体 DOM 各荧光组分相关关系

Figure 1-39　Relationships between the four fluorescence components in Heilongjiang

异步相关光谱结果表明[图 1-40（h）]，Peak L1 峰的变化要先于 Peak L2 峰的变化。

1.3.4.2 空间外扰下的二维异质相关光谱分析

黑龙江流域 DOM 基于 PARAFAC 荧光组分间 Ex loadings 的空间外扰二维异质相关光谱结果如图 1-41 所示。基于 PARAFAC 组分 C1 和 C2 Ex loadings 空间外扰的二维异质同步相关光谱结果显示[图 1-41（a）]，PARAFAC 组分 C1 的 Peak M2 峰与组分 C2 的 Peak C 峰在空间外扰下的变化呈现一致性；基于 PARAFAC 组分 C1 和 C2 Ex loadings 空间外扰的二维异质异步相关光谱结果显示[图 1-41（b）]，PARAFAC 组分 C1 的 Peak M2 峰与组分 C2 的 Peak C 峰在空间外扰下其物质组成来源具有一致性。基于 PARAFAC 组分 C1 和 C3 Ex loadings 空间外扰的二维异质同步相关光谱结果显示[图 1-41（c）]，PARAFAC 荧光组分 C1 的 Peak M1 峰与组分 C3 的 Peak T 肩峰在空间外扰下的变化呈现一致性；基于 PARAFAC 组分 C1 和 C3 Ex loadings 空间外扰的二维异质异步相关光谱结果显示[图 1-41（d）]，PARAFAC 组分 C1 的 Peak M1 峰与组分 C3 的 Peak T 肩峰在空间外扰下其物质组成来源具有一致性；PARAFAC 组分 C1 的 Peak M2 峰与组分 C3 的 Peak T 肩峰在空间外扰下其物质组成来源具有一致性。基于 PARAFAC 组分 C1 和 C4 Ex loadings 空间外扰的二维异质同步相关光谱结果显示[图 1-41（e）]，PARAFAC 组分 C1 的 Peak M1 峰与组分 C4 的 Peak L1 峰在空间外扰下的变化呈现一致性，Peak M1 峰与 Peak L2 峰在空间外扰下的变化方向相反。PARAFAC 组分 C1 的 Peak M2 峰与组分 C4 的 Peak L1 峰在空间外扰下的变化呈现一致

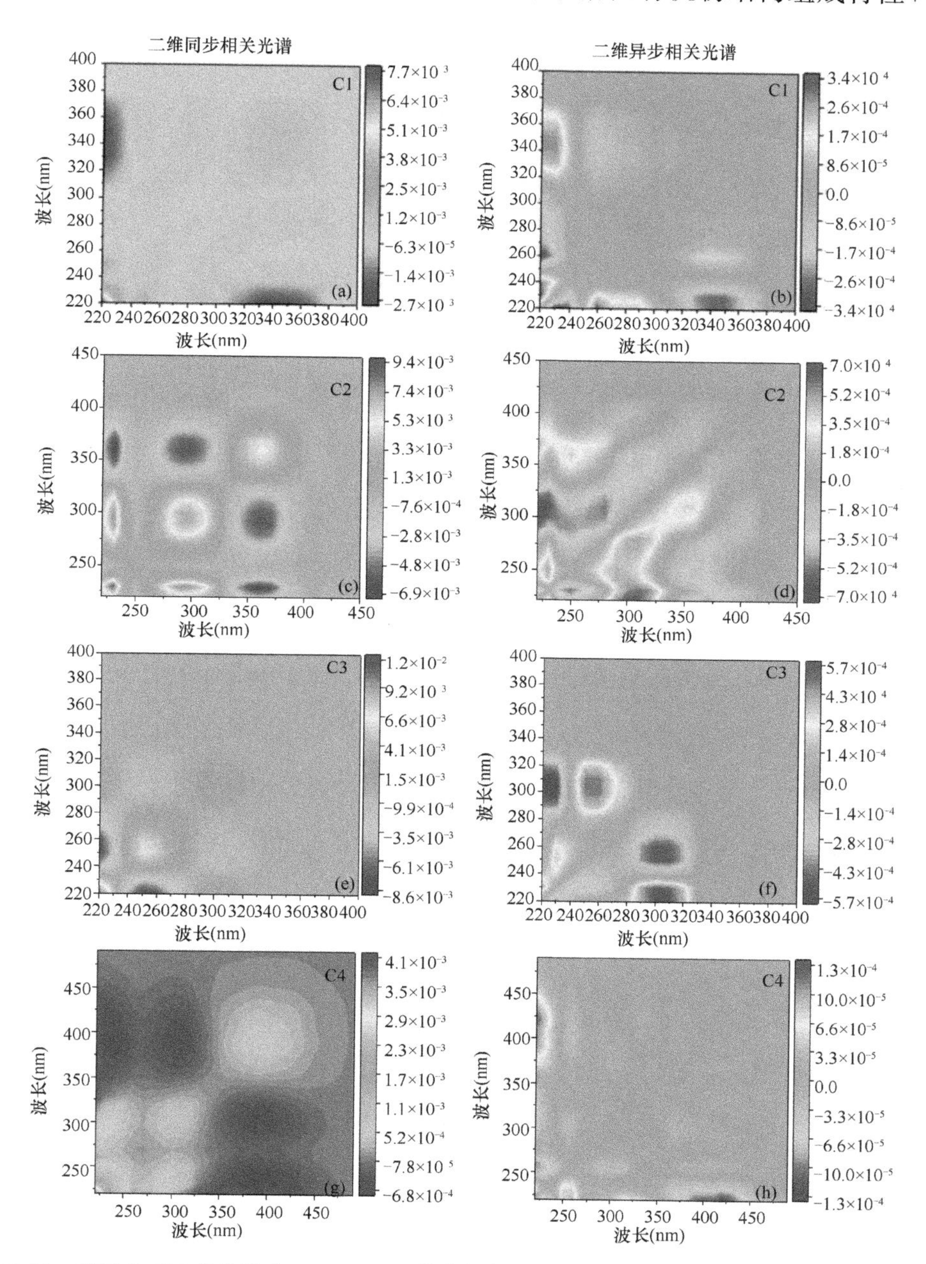

图 1-40　基于 DOM 荧光组分 Ex loadings 的空间外扰二维相关光谱（彩图请扫封底二维码）

Figure 1-40　Synchronous and asynchronous maps obtained by two-dimensional correlation analysis of the excitation spectra based on space as the external perturbation

性，Peak M2 峰和 Peak L1 峰在空间外扰下的变化方向相反。基于PARAFAC 组分 C1 和 C4 Ex loadings 空间外扰的二维异质异步相关光谱结果显示[图 1-41（f）]，PARAFAC 组分 C1 的 Peak M2 峰与组分 C4 的 Peak L2 峰在空间外扰下其物质组成来源具有一致性。基于PARAFAC 组分 C2 和 C3 Ex loadings 空间外扰的二维异质同步相关光谱结果显示[图 1-41（g）]，PARAFAC 组分 C2 的 Peak A 峰与荧光组分 C3 的 Peak T 峰在空间外扰下的变化呈现一致性；基于PARAFAC 组分 C2 和 C3 Ex loadings 空间外扰的二维异质异步相关光谱结果显示[图 1-41（h）]，PARAFAC 组分 C2 的 Peak A 峰与组分C3 的 Peak T 肩峰在空间外扰下其物质组成来源具有一致性；C2 的Peak C 峰与组分 C3 的 Peak T 肩峰在空间外扰下其物质组成来源具有一致性。基于 PARAFAC 组分 C2 和 C4 Ex loadings 空间外扰的二维异质同步相关光谱结果显示[图 1-41（i）]，PARAFAC 组分 C2 的Peak A 峰与荧光组分 C4 的 Peak L2 峰在空间外扰下的变化呈现一致性；PARAFAC 组分 C2 的 Peak C 峰与荧光组分 C4 的 Peak L1 峰在空间外扰下的变化呈现一致性。基于 PARAFAC 组分 C2 和 C4 Ex loadings 空间外扰的二维异质异步相关光谱结果显示[图 1-41（j）]，PARAFAC 组分 C2 的 Peak A 峰与组分 C4 的 L1 峰在空间外扰下其物质组成来源具有一致性；PARAFAC 组分 C2 的 Peak C 峰与组分C4 的 L2 峰在空间外扰下其物质组成来源具有一致性。基于PARAFAC 组分 C3 和 C4 Ex loadings 空间外扰的二维异质同步相关光谱结果显示[图 1-41（k）]，PARAFAC 组分 C3 与组分 C4 在空间外扰下的变化呈现一致性。基于 PARAFAC 组分 C3 和 C4 Ex loadings 空间外扰的二维异质异步相关光谱结果显示[图 1-41（l）]，

PARAFAC 组分 C3 的 Peak T 峰与组分 C4 的 Peak L2 峰在空间外扰下其物质组成来源具有一致性；PARAFAC 组分 C3 的 Peak T 肩峰与组分 C4 的 Peak L1 峰在空间外扰下其物质组成来源具有一致性。

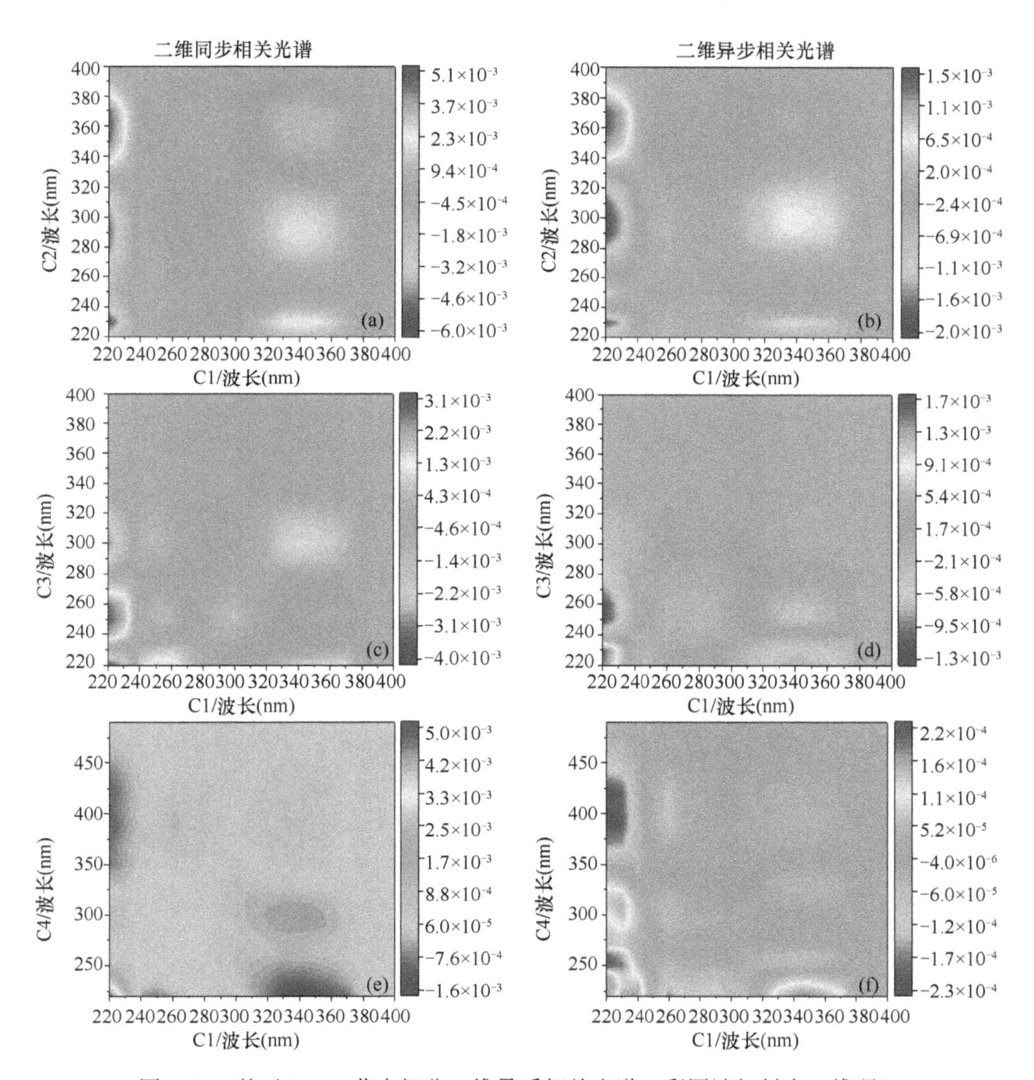

图 1-41　基于 DOM 荧光组分二维异质相关光谱（彩图请扫封底二维码）

Figure 1-41　Synchronous and asynchronous heterospectral two-dimensional correlation spectrum based on space as the external perturbation

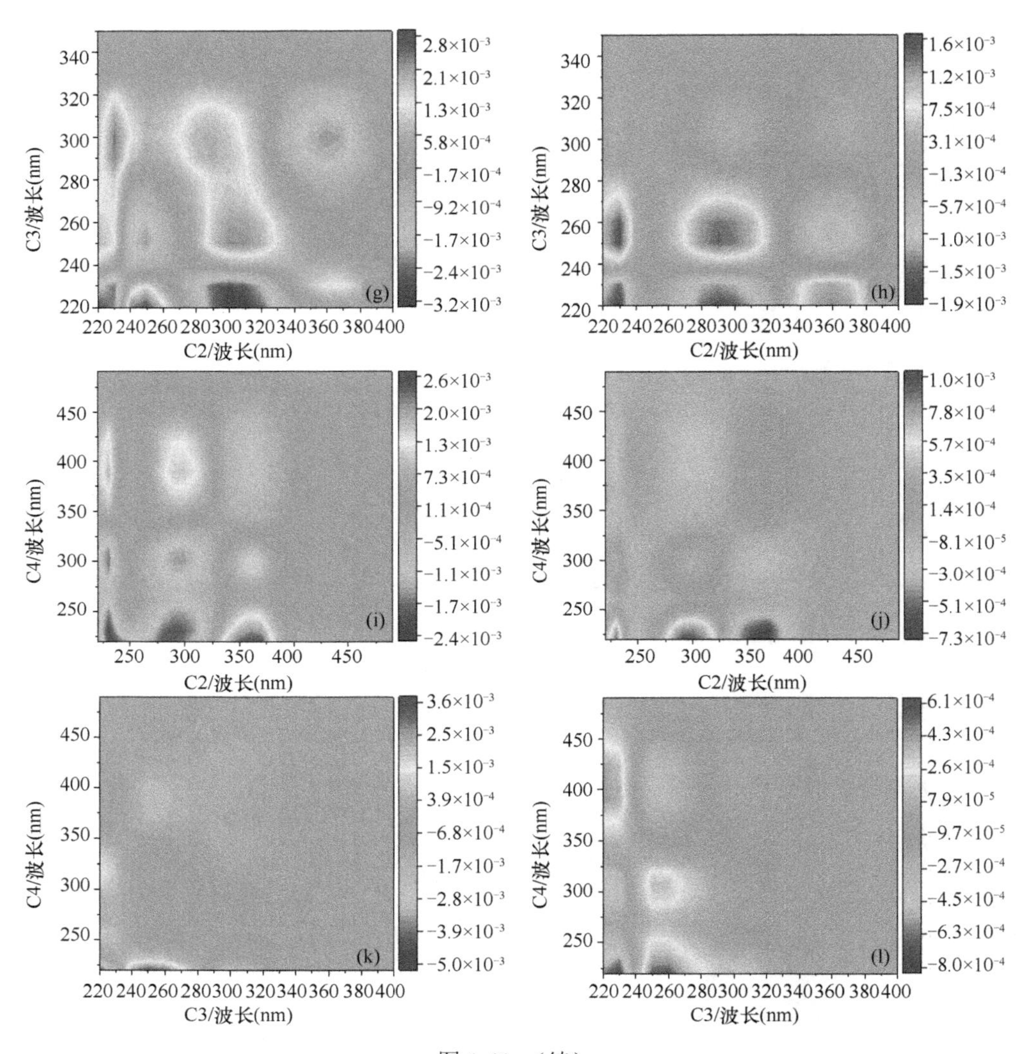

图 1-41 （续）

Figure 1-41 （Continued）

1.3.4.3　时间外扰下的二维相关光谱分析

黑龙江流域 DOM 基于 PARAFAC 荧光组分 Ex loadings 的时间外扰 2DCOS 结果如图 1-42 所示。基于 PARAFAC 组分 C1 Ex loadings 时间外扰的二维同步相关光谱结果显示[图 1-42（a）]，在黑龙江 2～8 月，随着时间的推进，DOM 的 PARAFAC 荧光组分 C1 的 Peak M1 峰和 Peak M2 峰的交叉峰呈现负值，表明 Peak M1 峰和 Peak M2 峰的变化呈现出相反的趋势。基于 PARAFAC 组分 C1 Ex loadings 时间外扰的二维异步相关光谱结果表明[图 1-42（b）]，Peak M1 峰的变化后于 Peak M2 峰的变化。与地理因素外扰的 2DCOS 结果相似，PARAFAC 组分 C1 的 Peak M1 峰和 Peak M2 峰在时间外扰下其变化趋势相反，但其变化的先后顺序与地理因素外扰的结果相反。这可能是由于黑龙江流域不同采样点的微生物菌群结构不同，对有机质的利用方式不同。基于 PARAFAC 组分 C2 Ex loadings 时间外扰的二维同步相关光谱结果显示[图 1-42（c）]，与荧光组分 C1 较为相似，从黑龙江上游到下游水体 DOM 的 PARAFAC 荧光组分 C2 的 Peak A 峰和 Peak C 峰的交叉峰呈现负值，表明 Peak A 峰和 Peak C 峰的变化呈现出相反的趋势。基于 PARAFAC 组分 C2 Ex loadings 时间外扰的二维异步相关光谱结果表明[图 1-42（d）]，Peak A 峰的变化要先于 Peak C 峰的变化。该结果与地理因素外扰的 2DCOS 结果一致，同时也表明，黑龙江流域 DOM 的 PARAFAC 组分 C2 的演变规律不受时间和地理因素的影响。基于 PARAFAC 组分 C3 Ex loadings 的二维同步相关光谱结果如图 1-42（e）所示，荧光组分 C3 的二维图中仅显示出明显的一个荧光峰，但荧光组分 C3 的二维同步荧光光谱

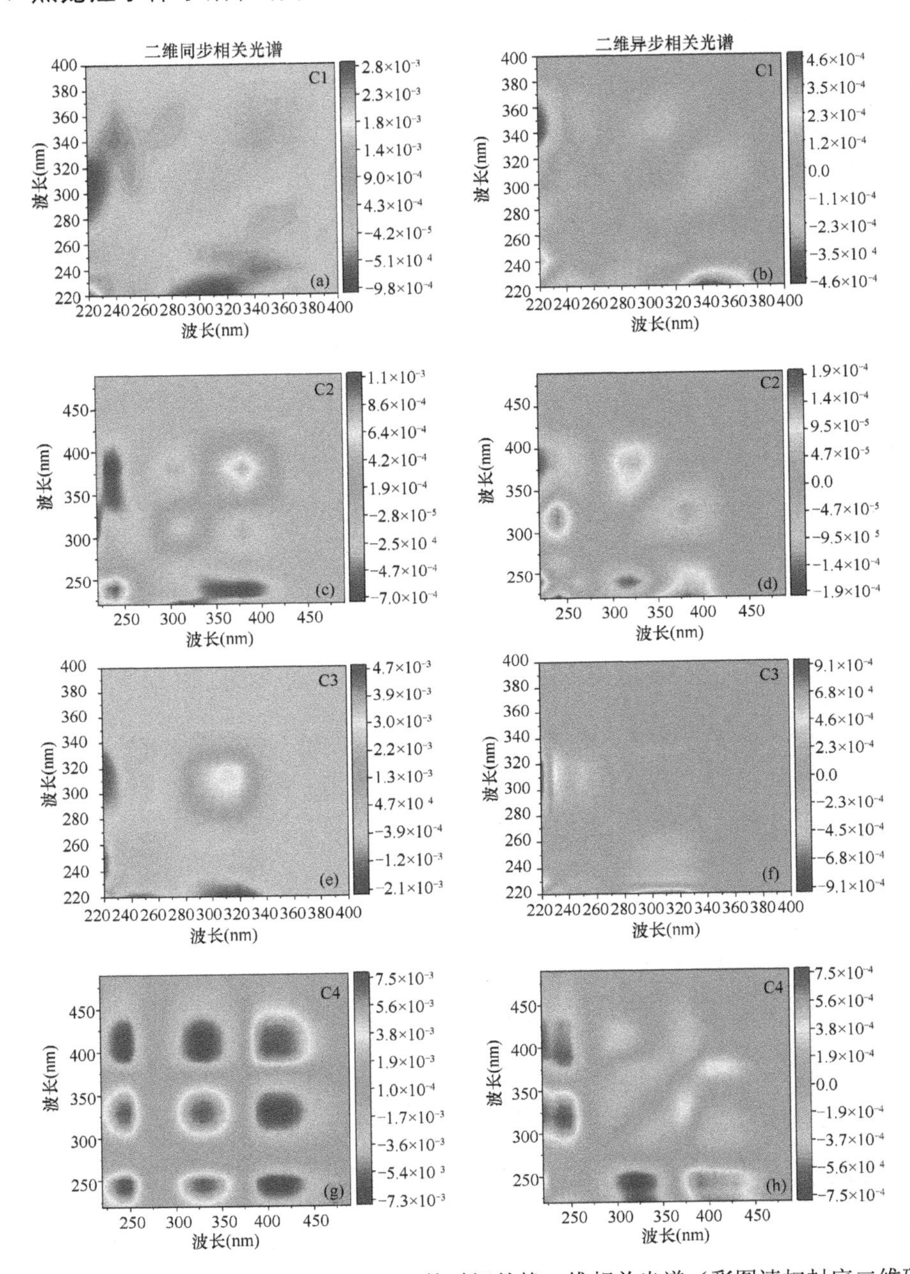

图 1-42 基于 DOM 荧光组分 Ex loadings 的时间外扰二维相关光谱（彩图请扫封底二维码）

Figure 1-42 Synchronous and asynchronous maps obtained by two-dimensional correlation analysis of the excitation spectra based on time as the external perturbation

中显示出两个自动峰，这表明荧光组分 C3 中还存在一个不明显的肩峰，而在二维同步相关光谱中肩峰与荧光组分 C3 的 Peak T 峰的交叉峰呈现负值，表明肩峰与荧光组分 C3 的 Peak T 峰的变化趋势是相反的。该结果与基于 PARAFAC 荧光组分 C3 的 Ex loadings 地理外扰 2DCOS 结果一致。基于 PARAFAC 组分 C3 Ex loadings 的二维异步相关光谱结果表明[图 1-42（f）]，荧光组分 C3 的肩峰在时间外扰下的变化先于荧光组分 C3 的 Peak T 峰的变化。该结果与基于 PARAFAC 荧光组分 C3 的 Ex loadings 的地理外扰 2DCOS 结果一致。基于 PARAFAC 组分 C4 Ex loadings 时间外扰的二维同步相关光谱结果表明[图 1-42（g）]，DOM 的 PARAFAC 荧光组分 C4 的 Peak L1 峰和 Peak L2 峰的交叉峰呈现负值，表明 Peak L1 峰和 Peak L2 峰在时间为外扰的条件下的变化呈现出相反的趋势。Peak L1 峰与其肩峰呈现出较强的正交叉峰，这表明 Peak L1 峰与其肩峰在时间为外扰的条件下的变化呈现出一致性。基于 PARAFAC 组分 C4 Ex loadings 时间外扰的二维异步相关光谱结果表明[图 1-42（h）]，Peak L1 峰的变化要先于 Peak L2 的变化。该结果与基于 PARAFAC 组分 C4 Ex loadings 空间外扰的二维异步相关光谱结果一致。这表明 PARAFAC 组分 C4 中各荧光峰所代表的物质在时间和空间外扰条件下的变化情况是一致的。

1.3.4.4　时间外扰下的二维异质相关光谱分析

黑龙江流域 DOM 基于 PARAFAC 荧光组分间 Ex loadings 的时间外扰二维异质相关光谱结果如图 1-43 所示。基于 PARAFAC 组分 C1 和 C2 Ex loadings 时间外扰的二维异质同步相关光谱结果显示[图 1-43（a）]，PARAFAC 组分 C1 的 Peak M2 峰与组分 C2 的 Peak C

峰在时间外扰下的变化呈现一致性；基于 PARAFAC 组分 C1 和 C2 Ex loadings 的二维异质异步相关光谱结果显示[图 1-43（b）]，PARAFAC 组分 C1 的 Peak M2 峰与组分 C2 的 Peak C 峰在时间外扰下其物质组成来源具有一致性。该结果与荧光组分 C1 和 C2 Ex loadings 空间外扰的二维异质相关光谱呈现一致性，表明荧光组分 C1 与 C2 在时间和空间外扰下的转变以及相关关系呈现一致性。基于 PARAFAC 组分 C1 和 C3 Ex loadings 时间外扰的二维异质同步相关光谱结果显示[图 1-43（c）]，PARAFAC 荧光组分 C1 的 Peak M1 峰与组分 C3 的 Peak T 峰在时间外扰下的变化呈现一致性；基于 PARAFAC 组分 C1 和 C3 Ex loadings 的二维异质异步相关光谱结果显示[图 1-43（d）]，PARAFAC 组分 C1 的 Peak M1 峰与组分 C3 的 Peak T 峰 Ex loadings 在其异质异步相关光谱中呈现出正峰，表明这两种物质在时间外扰下其物质组成来源具有一致性。该结果与荧光组分 C1 和 C3 Ex loadings 空间外扰的二维异质相关光谱呈现一致性。基于 PARAFAC 组分 C1 和 C4 Ex loadings 的二维异质同步相关光谱结果显示[图 1-43（e）]，PARAFAC 组分 C1 的 Peak M1 峰与组分 C4 的 Peak L1 峰在时间外扰下的变化呈现一致性，Peak M1 峰与 Peak L2 峰在时间外扰下的变化方向相反，PARAFAC 组分 C1 的 Peak M2 峰与组分 C4 的 Peak L1 峰在时间外扰下的变化呈现一致性，Peak M2 峰和 Peak L1 峰在时间外扰下的变化方向相反。该结果与荧光组分 C1 和 C4 Ex loadings 空间外扰的二维异质同步相关光谱呈现一致性。基于 PARAFAC 组分 C1 和 C4 Ex loadings 的二维异质异步相关光谱结果显示[图 1-43（f）]，PARAFAC 组分 C1 与组分 C4 的 Peak L2 峰在时间外扰下其物质组成来源具有一致性。该结果与荧光组分 C1 和 C4

Ex loadings 空间外扰的二维异质异步相关光谱呈现一致性。基于 PARAFAC 组分 C2 和 C3 Ex loadings 的二维异质同步相关光谱结果显示[图 1-43（g）]，PARAFAC 组分 C2 的 Peak A 峰与荧光组分 C3

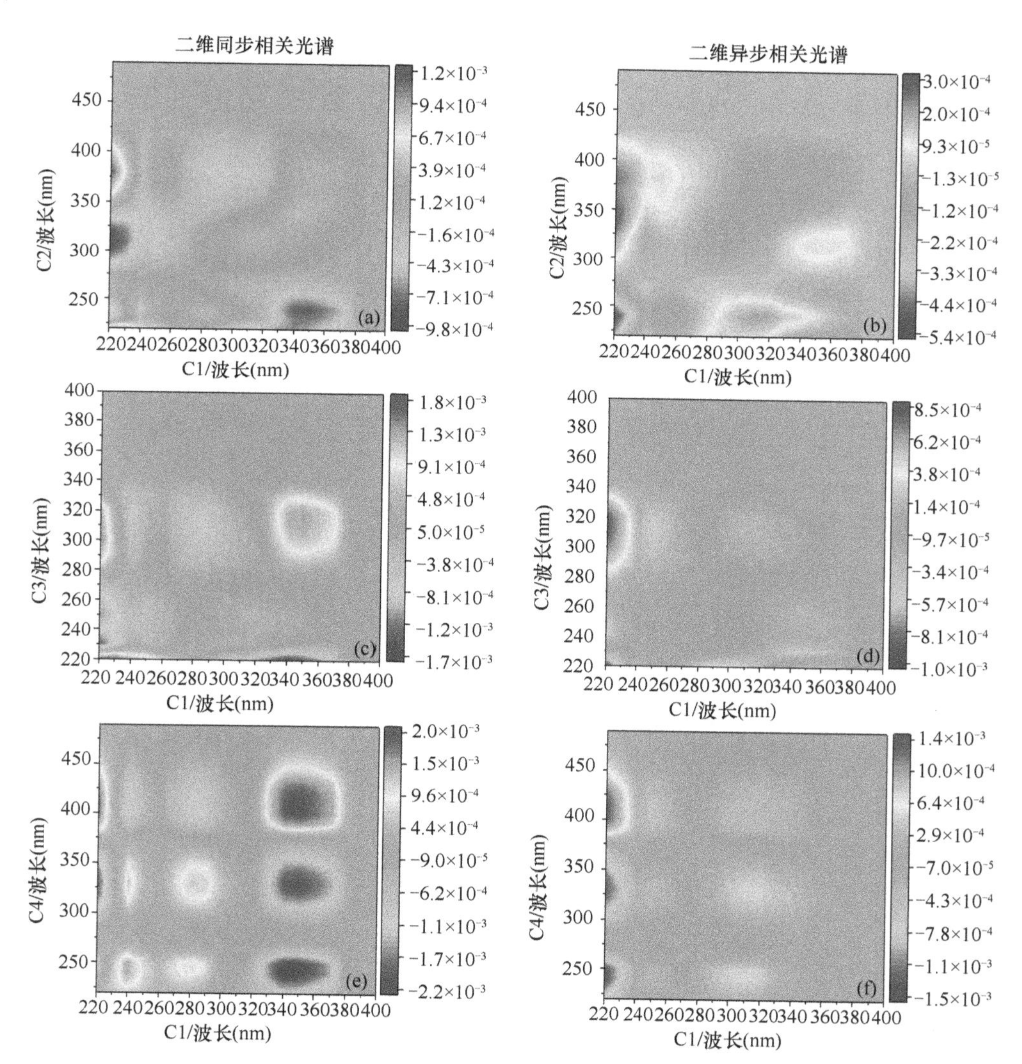

图 1-43　基于 DOM 荧光组分 Ex loadings 的时间外扰二维异质相关光谱（彩图请扫封底二维码）

Figure 1-43　Synchronous and asynchronous heterospectral two-dimensional correlation spectrum based on time as the external perturbation

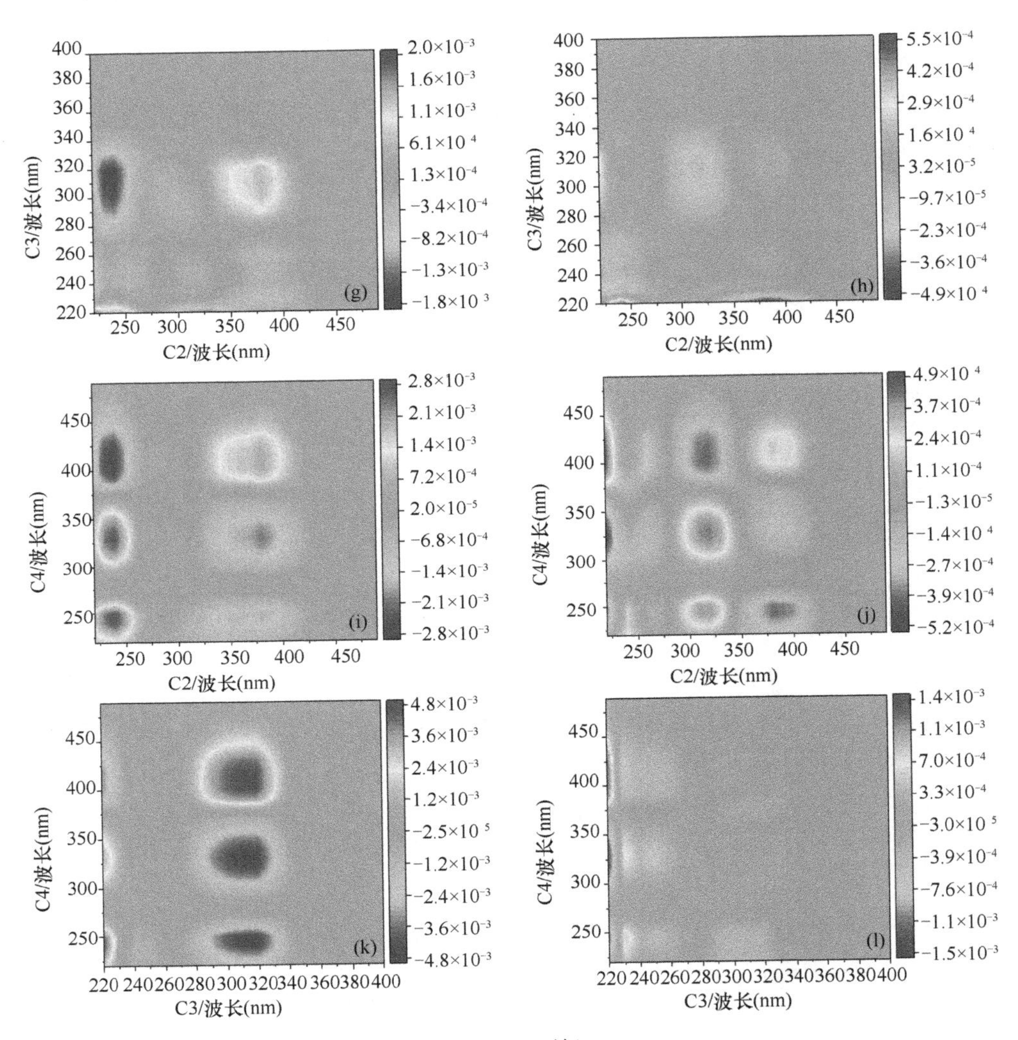

图 1-43 （续）

Figure 1-43 （Continued）

的 Peak T 峰在时间外扰下的变化呈现一致性；基于 PARAFAC 组分 C2 和 C3 Ex loadings 的二维异质异步相关光谱结果显示[图 1-43(h)]，PARAFAC 组分 C2 的 Peak C 峰与组分 C3 的 Peak T 峰在时间外扰下其物质组成来源具有一致性。该结果与荧光组分 C2 和 C3 Ex loadings

空间外扰的二维异质异步相关光谱呈现一致性。基于 PARAFAC 组分 C2 和 C4 Ex loadings 的二维异质同步相关光谱结果显示[图 1-43(i)]，与荧光组分 C2 和 C4 Ex loadings 空间外扰的二维异质同步相关光谱呈现一致性。基于 PARAFAC 组分 C2 和 C4 Ex loadings 的二维异质异步相关光谱结果显示[图 1-43(j)]，与荧光组分 C2 和 C4 Ex loadings 空间外扰的二维异质异步相关光谱呈现一致性。基于 PARAFAC 组分 C3 和 C4 Ex loadings 的二维异质同步相关光谱结果显示[图 1-43(k)]，PARAFAC 组分 C3 与组分 C4 在时间外扰下的变化呈现一致性。基于 PARAFAC 组分 C3 和 C4 Ex loadings 的二维异质异步相关光谱结果显示[图 1-43（l）]，PARAFAC 组分 C3 与组分 C4 的 Peak L2 峰在空间外扰下其物质组成来源具有一致性。该结果与荧光组分 C3 和 C4 Ex loadings 空间外扰的二维异质异步相关光谱呈现一致性。

综上，由 DOM 荧光组分 Ex loadings 的时间外扰 2DCOS 分析和 DOM 荧光组分 Ex loadings 的空间外扰 2DCOS 分析结果可知，在空间和时间为外扰下，黑龙江流域水体 DOM 的演变情况表现出一致性。黑龙江流域水体 DOM 在时间和空间外扰下的动态情况如图 1-44 所示，黑龙江水体 DOM 荧光组分 C1 在其演变过程中微生物类腐殖质组分的荧光峰 Peak M1 被降解，其残体演变成为陆源类腐殖质物质的荧光峰 Peak T 和 Peak L1。DOM 荧光组分 C2 在其演变过程中陆源类腐殖质物质的荧光峰 Peak A 被降解，其残体演变成为陆源类腐殖质物质荧光峰 Peak L1 和 Peak T。DOM 荧光组分 C3 在其演变过程中陆源类腐殖质物质荧光峰 Peak T 的肩峰 Peak T′被降解，其残体演变成为微生物类腐殖质组分荧光峰 Peak M2 和陆源类腐殖质物质 Peak L1、Peak C。DOM 荧光组分 C4 在其演变过程

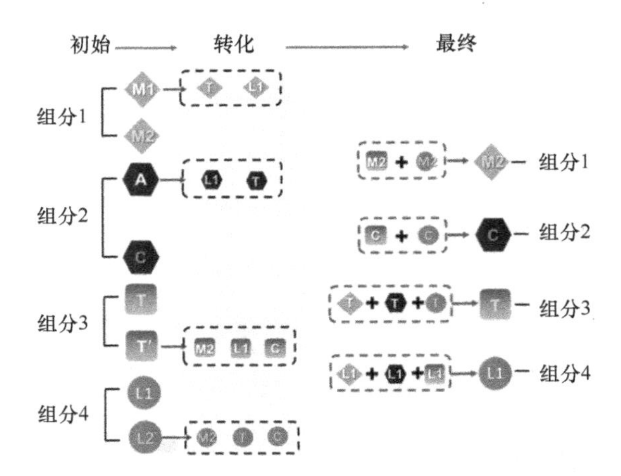

图 1-44　基于二维相关光谱的平行因子组分间的时间和空间演变情况（彩图请扫封底二维码）

Figure 1-44　The dynamic of PARAFAC components inner peaks under the time and space perturbation were proposed by analyzing the 2DCOS and hetrero-2DCOS

中陆源类腐殖质物质荧光峰 Peak L2 被降解，其残体演变成为微生物类腐殖质组分荧光峰 Peak M2 和陆源类腐殖质组分 Peak T、Peak C。经过各荧光峰在演变过程中降解的残体，经过微生物或聚合反应等方式形成组分的其他峰，以完成各组分间的物质转化。

1.3.5　黑龙江流域 DOM 荧光组分、紫外指标及理化因子互作关系

1.3.5.1　黑龙江流域 DOM 荧光组分与紫外参数间的互作关系

将黑龙江水体整体 DOM 荧光组分与紫外指标进行相关性分析，结果如图 1-45 所示。荧光组分 C1 与α254、E_{253}/E_{220}、$A_{226\sim400}$ 指标之间呈现极显著相关关系（$P<0.01$，$n=160$），其中各相关系数 r 值分别为 0.250、0.260 和 0.350；荧光组分 C1 与α350、α440、E_{253}/E_{203} 和 $S_{275\sim295}$ 之间呈现显著相关关系（$P<0.05$，$n=160$），其中各相关系数 r

值分别为 0.197、0.224、–0.205 和–0.224；但荧光组分 C1 与 E_{300}/E_{400} 和 $S_{350\sim400}$ 指标之间并不呈现任何的相关性。荧光组分 C2 与α254、α350、α440、E_{300}/E_{400}、$A_{226\sim400}$、$S_{275\sim295}$ 和 $S_{350\sim400}$ 指标之间呈现极显著的相关性（$P<0.01$，$n=160$），其中相关系数 r 值分别为 0.530、0.522、0.477、0.413、0.586、–0.498 和 0.484；但荧光组分 C2 与 E_{253}/E_{203} 和 E_{253}/E_{220} 指标之间并不呈现任何的相关性。荧光组分 C3 与α254、α350、E_{253}/E_{203}、E_{253}/E_{220}、E_{300}/E_{400}、$S_{275\sim295}$ 和 $S_{350\sim400}$ 指标之间呈现极显著的相关性（$P<0.01$，$n=160$），其中相关系数 r 值分别为–0.271、–0.262、–0.336、–0.421、–0.312、0.289 和 0.321；但荧光组分 C3 与α440 和 $A_{226\sim400}$ 指标之间并不呈现任何的相关性。荧光组分 C4 与α254、α350、α440、E_{300}/E_{400}、$A_{226\sim400}$、$S_{275\sim295}$ 和 $S_{350\sim400}$ 指标之间呈现极显著的相关性（$P<0.01$，$n=160$），其中各相关系数 r 值分别为 0.674、0.681、0.454、0.610、0.661、–0.657 和–0.673；荧光组分 C4

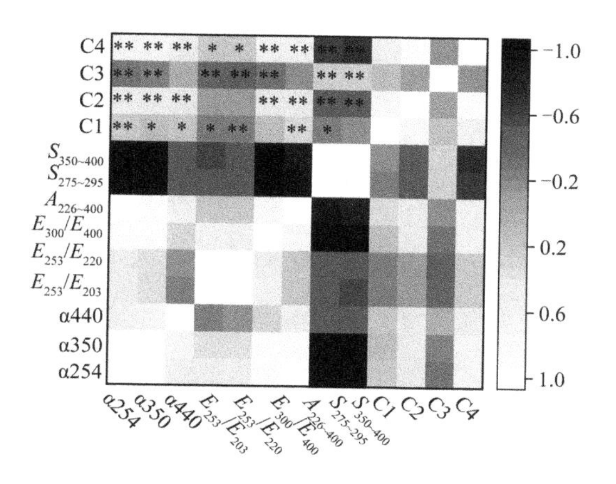

图 1-45　DOM 荧光组分与紫外参数间的相关关系（彩图请扫封底二维码）

Figure 1-45　The heat map of DOM PARAFAC components and UV parameters

*代表相关性显著（$P<0.05$）；**代表相关性极显著（$P<0.01$）

与 E_{253}/E_{203} 和 E_{253}/E_{220} 之间呈现显著的相关性（$P<0.05$，$n=160$），其中各相关系数 r 值分别为 0.226 和 0.208。

由相关性的结果可知，紫外指标α254 与 PARAFAC 荧光组分均呈现极显著的相关性（$P<0.01$），其中与荧光组分 C1、C2 及 C4 呈现正相关关系，与荧光组分 C3 呈现负相关关系。这表明荧光组分 C1、C2 和 C4 组分结构中不饱和共轭双键的含量较高，而荧光组分 C3 组分结构中不饱和双键的含量较低。紫外指标α350 与 PARAFAC 荧光组分 C2～C4 均呈现极显著的相关性（$P<0.01$），与 PARAFAC 荧光组分 C1 相关性较弱，这表明荧光组分 C2～C4 的来源主要是陆源有机质，而荧光组分 C1 的来源主要是水体本身或微生物类物质，该结果与 PARAFAC 组分的特性一致（表 1-4）。紫外指标α440 与 PARAFAC 荧光组分 C2 及 C4 呈现极显著的相关性（$P<0.01$），与荧光组分 C1 呈显著的相关性（$P<0.05$），与荧光组分 C3 并未呈现相关性，这表明荧光组分 C1、C2 和 C4 的光降解较强，而荧光组分 C3 则光降解程度较弱。紫外指标 E_{253}/E_{203} 与荧光组分 C3 呈现极显著的负相关关系（$P<0.01$），与 PARFAC 组分 C1 呈现显著的负相关关系（$P<0.05$），与荧光组分 C4 呈现显著的正相关关系（$P<0.05$），紫外指标 E_{253}/E_{220} 和指标 E_{253}/E_{203} 与 PARAFAC 荧光组分的相关性一致，但 E_{253}/E_{220} 与荧光组分 C1 的负相关关系更显著（$P<0.01$）。该结果表明，在荧光组分 C1 和荧光组分 C3 的结构中，其芳香环上的脂肪链取代基较高，而荧光组分 C4 结构中的芳香环取代基中羰基、羧基、羟基、酯类含量较多。紫外指标 E_{300}/E_{400} 与荧光组分 C2 和 C4 均呈现极显著的正相关性（$P<0.01$），与荧光组分 C3 呈现极显著的负相关性（$P<0.01$）。这表明荧光组分 C2 和 C4 的分子质量及聚合度较高，

而荧光组分 C3 的分子质量和聚合度较低。紫外参数 $A_{226\sim400}$ 与 PARAFAC 荧光组分 C1、C2 及 C4 呈现极显著的相关性（$P<0.01$），与荧光组分 C3 并未呈现相关性，这表明荧光组分 C1、C2 及 C4 组分结构中苯环类结构较多。紫外指标 $S_{275\sim295}$ 和 $S_{350\sim400}$ 均与荧光组分 C2～C4 呈现极显著的相关性（$P<0.01$），其中与荧光组分 C2 和 C4 呈现负相关，与 C3 呈现正相关关系，这表明在荧光组分 C2 和 C4 中芳香碳含量占整体碳含量的百分比较低，而在荧光组分 C3 中芳香碳含量占整体碳含量的百分比较高。

1.3.5.2　黑龙江水体有机碳（荧光组分 C3 和 POC）与 BOD_5、COD_{Mn} 的互作关系

BOD_5 与 COD_{Mn} 常被学者作为水体的基本指标来评估水体中的有机质情况。在黑龙江水体中，COD_{Mn} 与 PARAAFC 荧光组分 C3 和颗粒性有机碳（POC）分别呈现显著（$P<0.05$）的正相关关系和极显著（$P<0.001$）的正相关关系（图 1-46），这表明，在黑龙江流域水体中 POC 与荧光组分 C3 对 COD_{Mn} 产生较高的贡献，POC 是森林土壤系统中的不稳定碳库，它主要经由凋落物进入森林生态系统，通过土壤的呼吸作用、侧向运输以及渗流方式输出森林生态系统[77]。因此，POC 与 BOD_5 和 COD_{Mn} 之间显著的正相关关系表明，从森林生态系统进入黑龙江流域水体中的 POC 对黑龙江水体的碳循环产生了较大的影响。据报道，类蛋白组分可对 BOD_5 产生较大的贡献，然而在黑龙江流域 BOD_5 与荧光组分 C3（$r=0.433$，$P<0.001$）和 POC（$r=0.564$，$P<0.001$）呈现出极显著的相关关系。该结果表明，陆源腐殖质荧光组分 C3 容易被水体中的微生物作

为碳源利用，从而导致水体 BOD_5 数值上升。因此，陆源有机质的输入影响着黑龙江水体的生物量。然而，荧光组分 C3 在黑龙江水体的含量相对其他生物难利用组分的总量较低，这表明黑龙江流域水体中易于生物利用的 DOM 组分相对含量并不高。

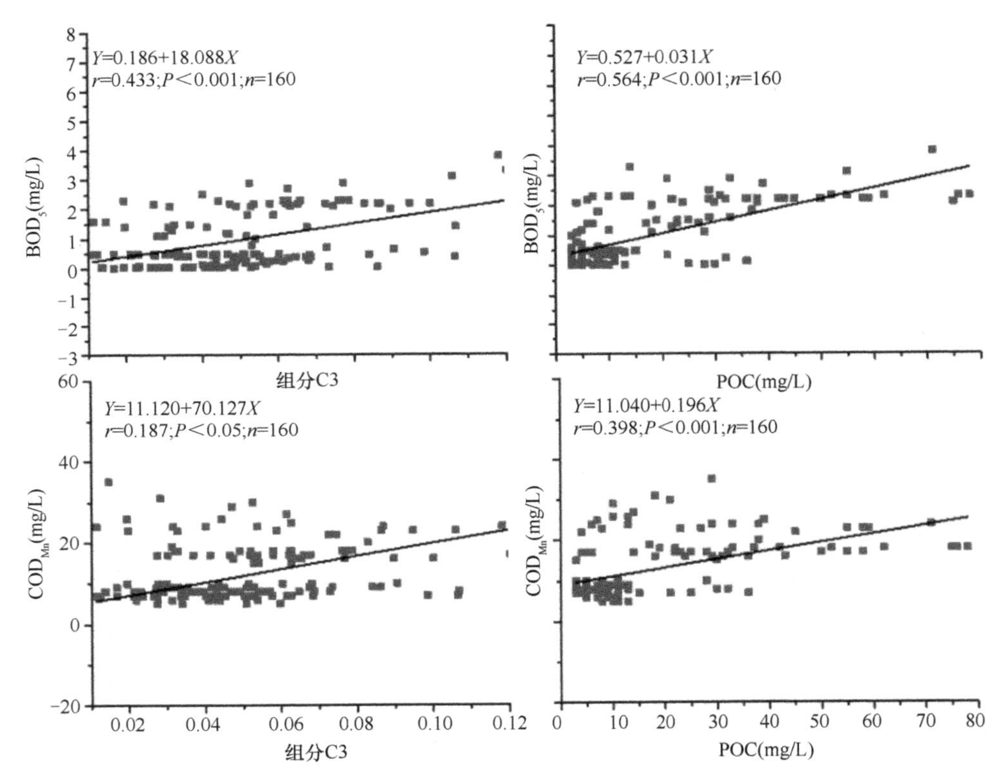

图 1-46 黑龙江水体 DOM 平行因子荧光组分 C3 和颗粒性有机碳与 BOD_5、COD_{Mn} 的互作关系

Figure 1-46 The relationships among DOM PARAFAC components C3，POC and BOD_5，COD_{Mn}

在黑龙江流域，BOD_5 与 COD_{Mn} 在 HR 及其下游采样点处较高，这可能是由地理因素造成的，在 HR 采样点及其下游旁坐落着小兴安岭，融雪及山间径流会带着大量的 DOM 进入黑龙江水体从而影响黑

龙江水体的微生物及水生植物的生物量。

1.3.5.3　黑龙江流域 DOM 荧光组分与水体理化指标互作关系

如图 1-47 所示，PARAFAC 荧光组分 C1 与 NH_4^+-N DRP、Chl-a 间呈现极显著的相关关系（相关系数 r 分别为–0.375 和 0.515；$P<0.01$），与 NH_4^+-N 呈现显著的相关关系（r 为 0.273；$P<0.05$）。PARAFAC 荧光组分 C2 与 DRP 和 Chl-a 呈现出极显著的相关性（相关系数 r 分别为–0.290 和 0.431；$P<0.01$）。PARAFAC 荧光组分 C3 与 POC、NO_2^--N、TDP 呈现极显著的相关性（相关系数 r 分别为 0.213、0.200、0.183；P 分别为<0.01、<0.05、<0.05）。水体富营养化严重影响全世界的水质、水安全以及水资源的可持续发展[78, 79]。本研究探讨了可界定水体富营养化情况的磷和氮指标与 PARAFAC 荧光组分之间的响应关系，荧光组分与水质参数间显著的相关性表明它们受到相同的因子控制。有研究表明，水体中的水溶性无机磷与水溶性无机氮可由水体 DOM 经微生物矿化作用释放[31, 80, 81]。因此，作为水溶性无机磷和水溶性无机氮的供给者，DOM 在陆地以及水生生态系统中均扮演着重要的角色。

荧光组分 C1 与 NH_4^+-N、DRP、Chl-a 间显著的相关性表明，荧光组分 C1 的 Peak M1 峰在水体微生物矿化过程中可释放出 NH_4^+-N、DRP 等进入水体。而荧光组分 C1 与 Chl-a 呈现极显著的相关性则是由于水体中藻类死亡后，其体内的 Chl-a 被释放进入水体，与此同时，死亡的藻类经过微生物的分解作用可将其中一些有机质分解进入水体，而这些分解碎片可被转换成荧光组分 C1 的 Peak M2 峰[35, 82, 83]。荧光组分 C2 与 DRP 和 Chl-a 呈现出极显著的相关性则是由于荧光组分 C2 的 Peak A 峰在

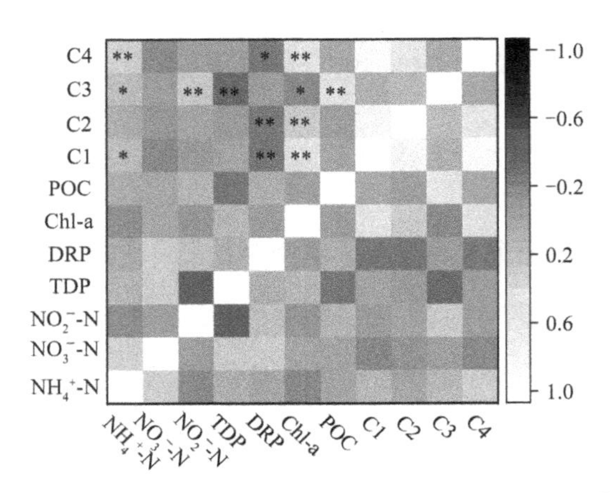

图 1-47　DOM 平行因子荧光组分和水体理化指标的互作关系（彩图请扫封底二维码）

Figure 1-47　Correlation among the fluorescence components and general water quality properties

*代表相关性显著（P<0.05）；**代表相关性极显著（P<0.01）

水体中经过微生物的降解可释放出 DRP 进入水体。荧光组分 C2 与 Chl-a 呈现极显著的相关性则是由于荧光组分 C2 来源于陆地，陆源的枯枝落叶进入水体后经微生物作用后释放 Chl-a，同时降解后的残体形成了荧光组分 C2 的 Peak C 峰。PARAFAC 荧光组分 C3 与 POC、NO_2^--N、TDP 呈现极显著的相关性，表明荧光组分 C3 的 Peak T′ 在降解的过程中会释放 POC、NO_2^--N 和 TDP 进入水体。与荧光组分 C2 相似，由于荧光组分 C3 为陆源有机质，当其被带入水体后，陆源有机质被降解后释放荧光组分 C3 物质和 Chl-a。PARAFAC 荧光组分 C4 与 NH_4^+-N、DRP 和 Chl-a 呈现显著或极显著的相关性，表明荧光组分 C4 的 Peak L2 峰被降解后会释放出 NH_4^+-N、DRP 和 TDP 进入水体；由于荧光组分 C4 为陆源有机质，当其被带入水体后，陆源有机质被降解后释放荧光组分 C4 物质和 Chl-a。

1.3.6　黑龙江水体 DOM 特性研究展望

黑龙江水体 DOM 在 C、N、P 的生物地球化学过程中扮演着重要的角色，本章以 DOM 为研究对象，利用其紫外指标及荧光光谱特性，应用三维荧光谱结合平行因子分析及 2DCOS 分析探究了黑龙江流域 DOM 荧光组分特征、分布情况及动态变化，结合理化指标与荧光组分间的相关性，探究了 DOM 荧光组分与理化因子的响应关系。

1.3.6.1　黑龙江流域 DOM 组成及其时空特性

黑龙江水体 DOM 经 PARAFAC 分析可得到 4 个荧光组分，微生物类腐殖质组分 C1、陆源类腐殖质组分 C2、陆源类腐殖质组分 C3、陆源类腐殖质组分 C4。陆源类腐殖质组分 C1、C2 和 C4 在黑龙江流域中呈现显著的正相关关系，表明这些类腐殖质物质在结构上具有某种相似性。在黑龙江水体中并未检测到类蛋白物质的存在，通常类蛋白物质与生物易利用的有机质相关性较强[73]，也有研究报道，类蛋白物质被用于指示人类活动造成的有机污染[74, 75]。因此，黑龙江水体并未检测到类蛋白物质的存在，表明黑龙江的水生生态环境体并未受到沿岸人类活动的影响。从各荧光组分的相对含量结果可知，黑龙江水体中微生物类腐殖质组分 C1 的相对含量在各采样点均呈现较高的相对含量，该结果表明，微生物类腐殖质组分是黑龙江水体 DOM 组成中重要的部分，同时也印证着黑龙江水体微生物活动较为强烈。从各采样点的微生物类腐殖质组分 C1 的相对含量结果可知，HR 采样点微生物类腐殖质组分 C1 的相对含量最高，通过黑龙江流域的地势可知[84]，HR 采样点与小兴安岭毗邻，小兴安岭中冬季的积雪融化和夏季降雨产生的山间径流可将大量的陆源有机质带入黑龙江水体，有文献报道，黑龙江地区黑土有机质中腐殖质类物质占有较大的部分[85]。内陆河流和山间径流中带有大量的有机质，导致 HR 采样点处陆源类腐殖质的相对含量显著升高，同时也影响着黑龙江流域水体碳循环。

1.3.6.2 黑龙江流域 DOM 荧光组分间的演变

传统表征 DOM 荧光组分变化情况的方法是利用 DOM 各荧光组分的百分比进行表征[86, 87]，但这种表征 DOM 荧光组分仍存在弊端。由现有的研究可知，PARAFAC 荧光组分多数含有两个荧光峰，而只用单个荧光组分的相对含量（F_{max}%）并不能准确表征单个组分中每个荧光峰的具体变化情况。2DCOS 可将光谱信号扩展到二维空间，提高光谱分辨率，简化重叠峰的识别过程，并可通过提供各信号峰之间变化的相关关系，简便且清晰地研究分子内和分子间的相互作用[88, 89]。因此本研究引入 2DCOS 方法对黑龙江水体 DOM 荧光组分内部变化情况以及组分间的演变情况进行表征。依据黑龙江水体 DOM 各荧光组分 Ex loadings 分别进行时间和空间为外扰的 2DCOS 分析。由 PARAFAC 结合 2DCOS 的结果可知，黑龙江水体 DOM 各荧光组分在时间和空间为外扰下的演变情况呈现一致性。与之前研究者所认为的荧光组分的百分含量即可表征荧光组分整体的变化情况结果有所差异，荧光组分含量上升并不能代表该荧光组分中各荧光峰变化呈现一致性。由黑龙江水体 DOM 荧光组分 2DCOS 和组分间的二维异质相关光谱结果结合可知，黑龙江水体 DOM 荧光组分 C1 在时间和空间为外扰下的演变情况为：荧光组分 C1 的 Peak M1 峰被降解，其降解产生的碎片用于形成荧光组分 C3 的 Peak T 峰和荧光组分 C4 的 Peak L1 峰；而荧光组分 C1 的 Peak M2 峰在时间和空间为外扰下并未降解。DOM 荧光组分 C2 在时间和空间为外扰下的演变情况为：荧光组分 C2 的 Peak A 峰被降解，其降解产生的碎片用于形成荧光组分 C3 的 Peak T 峰和荧光组分 C4 的 Peak L1 峰；而荧光组分 C2 的 Peak C 峰在时间和空间为外扰下并未发生降解。DOM 荧光组分 C3 在时间和空间为外扰下的演变情况为：荧光组分 C3 的 Peak T 的肩峰 Peak T′被降解，其降解产生的碎片用于形成荧光组分 C1 的 Peak M2 峰、荧光组分 C2 的 Peak C 峰和荧光组分 C4 的 Peak L1 峰。DOM 荧光组分 C4 在时间和空间为外扰下的演变情况为：荧光组分 C4 的 Peak L2 峰被降解，其降解产生的碎片用于形成荧光组分 C1 的 Peak M2 峰、荧光组分 C2 的 Peak C 峰和荧光组分 C3 的 Peak T 峰。经过 PARAFAC 与 2DCOS 分析可知，DOM 的荧光组分百分含量升高并不能代表其中所有荧光峰均升高，可能是由于呈现升高趋势的荧光物质的升高值高于组分中呈现降低趋势的荧光物质，因此呈现出总体上升，而部分下降的结果。有研究者认为，长波长处的荧光组分不易被降解（如本研究中的荧光组分 C4）[90]。本研究中荧光组分 C4 的 Peak L2 峰在时间和空间为外扰下组分中的 Peak L2 峰被降解，这可能是水体中存在某些易于利用复杂荧光组分作为碳源为自身提供能量的菌群，导致荧光组分 C4 的 Peak L2 峰被降解。

1.3.6.3 黑龙江流域 DOM 与水体紫外指标间的关系

由黑龙江水体 DOM 荧光组分与紫外参数的相关性可知，荧光组分 C1、C2 和 C4 与紫外参数α254 呈现显著的正相关关系，这表明荧光组分 C1 的 Peak M2 峰、荧光组分 C2 的 Peak C 峰和荧光组分 C4 的 Peak L1 峰的结构中含有不饱和 C═C 键结构；荧光组分 C3 与紫外参数α254 呈现显著的负相关关系，这表明荧光组分 C3 的 Peak T′ 峰的结构中含有不饱和 C═C 键结构。荧光组分 C1、C2 和 C4 与紫外参数α440 呈现显著或极显著的正相关关系，这表明黑龙江水体 DOM 在其光降解过程中主要是荧光组分 C1、C2 和 C4 产生光降解。荧光组分 C1 与紫外参数 E_{253}/E_{203}、E_{253}/E_{220} 间呈现显著或极显著的负相关关系，这表明荧光组分 C1 的 Peak M1 峰和荧光组分 C2 的 Peak A 峰中芳香环结构的有机质取代基中羰基、羧基、羟基、酯类含量较少；荧光组分 C1 的 Peak M2 峰和荧光组分 C2 的 Peak C 峰中芳香环结构的有机质取代基中羰基、羧基、羟基、酯类含量较多。荧光组分 C2 和 C4 与紫外参数 E_{300}/E_{400} 间呈现极显著的正相关关系，表明荧光组分 C2 和 C4 的分子质量和聚合度较高。而荧光组分 C3 与紫外参数 E_{300}/E_{400} 间呈现极显著的负相关关系，表明荧光组分 C3 的分子质量和聚合度较低。荧光组分 C1、C2 和 C4 与紫外参数 $A_{226\sim400}$ 间呈现较强的正相关关系，表明荧光组分 C1 的 Peak M2 峰、C2 的 Peak C 峰和 C4 的 Peak L1 峰结构中苯环类结构较多。荧光组分 C2 和 C4 与紫外参数 $S_{275\sim295}$ 及 $S_{350\sim400}$ 间呈现较强的负相关关系，表明荧光组分 C2 的 Peak A 峰和荧光组分 C4 的 Peak L2 峰结构中芳香碳含量较高。

通过黑龙江水体 DOM 各紫外参数和 PARAFAC 荧光组分的相关性结果可知，DOM 紫外参数可从不同角度表征 PARAFAC 组分的结构特性。因此，可在实验条件限制时，对自然水体 DOM 进行紫外光谱扫描提取各紫外参数，进而从多个角度表征 DOM 结构特性，对水体有机物特性进行表征。

1.3.6.4　黑龙江流域 DOM 荧光组分与水体理化因子关系

由黑龙江水体 DOM 荧光组分与紫外参数的相关性可知，荧光组分 C1、C2 和 C4 均与 NH_4^+-N 呈现显著或极显著的正相关关系，这表明荧光组分 C1 的 Peak M1 峰、C2 的 Peak A 峰和 C4 的 Peak L2 峰在降解过程中会释放 NH_4^+-N 进入水体。荧光组分 C3 与 NO_2^--N 呈现极显著正相关关系，这表明荧光组分 C3 的 Peak T′峰在其降解过程中会释放 NO_2^--N 进入水体。荧光组分 C3 与 TDP 呈现极显著的负相关关系；荧光组分 C1、C2 和 C4 与 DRP 呈现显著或极显著的负相关关系，这表明荧光组分 C1 的 Peak M2 峰、C2 的 Peak C 峰、C3 的 Peak T 峰和 C4 的 Peak L1 峰在其形成过程中会利用水体中含磷成分的物质。从黑龙江水体 DOM 荧光组分与水体理化因子的相关性结果可知，DOM 在黑龙江水体 C、N、P 等营养物质循环中扮演着重要的角色。

由黑龙江流域 DOM 荧光组分与理化因子相关性结果可知，水体 DOM 在其演变过程中会伴随着水体理化因子的变化而变化，但由于黑龙江水体 DOM 组分的腐殖化程度较高，因此黑龙江水体 DOM 在其演变过程中对黑龙江水体 C 循环影响不大，进而对黑龙江水体理化因子影响也较小。基于黑龙江水体 DOM 结构特性的 NMDS 分析及投影寻踪分析，可将黑龙江流域各采样点依据水体 DOM 结构特性进行分类，从 NMDS 分析及投影寻踪结果可知，黑龙江流域从上游到下游 DOM 腐殖化程度逐渐降低，但 HR 采样点 DOM 结构明显异于其他采样点，DOM 腐殖化程度明显高于其他采样点，结合黑龙江流域地势可知，HR 采样点处由于春季融雪现象以及山间径流，该采样点水体受陆源有机质输入的影响较大，由于径流带入的陆源有机质的腐殖化程度较高，HR 采样点 DOM 的腐殖化程度显著上升，为避免对黑龙江水体产生潜在的污染影响，可以对 HR 采样点的径流进行管理，以避免引入过量陆源有机质，打破黑龙江水体正常的 C 循环，对黑龙江水生生物产生不利影响。

1.3.6.5 展望

尽管有关水体 DOM 已经有大量的研究，但关于水体 DOM 的荧光组分内部，以及荧光组分间在时间和空间为外扰条件下的演变仍鲜有报道。EEM-PARAFAC 已经成为追踪自然生态系统中 DOM 演变动力学成熟的工具，该技术可在时间和空间方向上追踪 DOM 的动态变化，但该技术的缺点在于多数 DOM 荧光组分中多数含有两个或两个以上的荧光峰，而研究者却仅利用荧光组分的相对含量表征其整体变化，无法具体表征单个组分中每个峰的变化情况。2DCOS 可弥补 PARAFAC 这个缺点。2DCOS 不仅可提供荧光组分内部峰与峰之间的关系，还可提供荧光组分间峰与峰的演变情况。因此，EEM-PARAFAC 结合 2DCOS 有望成为 DOM 动态分析的新的有力手段，并推动研究者对自然生态系统中有机物循环有更深入的认识，对生态保护有着积极的作用。

1.4　本 章 小 结

本章对黑龙江水体进行了 DOM 的现场调查及室内分析，利用 DOM 的吸收和荧光特性对黑龙江水体 DOM 的来源、分布、迁移转化、稳定性和相对分子质量进行了分析。从定性和定量、时间和空间方面研究该流域 DOM 的光学特性，主要对黑龙江流域水体中 DOM 的荧光组分进行研究，并探讨荧光组分在时间和空间外扰下的演变情况及其与环境因子的响应关系。本章主要结论如下。

（1）从黑龙江流域水体各理化指标中可以看出，黑龙江水体水质总体良好。对黑龙江水体 DOM 的各紫外参数进行 NMDS 分析及投影寻踪分析结果表明，依据 DOM 结构相似性可将黑龙江流域各采样点大致分成 4 类：HMSR 和 HMR 采样点的 NMDS 相对距离及投影值相近，表明其 DOM 结构相似分为一类；MR、EER 和 LGR 采样点的 NMDS 相对距离及投影值相近，表明其 DOM 结构相似；TJR 和 WSR 采样点的 NMDS 相对距离及投影值相近，表明其 DOM 结构相似分为一类；HR 采样点投影值最高，NMDS 点的位置与其他点较远，与其他采样点投影值差异较大，表明该采样点 DOM 的特性与其他采样点均具有较大差异。

（2）对黑龙江水体 DOM 进行二维同步荧光光谱和三维荧光光谱扫描，二维同步荧光光谱结果表明，黑龙江流域各采样点中 DOM 中主要为类胡敏酸和类富里酸，黑龙江水体中并未检测到类蛋白物质的荧光峰，表明黑龙江水体中类蛋白物质含量极低或不存在。EEM-PARAFAC 技术鉴别出黑龙江水体 DOM 中含有 4 种荧光组分。荧光组分 C1～C4 均为类腐殖质荧光团，这更进一步证明黑龙江水体中类蛋白物质含量极低或不存在。其中荧光组分 C1 为微生物活动产生的类腐殖质；荧光组分 C3、C4 为陆源类腐殖质。

（3）黑龙江流域 DOM 基于 PARAFAC 荧光组分 Ex loadings 的时间和空间外扰 2DCOS 结果表明，黑龙江水体 DOM 在时间和空间为外扰下的演变情况是一致的。荧光组分 C1 的 Peak M1 峰在其演变过程中被降解，其降解碎片有助于荧光组分 C3 的 Peak T 峰和 C4 的 Peak L1 峰的形成。荧光组分 C2 的 Peak A 峰在其演变过程中被降解，其降解产生的碎片有助于荧光组分 C3 的 Peak T 峰和 C4 的 Peak L1 峰的形成。荧光组分 C3 的 Peak T 峰在其演变过程中被降解，其降解产生的碎片有助于荧光组分 C1 的 Peak M2 峰、荧光组分 C2 的 Peak C 峰和荧光组分 C4 的 Peak L1 峰的形成。荧光组分 C4 的 Peak L2 峰在其演变的过程中被降解，其降解产生的碎片有助于荧光组分 C1 的 Peak M2 峰、荧光组分 C2 的 Peak C 峰和荧光组分 C3 的 Peak T 峰的形成。

（4）荧光组分与紫外参数的相关性结果表明，荧光组分 C1 的 Peak M1 峰中芳香环结构的有机质取代基中羰基、羧基、羟基、酯类含量较少；荧光组分 C1 的 Peak M2 峰中含有不饱和 C═C 键和苯环结构，同时其芳香环结构的有机质取代基中羰基、羧基、羟基、酯类含量较多。荧光组分 C2 的 Peak A 峰中芳香碳含量较高但芳香环结构的有机质取代基中羰基、羧基、羟基、酯类含量较少；荧光组分 C2 的 Peak C 峰中含有不饱和 C═C 键和苯环结构，同时其芳香环结构的有机质取代基中羰基、羧基、羟基、酯类含量较多。荧光组分 C3 的分子聚合度较低，其组分中 Peak T′中含有不饱和 C═C 键结构。荧光组分 C4 的 Peak L1 和 L2 峰中含有不饱和 C═C 键和苯环结构。

（5）荧光组分与水体理化因子相关性结果表明，随着黑龙江水体 DOM 各荧光组分的演变，会伴随着水体中 N 和 P 的转变，因此黑龙江水体中 DOM 的演变在其水生生态环境中的 C、N、P 等营养物质循环中扮演着重要的角色。

参考文献

[1] 戴长雷，王思聪，李治军. 黑龙江流域水文地理研究综述. 地理学报，2015，70(11): 1823-1834.

[2] 田鹏，田坤，李靖，等. 黑龙江流域生态功能区划研究. 西北林学院学报，2007，22(2): 189-193.

[3] 钱学伟. 一部论述黑龙江流域水文特性的专著——介绍《黑龙江流域水文概论》. 水文，1996, (5): 42.

[4] 赵锡山. 俄罗斯结雅水库、布列亚水库对黑龙江干流洪水影响程度分析. 哈尔滨：黑龙江大学硕士学位论文, 2015.

[5] 易卿，程彦培，张健康，等. 气候变化对黑龙江—阿穆尔河流域的生态环境影响. 南水北调与水利科技, 2014, (5): 90-95.

[6] 满卫东. 乌苏里江流域中俄跨境地区湿地动态变化研究. 延吉：延边大学硕士学位论文, 2014.

[7] 于灵雪，张树文，贯丛，等. 黑龙江流域积雪覆盖时空变化遥感监测. 应用生态学报，2014, 25(9): 2521-2528.

[8] 郭敬辉. 黑龙江流域水文地理. 上海：新知识出版社: 1958.

[9] 郭锐，陈思宇，魏金城. 中俄界河——黑龙江水环境分析与评价. 干旱环境监测，2005，19(3): 139-141.

[10] 李玮，褚俊英，秦大庸，等. 松花江流域水污染特征及其调控对策. 中国水利水电科学研究院学报, 2010, 8(3): 229-232.

[11] Stedmon C A, Markager S, Kaas H. Optical properties and signatures of chromophoric

dissolved organic matter (CDOM) in danish coastal waters. Estuarine Coastal & Shelf Science, 2000, 51(2): 267-278.

[12] Ni W, Liu D, Song Y, et al. Surface modification of PET polymers by using atmospheric-pressure air brush-shape plasma for biomedical applications. The European Physical Journal - Applied Physics, 2013, 61(1): 10801.

[13] Coble P G. Characterization of marine and terrestrial DOM in seawater using excitation-emission matrix spectroscopy. Marine Chemistry, 1996, 51(4): 325-346.

[14] Siegel G, Obernosterer G, Fiore R, et al. A functional screen implicates microRNA-138-dependent regulation of the depalmitoylation enzyme APT1 in dendritic spine morphogenesis. Nature Cell Biology, 2009, 11(6): 705-16.

[15] 程远月. 沉积物间隙水中CDOM光学特性与河口CDOM光化学反应研究. 厦门: 厦门大学博士学位论文, 2007.

[16] Guo W, Yang L, Hong H, et al. Assessing the dynamics of chromophoric dissolved organic matter in a subtropical estuary using parallel factor analysis. Marine Chemistry, 2011, 124(1): 125-133.

[17] Fichot C G, Ronald B. The spectral slope coefficient of chromophoric dissolved organic matter (S275–295) as a tracer of terrigenous dissolved organic carbon in river-influenced margins. Limnology & Oceanography, 2012, 57(5): 1453-1466.

[18] 郭卫东, 黄建平, 洪华生, 等. 河口区溶解有机物三维荧光光谱的平行因子分析及其示踪特性. 环境科学, 2010, 31(6): 1419-1427.

[19] Murphy K R, Stedmon C A, Waite T D, et al. Distinguishing between terrestrial and autochthonous organic matter sources in marine environments using fluorescence spectroscopy. Marine Chemistry, 2008, 108(1): 40-58.

[20] Zepp R G, Sheldon W M, Moran M A. Dissolved organic fluorophores in southeastern US coastal waters: correction method for eliminating Rayleigh and Raman scattering peaks in excitation–emission matrices. Marine Chemistry, 2004, 89(1): 15-36.

[21] Kowalczuk P, Durako M J, Young H, et al. Characterization of dissolved organic matter fluorescence in the South Atlantic Bight with use of PARAFAC model: interannual variability. Marine Chemistry, 2009, 113(3): 182-196.

[22] Havery D C, Fazio T. Survey of baby bottle rubber nipples for volatile N-nitrosamines. J Assoc Off Anal Chem, 1983, 66(6): 1500-1503.

[23] Sierra M M, Giovanela M, Parlanti E, et al. Fluorescence fingerprint of fulvic and humic acids from varied origins as viewed by single-scan and excitation/emission matrix techniques. Chemosphere, 2005, 58(6): 715-733.

[24] Her N, Amy G, Mcknight D, et al. Characterization of DOM as a function of MW by fluorescence EEM and HPLC-SEC using UVA, DOC, and fluorescence detection. Water Research, 2003, 37(17): 4295-4303.

[25] Chen R F, Bissett P, Coble P, et al. Chromophoric dissolved organic matter(CDOM)source characterization in the Louisiana Bight. Marine Chemistry, 2004, 89(1): 257-272.
[26] Burdige D J, Kline S W, Chen W. Fluorescent dissolved organic matter in marine sediment pore waters. Marine Chemistry, 2004, 89(1): 289-311.
[27] Coble P G. Characterization of marine and terrestrial DOM in seawater using excitation-emission matrix spectroscopy. Marine Chemistry, 1996, 51(4): 325-346.
[28] Mopper K, Kieber D J. Chapter 9–Photochemistry and the cycling of carbon, sulfur, nitrogen and phosphorus. *In*: Ducklow H W. Biogeochemistry of Marine Dissolved Organic Matter. Pittsburgh: Academic Press, 2002: 455-507.
[29] Hátún H, Lohmann K, Matei D, et al. An inflated subpolar gyre blows life toward the northeastern Atlantic. Progress in Oceanography, 2016, 147: 49-66.
[30] Coble P G, Del Castillo C E, Avril B. Distribution and optical properties of CDOM in the Arabian Sea during the 1995 Southwest Monsoon. Deep Sea Research Part II: Topical Studies in Oceanography, 1998, 45(10): 2195-2223.
[31] Hopkinson C S, Vallino J J, Nolin A. Decomposition of dissolved organic matter from the continental margin. Deep Sea Research Part II: Topical Studies in Oceanography, 2002, 49(20): 4461-4478.
[32] Heller M I, Wuttig K, Croot P L. Identifying the sources and sinks of CDOM/FDOM across the mauritanian shelf and their potential role in the decomposition of superoxide (O_2^-). ResearchGate, 2016, 3(106), DOI: 10.3389/fmars.2016.00132.
[33] Singh S, D’Sa E J, Swenson E M. Chromophoric dissolved organic matter (CDOM) variability in Barataria Basin using excitation-emission matrix (EEM) fluorescence and parallel factor analysis (PARAFAC). Science of the Total Environment, 2010, 408(16): 3211-3222.
[34] McKnight D M, Boyer E W, Westerhoff P K, et al. Spectrofluorometric characterization of dissolved organic matter for indication of precursor organic material and aromaticity. Limnology and Oceanography, 2001, 46(1): 38-48.
[35] Cory R M, McKnight D M. Fluorescence spectroscopy reveals ubiquitous presence of oxidized and reduced quinones in dissolved organic matter. Environmental Science & Technology, 2005, 39(21): 8142-8149.
[36] Stedmon C A, Markager S, Bro R. Tracing dissolved organic matter in aquatic environments using a new approach to fluorescence spectroscopy. Marine Chemistry, 2003, 82(3): 239-254.
[37] Stedmon C A, Markager S. Resolving the variability in dissolved organic matter fluorescence in a temperate estuary and its catchment using PARAFAC analysis. Limnology and Oceanography, 2005, 50(2): 686-697.
[38] Hua G, Reckhow D A. Comparison of disinfection byproduct formation from chlorine and

alternative disinfectants. Water Research, 2007, 41(8): 1667-1678.

[39] Yamashita Y, Jaffé R, Maie N, et al. Assessing the dynamics of dissolved organic matter (DOM) in coastal environments by excitation emission matrix fluorescence and parallel factor analysis (EEM - PARAFAC). Limnology and Oceanography, 2008, 53(5): 1900-1908.

[40] Stedmon C A, Bro R. Characterizing dissolved organic matter fluorescence with parallel factor analysis: a tutorial. Limnology and Oceanography: Methods, 2008, 6(11): 572-579.

[41] Tedetti M, Cuet P, Guigue C, et al. Characterization of dissolved organic matter in a coral reef ecosystem subjected to anthropogenic pressures (La Réunion Island, Indian Ocean) using multi-dimensional fluorescence spectroscopy. Science of the Total Environment, 2011, 409(11): 2198-2210.

[42] Wu H, Zhou Z, Zhang Y, et al. Fluorescence-based rapid assessment of the biological stability of landfilled municipal solid waste. Bioresource Technology, 2012, 110: 174-183.

[43] Kowalczuk P, Tilstone G H, Zabłocka M, et al. Composition of dissolved organic matter along an Atlantic Meridional Transect from fluorescence spectroscopy and Parallel Factor Analysis. Marine Chemistry, 2013, 157: 170-184.

[44] Stedmon C A, Markager S. Tracing the production and degradation of autochthonous fractions of dissolved organic matter by fluorescence analysis. Limnology and Oceanography, 2005, 50(5): 1415-1426.

[45] Noda I, Ozaki Y. Two-dimensional Correlation Spectroscopy: Applications in Vibrational and Optical Spectroscopy. Chichester, UK: John Wiley & Sons, 2005.

[46] Noda I. Techniques useful in two-dimensional correlation and codistribution spectroscopy (2DCOS and 2DCDS) analyses. Journal of Molecular Structure, 2016, 1124: 29-41.

[47] 韩宇超. The Study on Optical Characteristics of Dissolved Organic Matter in Coastal Waters. 厦门: 厦门大学硕士学位论文, 2006.

[48] Kieber D J, Mcdaniel J, Mopper K. Photochemical source of biological substrates in sea water: implications for carbon cycling. Nature, 1989, 341(6243): 637-639.

[49] 朱伟健. 长江口及邻近海域有色溶解有机物(CDOM)的光学特性和遥感反演的初步研究. 上海: 华东师范大学硕士学位论文, 2010.

[50] Vecchio R D, Blough N V. Photobleaching of chromophoric dissolved organic matter in natural waters: kinetics and modeling. Marine Chemistry, 2002, 78(4): 231-253.

[51] 国家环境保护总局. 水和废水监测分析方法. 北京: 中国环境科学出版社, 1997.

[52] 李鸣晓, 何小松, 刘骏, 等. 鸡粪堆肥水溶性有机物特征紫外吸收光谱研究. 光谱学与光谱分析, 2010, 30(11): 3081-3085.

[53] 李洋, 席北斗, 赵越, 等. 不同物料堆肥腐熟度评价指标的变化特性. 环境科学研究, 2014, 27(6): 623-627.

[54] 牛城, 张运林, 朱广伟, 等. 天目湖流域DOM和CDOM光学特性的对比. 环境科学研究, 2014, 27(9): 998-1007.

[55] Korshin G V, Li C W, Benjamin M M. Monitoring the properties of natural organic matter through UV spectroscopy: a consistent theory. Water Research, 1997, 31(7): 1787-1795.

[56] Zbytniewski R, Buszewski B. Characterization of natural organic matter (NOM) derived from sewage sludge compost. Part 1: chemical and spectroscopic properties. Bioresource Technology, 2005, 96(4): 471.

[57] Wang D D, Shi X Z, Wang H J, et al. Scale effect of climate and soil texture on soil organic carbon in the uplands of Northeast China. Pedosphere, 2010, 20(4): 525-535.

[58] 郝瑞霞, 曹可心, 赵钢, 等. 用紫外光谱参数表征污水中溶解性有机污染物. 北京工业大学学报, 2006, 32(12): 1062-1066.

[59] 赵越, 魏雨泉, 李洋, 等. 不同物料堆肥腐熟程度的紫外-可见光谱特性表征. 光谱学与光谱分析, 2015, 4: 22.

[60] Cui H, Shi J, Qiu L, et al. Characterization of chromophoric dissolved organic matter and relationships among PARAFAC components and water quality parameters in Heilongjiang, China. Environmental Science and Pollution Research, 2016, 23(10): 10058.

[61] Cui H Y, Zhao Y, Chen Y N, et al. Assessment of phytotoxicity grade during composting based on EEM/PARAFAC combined with projection pursuit regression. Journal of Hazardous Materials, 2017, 326: 10-17.

[62] Flick T E, Jones L K, Priest R G, et al. Pattern classification using projection pursuit. Pattern Recognition, 1990, 23(12): 1367-1376.

[63] Friedman J H, Tukey J W. A projection pursuit algorithm for exploratory data analysis. IEEE Transactions on Computers, 1974, c-23(9): 881-890.

[64] Huang H, Lu J. Identification of river water pollution characteristics based on projection pursuit and factor analysis. Environmental Earth Sciences, 2014, 72(9): 3409-3417.

[65] Rajeevan M, Pai D S, Kumar R A, et al. New statistical models for long-range forecasting of southwest monsoon rainfall over India. Climate Dynamics, 2007, 28(7): 813-828.

[66] Raith K, Kühn A V, Rosche F, et al. Characterization, differentiation and classification of aquatic humic matter separated with different sorbents: synchronous scanning fluorescence spectroscopy. Water Research, 2002, 36(18): 4552-4562.

[67] Senesi N, Miano T M, Provenzano M R, et al. Characterization, differentiation, and classification of humic substances by fluorescence spectroscopy. Soil Science, 1991, 152(4): 248-252.

[68] Murphy K R, Stedmon C A, Graeber D, et al. Fluorescence spectroscopy and multi-way techniques. PARAFAC. Analytical Methods, 2013, 5(23): 6557-6566.

[69] Williams C J, Yamashita Y, Wilson H F, et al. Unraveling the role of land use and microbial activity in shaping dissolved organic matter characteristics in stream ecosystems.

Limnology and Oceanography, 2010, 55(3): 1159.
[70] Mueller K K, Fortin C, Campbell P G. Spatial variation in the optical properties of dissolved organic matter (DOM) in lakes on the Canadian Precambrian shield and links to watershed characteristics. Aquatic Geochemistry, 2012, 18(1): 21-44.
[71] Markager S, Vincent W F. Spectral light attenuation and the absorption of UV and blue light in natural waters. Limnology and Oceanography, 2000, 45(3): 642-650.
[72] Hudson N, Baker A, Ward D, et al. Can fluorescence spectrometry be used as a surrogate for the biochemical oxygen demand(BOD)test in water quality assessment? An example from South West England. Science of the Total Environment, 2008, 391(1): 149-158.
[73] Hudson N, Baker A, Reynolds D. Fluorescence analysis of dissolved organic matter in natural, waste and polluted waters—a review. River Research and Applications, 2007, 23(6): 631-649.
[74] Baker A, Inverarity R. Protein-like fluorescence intensity as a possible tool for determining river water quality. Hydrological Processes, 2004, 18(15): 2927-2945.
[75] Hur J, Cho J. Prediction of BOD, COD, and total nitrogen concentrations in a typical urban river using a fluorescence excitation-emission matrix with PARAFAC and UV absorption indices. Sensors, 2012, 12(1): 972-986.
[76] Liu X, Zhang Y, Shi K, et al. Absorption and fluorescence properties of chromophoric dissolved organic matter: implications for the monitoring of water quality in a large subtropical reservoir. Environmental Science and Pollution Research, 2014, 21(24): 14078-14090.
[77] Sun Z, Wang C. Dissolved and particulate carbon fluxes in forest ecosystems. Acta Ecologica Sinica, 2014, 34(15): 4133-4141.
[78] Heisler J, Glibert P M, Burkholder J M, et al. Humphries E, eutrophication and harmful algal blooms: a scientific consensus. Harmful Algae, 2008, 8(1): 3-13.
[79] Qin B, Zhu G, Gao G, et al. A drinking water crisis in Lake Taihu, China: linkage to climatic variability and lake management. Environmental Management, 2010, 45(1): 105-112.
[80] Qualls R G, Haines B L. Geochemistry of dissolved organic nutrients in water percolating through a forest ecosystem. Soil Science Society of America Journal, 1991, 55(4): 1112-1123.
[81] Kragh T, Søndergaard M. Production and bioavailability of autochthonous dissolved organic carbon: effects of mesozooplankton. Aquatic Microbial Ecology, 2004, 36(1): 61-72.
[82] Cory R M, Kaplan L A. Biological lability of streamwater fluorescent dissolved organic matter. Limnology and Oceanography, 2012, 57(5): 1347-1360.
[83] Zhang Y, Yin Y, Feng L, et al. Characterizing chromophoric dissolved organic matter in

Lake Tianmuhu and its catchment basin using excitation-emission matrix fluorescence and parallel factor analysis. Water Research, 2011, 45(16): 5110-5122.
[84] 陈雅君. 黑龙江省野生园林地被植物资源及其利用. 北方园艺, 2003, (2): 46-47.
[85] Xing B S, Liu J D, Liu X B, et al. Extraction and characterization of humic acids and humin fractions from a black soil of China. Pedosphere, 2005, 15(1): 1-8.
[86] He X S, Xi B D, Zhang Z Y, et al. Composition, removal, redox, and metal complexation properties of dissolved organic nitrogen in composting leachates. Journal of Hazardous Materials, 2015, 283: 227-233.
[87] He X S, Xi B D, Pan H W, et al. Characterizing the heavy metal-complexing potential of fluorescent water-extractable organic matter from composted municipal solid wastes using fluorescence excitation–emission matrix spectra coupled with parallel factor analysis. Environmental Science and Pollution Research, 2014, 21(13): 7973-7984.
[88] 余婧, 武培怡. 二维相关荧光光谱技术. 化学进展, 2006, 18(12): 1691-1702.
[89] 胡鑫尧, 王琪, 孙素芹, 等. 二维相关光谱技术的研究进展. 全国原子光谱学术会议, 2003.
[90] Marhuenda-Egea F C, Martínez-Sabater E, Jordá J, et al. Dissolved organic matter fractions formed during composting of winery and distillery residues: Evaluation of the process by fluorescence excitation–emission matrix. Chemosphere, 2007, 68(2): 301-309.

第 2 章　黑龙江水体浮游细菌群落组成特性

2.1　引　　言

传统探究微生物群落结构的技术主要是在合适的培养基中培养，通过微生物计数、形态学特征、生理生化特点及培养特征等进行分类鉴定，从而确定其分类学地位。这种传统培养方法的优势在于可以通过纯培养获得相应菌株，从而进行全面而细致的研究。该方法的劣势是以目前的培养手段，绝大多数环境微生物还不能进行传统培养，但传统微生物培养技术仍是一种经典且不可替代的研究微生物群落组成的方法[1, 2]。

2.1.1　现代分子生物学技术在细菌群落结构研究中的应用

传统微生物培养技术是基于传统纯培养获得相应菌株而建立的方法，一方面在培养过程中培养基的限制性较强，且获得的有关菌株方面的信息较少；另一方面绝大多数的环境微生物以目前的培养手段不能进行分离和培养。这样就导致传统微生物培养技术阻碍了探究微生物多样性和群落结构的发展。随着分子生物学技术的发展，上述限制被打破。

2.1.1.1　变性梯度凝胶电泳

变性梯度凝胶电泳（DGGE）技术是将尿素和甲酰胺两种变性剂

加入普通的聚丙烯酰胺凝胶中，双链 DNA 分子序列组成不同，其解链行为也不同[3]。在电泳初期，变性剂不足以使双链 DNA 发生解链行为，随着变性剂浓度的增大，有部分双链 DNA 发生解链行为，这些发生解链的双链 DNA 分子的迁移率会骤然降低，直至双链 DNA 分子完全解链。这样就使得不同序列组成的 DNA 分子停留在聚丙烯酰胺凝胶的不同位置，从而形成相应的谱带。在实际操作过程中，通过 PCR 技术在扩增产物的 5′端添加一段 GC 序列，其目的是保证目的序列完全解链而整个 DNA 分子不完全解链。该方法的优点在于不依赖限制性酶切作用，使得 DNA 的完整性得以保证，这样就能通过 DGGE 技术对分离出来的目的 DNA 片段进行测序及后续比对等研究。

2.1.1.2　末端限制性片段长度多态性

末端限制性片段长度多态性（T-RFLP）技术的主要流程为：首先从环境样品中提取总 DNA，然后根据保守区序列设计携带有荧光标记的引物，随后用该引物进行 PCR 扩增，用限制性内切酶消化一端携带荧光标记的 PCR 产物，不同序列组成的 DNA 片段含有不同的酶切位点，经酶切后获得的限制性片段的长度也有差异，测序仪可以检测到携带有荧光标记的片段。从理论上来说，用测序仪检测到的图谱中的每一个峰代表一种微生物，而该菌的相对数量由其对应峰强占总峰强的百分数表示[4]。从图谱中还可以获得其他的定量信息，这样就能定量和定性地分析微生物群落。如果将 T-RFLP 和克隆文库构建相结合，就可以将峰值和相应的微生物物种相对应。

2.1.1.3 单链构象多态性

单链构象多态性（SSCP）是基于单链的 DNA 分子具有错综复杂的空间折叠构象而建立起来的，DNA 分子内部碱基配对等分子内相互作用是维持这种立体结构的原动力，DNA 分子的空间构象会随其序列中碱基排列的改变而改变。这样就能够将长度相同但碱基排列不同的 DNA 分子分离开来，分离开的条带经由溴化乙锭、银染及放射自显影等技术测定并通过自动测序仪获知待测片段的碱基序列。

2.1.1.4 基因芯片技术

基因芯片又称为 DNA 微阵列，是目前应用最广泛的技术之一，该方法是基于分子杂交原理建立起来的。它是将已知序列的核酸探针固定在一块基因芯片表面上的预设区域内，将带有荧光标记的待测样本序列与基因探针进行杂交，如果能够和特定区域的探针进行碱基互补配对，就可以通过对杂交信号的检测和计算机分析，得到关于待测样本的定性和定量信息。基因芯片具有灵敏、准确并能够同时分析成千上万个样本等优势，被广泛应用于生物学等多个领域。近年来，基因芯片技术和焦磷酸测序等高通量测序技术在探究微生物群落组成中得到了广泛应用。

2.1.2 水体中 DOM 来源

作为水生生态系统中参与全球碳循环的主要物质，有机质按照粒径大小可分为颗粒性有机质（particulate organic matter，POM）和溶解性有机物（dissolved organic matter，DOM）[5~7]。DOM 通常是指能够通过 0.45 μm 孔径滤膜的、能够用水提取出来的有机质，它是各生态系统之间物质交换的重要传递形式。

在水生生态系统中，DOM 主要由来源于陆源植物和土壤的外源 DOM（terrestrial dissolved organic matter，tDOM），以及由浮游植物、水生植物和底栖藻类产生的本源 DOM 组成[6]。tDOM 通过自然和人为的方式输入内陆水中[7, 8]，并对全球碳循环有着显著的贡献[9, 10]。全球气候改变和人类对自然地貌的影响导致了 tDOM 输入内陆水源的加剧，这样导致了某些地区的淡水生态系统呈现棕褐色[10]。越来越多的学者认为 tDOM 的输入对于水生生态系统的结构和功能有较大的影响。这些影响发生在从细胞的化学应力到生态系统的生物地球循环等多个层级中[11, 12]。

2.1.2.1　tDOM 成分及其输入方式

tDOM 由一系列来源于陆源植物的多元化物质组成，这些物质在土壤环境中被修饰，最终通过地下水和表层水运送到其他水生生态系统中。这些植物物质包括像纤维素和木质素等的结构性物质，在土壤环境中通过这些物质与矿物质和微生物相互作用而被修饰[6]，这些物理和生物学进程改变了土壤有机物的化学组成，并产生了具有不同分子质量和不同生物可利用性的混合物[13]。尽管这些物质中的一部分被矿化或者游离在土壤中，但仍然有大量的 tDOM 输出到水生生态系统中，这种 tDOM 输入量从 1 g C/(m^2·a)变化到 10 g C/(m^2·a)或者更高，并且占陆源生态系统净产量的一半[9]。水文学进程既是运输有机物的载体，又是一个对输出的重要控制，因为湿润的土壤积累有机物的速率比矿化的速率快，所以更多陆源有机物被输出[14]。水文学特征或者其他因素（例如，陆源净初级生产力、水系的大小和面积，以及与表层水的接近度）的不同导致不同邻近水系的输出量也不尽相同[15]。

tDOM 的化学组成变化多样，而且这种化学组成的时间和空间变化导致很难全面地描述 tDOM 的特征[16]。总的来说，大部分输出到水生生态系统的陆源 DOM 由腐殖质物质组成，这种腐殖质物质由一些包含酚、羟酸、醌和邻苯二酚的芳香烃物质组成[17]。这些物质由于其分子结构及高 C∶N、C∶P，相对较难被微生物降解[18]。这些腐殖质物质在紫外线和短波长可见光区有较强的光吸收，因此导致了水体呈现棕褐色并影响了光和热的吸收[19]。

2.1.2.2 tDOM 输入对水生生态系统的影响

tDOM 能够吸收特定波长的太阳辐射，从而导致水生生态系统中的光和热的垂直分布发生改变[20]。光和热控制着代谢速率、初级生产量、生物地球化学、生物体的分布及其他进程。tDOM 是穿透近表层短波能量（可见光和紫外光）部分的水体透明度的主要调节者。除非有足够阻碍成层化形成的混合能量出现，否则这种高浓度 tDOM 会引起更迅速的光线消失，并且形成一个近表层水具有更高权重的热量分布（图 2-1）。更迅速的光线消失会限制初级生产者的光的可利用性并改变可视化捕食者和被捕食者之间的相互作用。水温更高的表层水会导致能量的向外辐射，因此有高浓度 tDOM 输入的水生生态系统通常水温较低[20, 21]。近表层水具有更高权重的热量分布，低透明度的水体中热量的成层化发生在距离表层水更近的地方且更趋于稳定，更稳定的成层化减少了垂直混合的量，并且改变了溶解氧及其他化学物质的垂直梯度。这些会影响生物地球化学的反应速率和好氧生物的适应性。

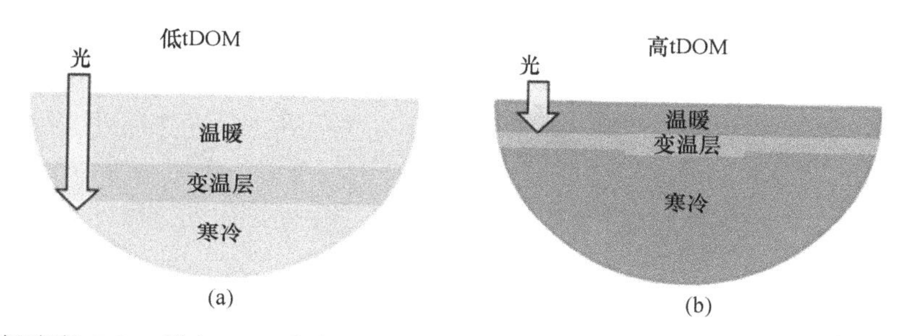

图 2-1　低浓度 tDOM 输入（a）和高浓度 tDOM 输入（b）对生态系统光和热垂直分布的影响
Figure 2-1　Effects of low-tDOM input（a）and high-tDOM input（b）on the vertical distribution of light and heat

另外，tDOM 的加载对于水生食物网来说是一个有力的能量输入，在传统的水生生态系统食物链中[图 2-2（a）]，被调用到水生生态系统的能量来源于浮游植物的光合作用，在该过程中浮游植物利用太阳能和可溶性无机碳（DIC）合成新的生物量。浮游植物产生的碳和能量被传递到更高能级，浮游细菌在此食物链中充当有机物的分解者。随着微食物环的发现，浮游细菌被视为吞噬食物网的组成部分，在此过程中基础食物链的能量流失通过浮游细菌将 DOC 传递到食物网，当然也包括吞噬微生物的作用，并通过后生动物等消费者重新连接到基础的食物链中[图 2-2（b）]。除了来源于本土的浮游植物初级生产量 DOC 之外，来源于外界的 DOC 也是水生生态系统能量供应的一个主要来源[图 2-2（c）]。tDOM 可以支持分解代谢和合成代谢（图 2-3），低分子质量化合物可以迅速地被异养细菌所降

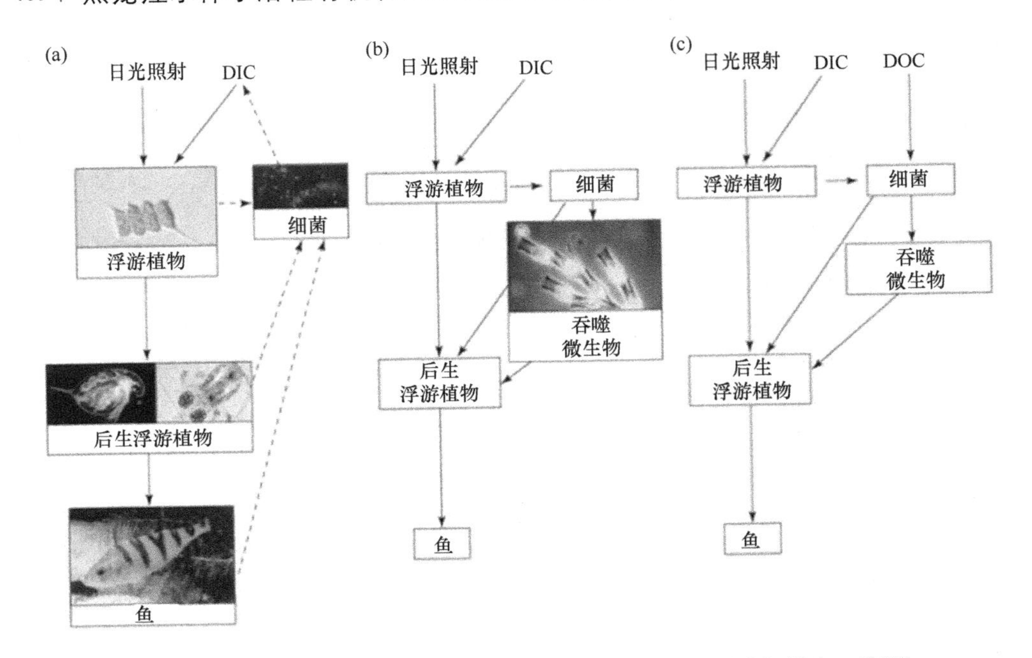

图 2-2 浮游细菌在水生生态系统碳流动中角色的改变（彩图请扫封底二维码）

Figure 2-2 Changes in the role of bacterioplankton for carbon fluxes in aquatic food webs

解[20]。大部分 tDOM 输入由高分子质量化合物所组成，如果时间足够长，那么这部分物质是可以被缓慢降解的[20]。异养细菌消耗 tDOM 主要有以下两个途径（图 2-3）：一部分成为细胞结构并且因此可以被浮游动物和鱼类等高等消费者所利用，这样会导致大部分水生生态系统的生物量来源于大量的 tDOM 输入；一部分通过呼吸作用降解为 CO_2 从而增加了水生生态系统中无机碳的溶解，这将会为从水体到大气的净 CO_2 流出做贡献，tDOM 对于代谢进程的贡献是可变的，并且有时是相当大的。

在图 2-2（a）中，能量被浮游细菌所消耗但并没有被浮游细菌所调用而传递到食物网的更高能级。在图 2-2（b）中，浮游细菌将

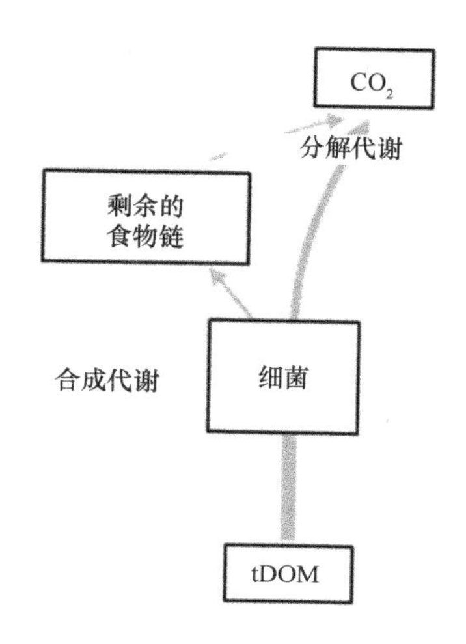

图 2-3　tDOM 输入参与的代谢途径
Figure 2-3　tDOM input involved in metabolic pathways

能量传递到更高能级，但微食物环仅调用了来源于本源初级生产量的能量，在此过程中浮游细菌起到了消费者和分解者的作用。在图 2-2（c）中，浮游细菌有类似于浮游植物的重要作用，它合成了额外的对于食物网其他组成部分可用的能量，因此，浮游细菌不仅参与了微食物环而且建立了外源基础生产者和浮游食物网之间的微生物联系。在此过程中，浮游细菌同时起到了生产者、消费者和分解者的作用。

基于上述 tDOM 输入对于水生生态系统的重要影响，越来越多的研究聚焦在了 tDOM 输入对于水体 DOM 组成及浮游细菌群落（BCC）的影响。Garcia 等[22]探究了降雨导致的 tDOM 输入对安第斯山脉附近河流 DOM 的影响，发现降雨在水体的物质交换中发挥着重要的作用，该河流在降雨发生前后 DOM 变化较明显，表明此河流容易受气候变化所影响。Crump 等[23]探究了阿拉斯加州 Toolik 湖融雪前后 BCC 的变化，发现湖泊的浮游细菌群落由持续存在的浮游细菌和短暂存在的浮游细菌组成，这种短暂出现的浮游细菌就是融雪从岸边携带进入湖泊的那部分微生物，而且在融雪前后Toolik 湖的浮游细菌群落分布发生了明显的变化。但在国内针对tDOM 输入对内陆河的 DOM 组成和 BCC 影响的研究较少。

2.1.2.3 DOM 组成的表征技术

DOM 是一种成分复杂的混合物，它主要由腐殖质、有机酸、氨基酸、羟酸及碳水化合物等组成[6, 24]。近年来，随着科技和分析手段的进步，一般会根据不同的分析要求，采用几种手段联合或者多种单一手段来完成对 DOM 组成的表征。对 DOM 组成的评价一般分为DOC 浓度、分子质量分布、所具有的官能团及芳香性等。

1. 荧光光谱技术

荧光光谱技术的原理是处于基态的电子吸收能量后（紫外和可见光辐射）会跃迁到激发态，当处于激发态的分子先跃迁至第一电子激发态再以辐射跃迁的方式回到基态时就会发出特定波长的荧光。三维荧光光谱（EEM）是近些年发展起来的荧光分析技术，该技术具有较好的选择性，提供的信息丰富且灵敏度较高，已经广泛应用于物质的定性及定量分析中[25]。但水体等环境中的 DOM 库只有小部分能通过 EEM 检测到[25]，而且 DOM 的荧光特性可能随着测定条件而发生变化。

2. 红外光谱

红外光谱是一种基于分子内部原子间的振动等相关信息从而完

成对未知样本结构进行鉴定的分析方法。其原理是当具有连续波长的一束红外光照射到 DOM 分子时，具有和红外光振动频率相同的官能团或者化学键的原子就会吸收该处波长的光。由于不同官能团和化学键的振动频率不同，对红外光的吸收波长不同，因此可以通过在红外光谱中所处的不同位置来鉴定 DOM 含有或者不含有哪些官能团或者化学键。

3. 紫外可见吸收光谱法

紫外可见吸收光谱法主要是基于不同物质对紫外光和可见光的吸收程度不同而建立起来的，由此可以对待测样品的含量、结构及组成进行测定和分析。吸收峰所在位置及形状可以作为物质定性分析和物质结构鉴定的重要依据，而吸收峰强度是主要的定量依据。此方法主要应用于定量分析、化合物鉴定、异构体确定、纯度检查、位阻作用及氢键强度的测定等方面。对水体中 DOM 的紫外吸收值及吸收曲线等分析有利于了解 DOM 的组成及结构，并广泛应用于中国境内的河流及湖泊。

4. 高效体积排阻色谱法

高效体积排阻色谱法（HPSEC）能够表征具有紫外吸收的溶解性有机物的表观分子质量。它的原理是不同分子尺寸的溶解性有机物具有不同的渗透过程。具体过程为：将水溶性有机质通过多孔固相进行淋洗，具有较大分子尺寸的分子难以进入固相微孔，所以其停留时间较短；而具有较小分子尺寸的分子容易进入固相微孔中，在固相中运动轨迹较复杂，所以其停留时间较长。通过校正保留时间就可获得各组成部分分子的表观分子质量。

2.1.3 黑龙江水体浮游细菌研究意义

浮游细菌作为淡水生态系统的重要组成部分，在生物地球化学循环、生态学进程和生态系统功能中发挥着重要作用，它们参与催化重要的生物地球化学反应。由于BCC对环境干扰和环境压力较为敏感，也可以作为反映水体质量的指标之一。尽管BCC受盐度、无机营养、病毒等多种因素影响，但连接浮游细菌和生物地球化学循环最紧密的纽带是DOM的组成、来源和质量。而对黑龙江流域来说，DOM是由浮游植物等产生的本源DOM和融雪等水文学进程带入水体的陆源DOM组成。这种外源DOM的流入可能会影响光的投射、初级生产量和微生物群落进而影响水生食物网[10, 26]。本研究的主要目的为：①探究黑龙江流域冬季、夏季和秋季的浮游细菌群落组成；②探究影响黑龙江流域BCC的因素并评价各影响因素的贡献率；③探究融雪前后黑龙江流域DOM和BCC的变化；④探究不同种类的浮游细菌和不同DOM组分之间的相互作用关系。探究黑龙江流域BCC的季节性演替规律，能够获知黑龙江流域各季节的浮游细菌群落特征及流域的优势菌群。目前，国内对于水体BCC的研究主要集中在南方的部分河流及太湖等富营养化的湖泊，对于东北地区的探究较少。此外，由地理环境差异引起的水体理化因素等的变化，可影响水体的BCC，探究黑龙江流域BCC的影响因素及各影响因素的贡献率可以为黑龙江流域制定新的管理策略提供理论依据。融雪等水文学进程携带的tDOM输入黑龙江水体中，会导致水体颜色加重，并对黑龙江流域表层水的生物地球化学循环和食物网有显著影响。

探究融雪前后黑龙江流域水体 DOM 的变化，有利于了解黑龙江流域的 DOM 组成、来源及分布特征，同时，也可以为黑龙江流域的水质监测及污染预测提供依据。探究黑龙江流域不同种类优势菌群和不同DOM组分之间的相互作用有助于深入了解各类浮游细菌偏爱代谢的 DOM 组分，并深入了解 tDOM 输入对于黑龙江流域淡水生态系统的影响。

2.2　水体样品采集及测试方法

2.2.1　样品采集及处理

样品采集及处理方法详见第 1 章 1.2.1 部分。

2.2.2　水体 DOM 的光谱测定

水样经采集后立即通过 0.45 μm 的纤维树脂滤膜，所得滤液即为 DOM，将 pH 调至 7.0 后就可进行三维荧光光谱检测。环境微生物实验室先前的研究已经从黑龙江流域 160 个水样中应用平行因子分析鉴定出了 4 个荧光组分。

2.2.3　水体理化指标的测定

用多功能水质分析仪对黑龙江流域水体的水温（*T*）、pH、溶解氧（DO）等进行原位测定。在实验室条件下，参照《水和废水监测分析方法》测定水体的水溶性有机碳（DOC）、五日生化需氧量（BOD_5）、化学需氧量（COD_{Mn}）、叶绿素 a（Chl-a）、颗粒性有机碳（POC）、总氮（TN）、氨态氮（NH_4^+-N）、硝态氮（NO_3^--N）、亚硝态氮（NO_2^--N）、总磷（TP）、水溶性反应磷（DRP）、总溶解性磷（TDP）等指标[27]。

2.2.4 水体浮游细菌群落分布研究

2.2.4.1 水体浮游细菌基因组 DNA 提取

水体细菌的基因组 DNA 提取方法基于 Zhou 等[28]的方法并进行了部分修订，具体操作流程如图 2-4 所示。

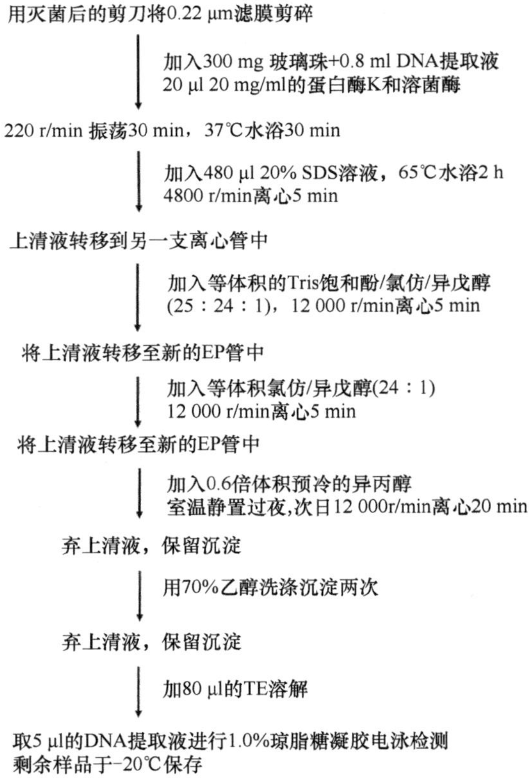

用灭菌后的剪刀将0.22 μm滤膜剪碎

↓ 加入300 mg 玻璃珠+0.8 ml DNA提取液
20 μl 20 mg/ml的蛋白酶K和溶菌酶

220 r/min 振荡30 min，37℃水浴30 min

↓ 加入480 μl 20% SDS溶液，65℃水浴2 h
4800 r/min离心5 min

上清液转移到另一支离心管中

↓ 加入等体积的Tris饱和酚/氯仿/异戊醇
(25：24：1)，12 000 r/min离心5 min

将上清液转移至新的EP管中

↓ 加入等体积氯仿/异戊醇(24：1)
12 000 r/min离心5 min

将上清液转移至新的EP管中

↓ 加入0.6倍体积预冷的异丙醇
室温静置过夜,次日12 000r/min离心20 min

弃上清液，保留沉淀

↓ 用70%乙醇洗涤沉淀两次

弃上清液，保留沉淀

↓ 加80 μl的TE溶解

取5 μl的DNA提取液进行1.0%琼脂糖凝胶电泳检测
剩余样品于−20℃保存

图 2-4 浮游细菌基因组 DNA 提取流程图

Figure 2-4 The flow diagram of extraction of bacterioplankton genomic DNA

2.2.4.2　水体 DNA 的 PCR 扩增

采用细菌通用引物 F341（CCTACGGGAGGCAGCAG）和 R534（ATTACCGCG GCTGCTGG）对水体基因组 DNA 进行扩增，其中上游引物 F341 的 5′端连接 GC 夹子（CGCCCGGGGCGCGCCCCGGG CGGGGCGGGGGCACGGGGGG）。取 5 μl PCR 产物进行 1.0%琼脂糖凝胶电泳检测，剩余样品保存于–20℃用于后续 DGGE 分析。

PCR 反应体系（50 μl）和反应条件分别见表 2-1 和表 2-2。

表 2-1　PCR 反应体系

Table 2-1　PCR reaction system

反应物	体积（μl）
10×PCR Buffer	5
dNTP	4
GC-F341（5 μmol/L）	3
R534（5 μmol/L）	3
模板 DNA	2
Taq 聚合酶（5 U/μl）	0.5
ddH_2O	32.5

表 2-2　PCR 反应条件

Table 2-2　PCR reaction procedure

反应阶段	反应温度（℃）	反应时间（min）	循环数
预变性	94	10	
变性	94	1	20 个循环
退火	65～55	1	
延伸	72	1	
变性	94	1	10 个循环
退火	55	1	
延伸	72	1	
终延伸	72	10	

2.2.4.3 水体浮游细菌的 DGGE 分析

采用 Bio-Rad Dcode™通用检测系统对等量的 PCR 产物进行 DGGE 分析。等量的 PCR 产物加载到 8%的聚丙烯酰胺凝胶中，凝胶梯度为 30%～60%，电压为 150 V，温度为 60℃，电泳时间为 4 h，电泳后用溴化乙锭染色 40 min，最后用 UVP 凝胶成像系统对结果进行拍照。

2.2.4.4 DGGE 优势条带的回收和鉴定

1. PCR 产物的制备

用经酒精棉消毒的手术刀将 DGGE 图谱中的优势条带切下，分别放入含有 30 μl 无菌水的 EP 管中并用灭菌的枪头捣碎，4℃放置过夜使其溶解，以溶解液为模板再次进行 PCR 扩增，除上游引物采用不含有 GC 夹子的 F341 外，其他扩增体系和条件都相同。

2. 胶回收

胶回收流程如图 2-5 所示。

3. 克隆反应体系的建立

在微型离心管中依次加入以下溶液：

PCR 产物　　　　　　4 μl

pEASY-T1 克隆载体　　1 μl

轻轻混合，用 PCR 仪控温 37℃反应 10 min。

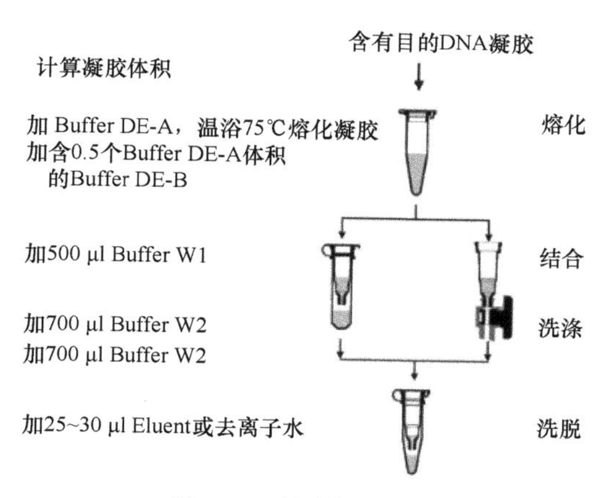

图 2-5　胶回收流程图

Figure 2-5　The flow diagram of gel extraction

4. 转化

转化流程如图 2-6 所示。

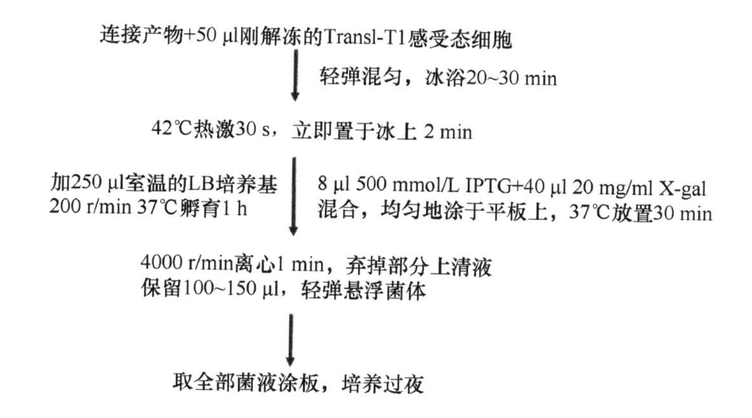

图 2-6　转化流程图

Figure 2-6　The flow diagram of transformation

5. 质粒提取

质粒提取流程如图 2-7 所示。

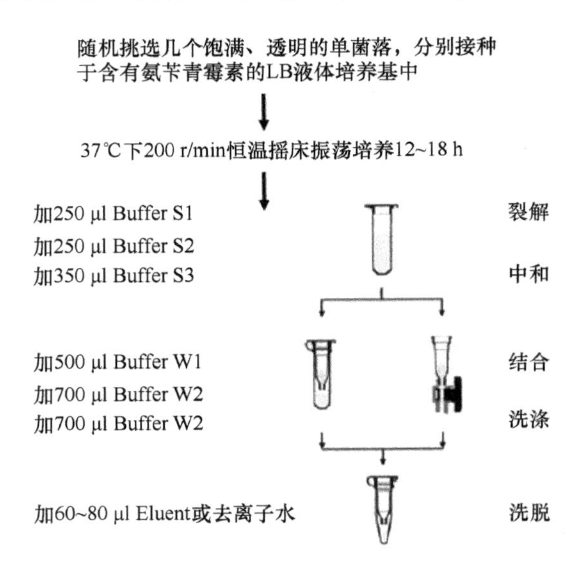

图 2-7　质粒提取流程图

Figure 2-7　The flow diagram of plasmid extraction

6. 阳性克隆鉴定及测序

（1）取 1 μl 质粒于 25 μl PCR 体系，用 M13 Forward Primer 和 M13 Reverse Primer 鉴定阳性克隆。

（2）PCR 扩增，根据片段大小鉴定阳性克隆，其中载体自连带大小为 199 bp。

2.2.5　数据处理

（1）DGGE 图谱分析：用 Quantity one V4.5（美国 Bio-Rad）软件对 DGGE 指纹图谱进行量化处理，其原理是将每一条带视为一个操作分类单元，条带的亮度可以反映细菌的丰度，条带数则反映微生物的多样性。以所有泳道 DGGE 条带的出现（1）和未出现

（0）为基础构建一个二进制矩阵，这个矩阵将用于后续的统计分析。用香农-维纳指数（Shannon-Wiener index）$H = -\sum_{i=1}^{S} p_i \ln p_i$，$p_i = N_i / N$ 来计算微生物多样性，其中 H 为样品中微生物的香农-维纳指数，p_i 为第 i 条带灰度占该样品总灰度的比例，S 为丰度，N_i 为第 i 条带强度，N 为样品条带总强度。用 UPGMA 聚类分析来分析不同位点 BCC 的相似性。

（2）非度量多维标定（NMDS）法：NMDS 法主要是通过排序使得多个实体之间的实际相异性和在低维排序空间上的距离相一致，它能够较好地对大量的非线性数据进行提取并能以低维排序图的形式展示出来，是一种具有广阔应用前景的排序技术。

（3）构建多维矩阵及蒙特检验：以基于 DGGE 图谱的二进制矩阵构建 Jaccard 指数矩阵，用 Primer 5.0 软件通过计算欧式距离来构建距离矩阵和 DOM 距离矩阵。其中，基于 BOD_5、DOC、Chl-a 及各组分的最大荧光强度（F_{max}）来构建 DOM 距离矩阵，而地理距离矩阵是基于各位点的地理距离构建的。应用蒙特检验来分析 BCC 及各影响因素的关系。

（4）冗余分析（RDA）：为了探究 DOM 和微生物群落的关系，先进行无趋势对应分析（DCA）来确定更适合的模型，DCA 结果显示，最长的梯度长度为 1.71，所以 RDA 更适合本研究的相关性分析。用预筛选和 499 次非限制性蒙特检验来探究统计中的显著性，本研究基于各因子的显著水平来筛选影响因子（$P<0.05$）。

2.3 黑龙江流域水体浮游细菌群落结构特性

2.3.1 黑龙江流域水体浮游细菌群落组成分析

2.3.1.1 黑龙江流域水体浮游细菌基因组DNA提取结果

黑龙江流域部分样品表层水样的基因组DNA片段提取结果如图2-8所示，结果表明，水体基因组片段大小在23 kb左右，各位点的DNA含量有所差异，但DNA提取的质量已经能满足后续PCR进程。

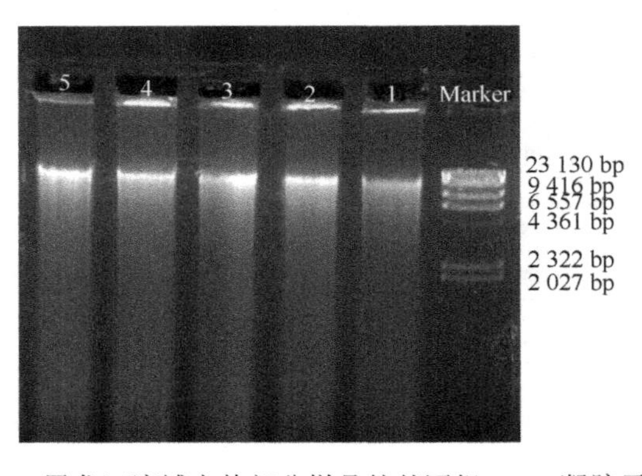

图2-8 黑龙江流域水体部分样品的基因组DNA凝胶示意图
Figure 2-8 Profile of genomic DNA of partial Heilongjiang watershed water samples

2.3.1.2 黑龙江流域水体浮游细菌16S rDNA PCR扩增结果

以16S rDNA V3区细菌特异性引物对GC341f和534r，对黑龙江流域水体基因组DNA进行PCR扩增，扩增结果如图2-9所示，结果表明，PCR扩增产物片段大小在230 bp左右，且质量较好，能够满足变性梯度凝胶电泳要求。

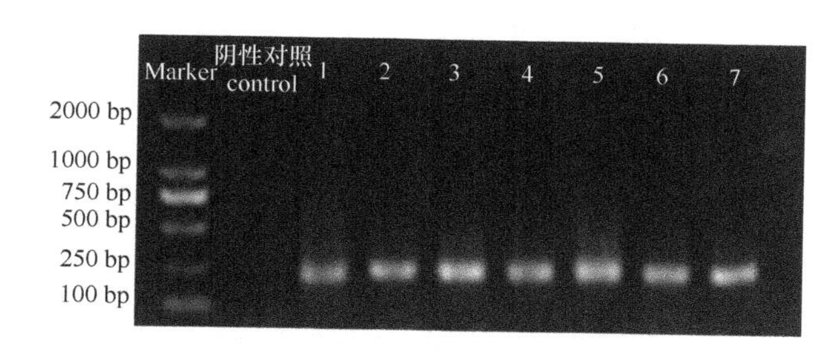

图 2-9　黑龙江流域部分水样 PCR 扩增产物凝胶示意图

Figure 2-9　Profile of PCR products of partial Heilongjiang watershed water samples

2.3.1.3　黑龙江流域冬季水体浮游细菌群落组成分析

DGGE 结果如图 2-10 所示，黑龙江流域冬季水体的浮游细菌的丰度较高。DGGE 技术能够将长度相同但碱基排列不同的序列分开来，每一个条带可以视为一个分类单元，这样就可以从 DGGE 的条带位置、条带数量及灰度值上分析黑龙江流域冬季水体不同采样点的浮游细菌群落变化。黑龙江流域各采样点浮游细菌群落分布表现出了明显的差异，其中有 18 条优势条带。总体来说，黑龙江上游水体的菌落单元数较多，条带 4、8、11、12、13 主要出现在上游水体中，条带 2 和 14 主要出现在中游，条带 7 为下游特异性条带，条带 3 主要存在于上游和下游，在中游出现较少，而条带 9、10 和 15 在上游、中游、下游均出现。但可以看到各位点的条带灰度是不同的，这和不同位点的理化因素、地形地貌及不同菌群之间的竞争有很大的关系。

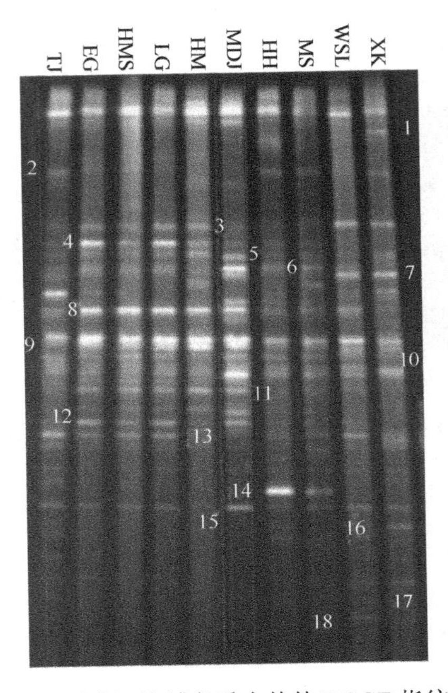

图 2-10 黑龙江流域冬季水体的 DGGE 指纹图谱

Figure 2-10 DGGE profile of Heilongjiang watershed water samples in winter

TJ：同江，EG：额尔古纳河，HMS：呼玛河上游，LG：洛古河，HM：呼玛河，MDJ：牡丹江，HH：黑河，MS：名山，WSL：乌苏里江，XK：兴凯湖

通过 UPGMA 算法对冬季不同位点水样进行聚类分析，结果如图 2-11 所示，10 个水样共分成了两大类群，不同采样点间的 BCC 相似度在 54%以上，最高相似度达到 90%，出现在 LG 和 HMS，聚类分析结果基本符合低纬度地区属于一大类群、高纬度地区属于另外一大类群。其中 HH 和 MDJ 不符合这个规律，可能的原因是 HH 和低纬度地区的环境状况更加相似，而 MDJ 和高纬度地区的环境状况更相似，从而导致微生物群落更加相似。

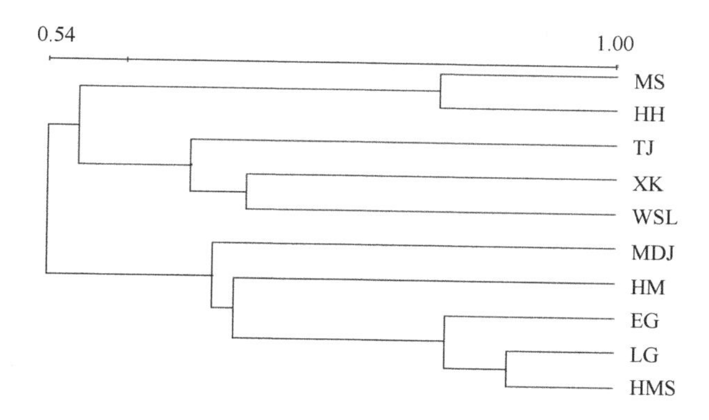

图 2-11　黑龙江流域冬季水体浮游细菌聚类分析图
Figure 2-11　Clustering analysis of Heilongjiang watershed bacterioplankton in winter

DGGE 图谱中的条带数和香农-维纳指数可以用来表征水体中浮游细菌的多样性，如图 2-12 所示，结果表明，随着纬度的升高浮游细菌群落数呈增加趋势，条带和多样性指数的变化与 DGGE 图谱结论基本一致，其中香农-维纳指数的最大值出现在 TJ，最小值出现在 WSL。其中 HM 和 WSL 不符合随着纬度升高浮游细菌群落数增加的趋势。

通过对 DGGE 的优势条带进行测序分析，结果表明，黑龙江流域冬季水体的优势菌群属于 4 大类群，分别为 α 变形菌纲、β 变形菌纲、放线菌纲和拟杆菌纲。这与其他对于淡水系统研究的结果一致，而且这些也是淡水系统中占主要优势的菌群。其中 β 变形菌纲占据最多的比重，由此可以看出黑龙江冬季水体以 β 变形菌纲为主要优势菌群。各采样点的优势菌群分布如图 2-13 及表 2-3 所示，可以看出不同位点各类群的分布不同，α 变形菌纲主要分布于黑龙江流域的上游、下游水体，拟杆菌纲在中游、下游水体中的含量较高。

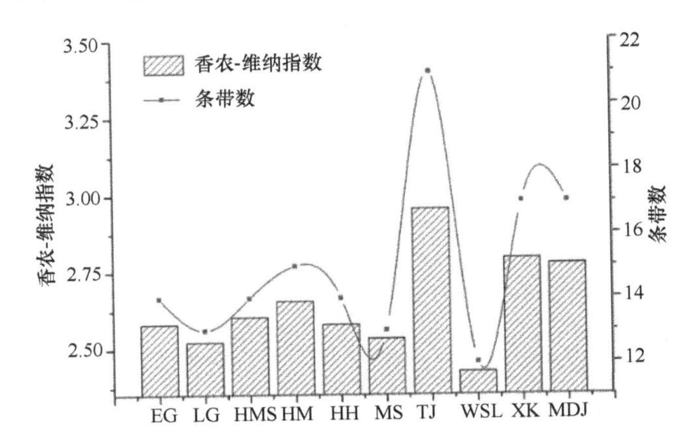

图 2-12 黑龙江流域冬季水体浮游细菌的香农-维纳指数和条带数

Figure 2-12 The Shannon-Wiener index and the number of DGGE band of bacterioplankton communities in Heilongjiang watershed in winter

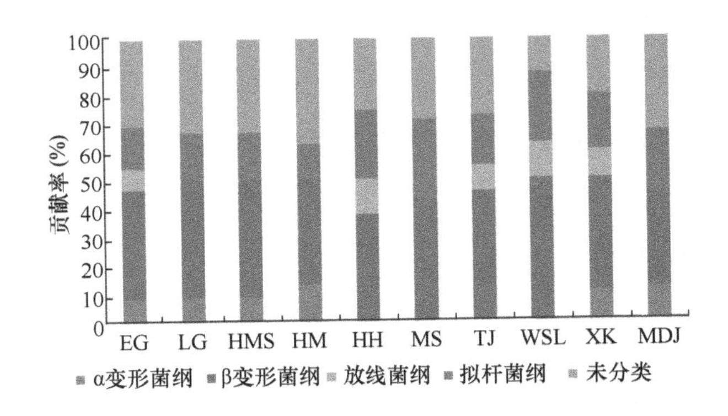

图 2-13 黑龙江流域冬季水体各采样点优势种群分布图（彩图请扫封底二维码）

Figure 2-13 The distribution of dominant populations of Heilongjiang watershed each sampling sites in winter

2.3.1.4 黑龙江流域夏季水体浮游细菌群落组成分析

DGGE 结果如图 2-14 所示，黑龙江流域夏季水体中浮游细菌的丰度较高。DGGE 技术能够将长度相同但碱基排列不同的序列分开来，每一个条带可以视为一个分类单元，这样就可以从 DGGE 的条

表 2-3　黑龙江流域冬季水体 DGGE 优势条带测序结果

Table 2-3　The dominant microbial species of the DGGE bands of Heilongjiang watershed in winter

条带号	序列号	最相似菌株纲（NCBI 序列号）	相似度（%）
W2	KR131739	未培养变形菌纲（EF520446.1）	99
W4	KR131740	未培养α变形菌纲（AB686321.1）	95
W7	KR131741	放线菌纲（HQ663400.1）	97
W8	KR131742	单胞菌属（EU130982.1）	96
W9	KR131743	未培养黄杆菌属（KC886746.1）	100
W10	KR131744	未培养β变形菌纲（AM421665.1）	99
W13	KR131745	未培养β变形菌纲（KF543211 .1）	95
W14	KR131746	*Limnohabitans*（JQ692102.1）	100
W15	KR131747	未培养β变形菌纲（AM849424.1）	100
W16	KR131748	未培养拟杆菌纲（KF583037.1）	98

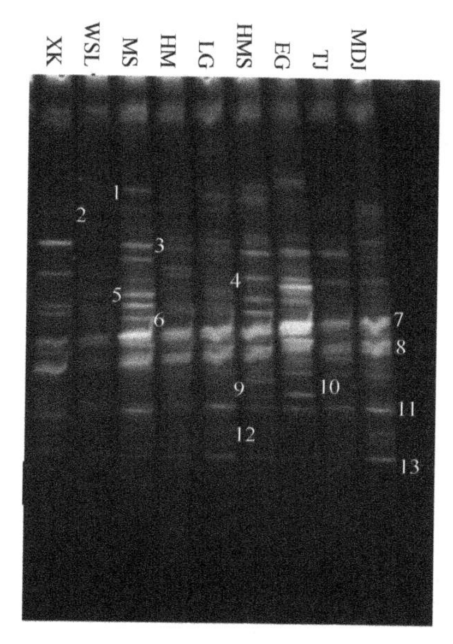

图 2-14　黑龙江流域夏季水体 DGGE 指纹图谱

Figure 2-14　DGGE profile of Heilongjiang watershed water samples in summer

TJ：同江，EG：额尔古纳河，HMS：呼玛河上游，LG：洛古河，HM：呼玛河，MDJ：牡丹江，MS：名山，WSL：乌苏里江，XK：兴凯湖

带位置、条带数量及灰度值上分析黑龙江流域夏季水体不同采样点的浮游细菌群落变化。黑龙江流域夏季水体各采样点浮游细菌DGGE条带种类和分布表现出了明显的差异，其中有13条优势条带。总体来说，黑龙江上游水体的菌落单元数较多，条带4和5主要出现在上游和下游，条带6主要出现在中游和上游，而条带3、7、8、11和13在上游、中游、下游均出现，但可以看到各位点的条带灰度不同，这和不同位点的理化因素、地形地貌及不同菌群之间的竞争有很大的关系。

通过UPGMA算法对各个水样进行聚类分析，结果如图2-15所示，9个水样共分成了2个大的类群，不同采样点间BCC的相似度在55%以上，最高相似度达到85%，出现在LG和MS，聚类分析结果显示第一亚类由HMS、TJ、MDJ和EG组成，第二亚类是WSL，第三亚类由HM、XK、LG和MS组成。

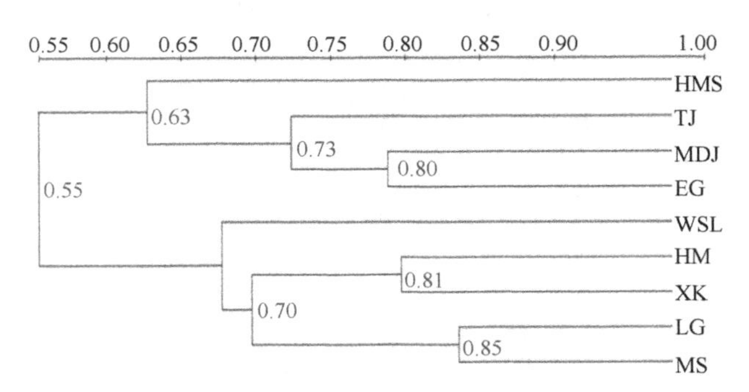

图2-15　黑龙江流域夏季水体浮游细菌聚类分析图

Figure 2-15　Clustering analysis of Heilongjiang watershed bacterioplankton in summer

DGGE图谱中的条带数和香农-维纳指数可以用来表征水体中浮游细菌的多样性，通过对香农-维纳指数的分析发现，如图2-16所示，随着纬度的升高浮游细菌群落数呈增加趋势，条带的多样性和 DGGE 图谱结论基本一致，其中香农-维纳指数最大值出现在 HM，最小值出现在 TJ。

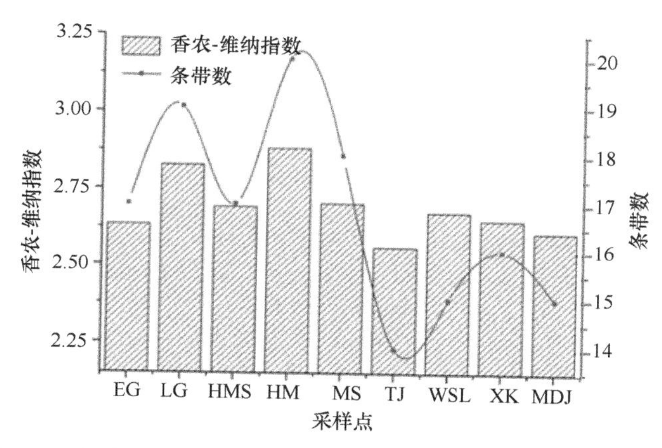

图 2-16　黑龙江流域夏季水体浮游细菌的香农-维纳指数和条带数

Figure 2-16　The Shannon-Wiener index and the number of DGGE band of bacterioplankton community in Heilongjiang watershed in summer

通过对 DGGE 的优势条带进行测序分析，结果表明，黑龙江流域夏季水体的优势菌群属于 4 大类群，分别为 β 变形菌纲、γ 变形菌纲、放线菌纲和拟杆菌纲。这与其他对于淡水系统研究的结果一致，而且这些也是淡水系统中占主要优势的菌群。其中 β 变形菌纲占据最大的比重，由此可以看出黑龙江夏季水体以 β 变形菌纲为主要优势菌群。各采样点的优势菌群分布如图 2-17 和表 2-4 所示，可以看出不同位点各类群的分布不同，γ 变形菌纲主要分布于黑龙江流域的中游、下游水体，放线菌纲和拟杆菌纲在上游、中游水体中的含量较高。

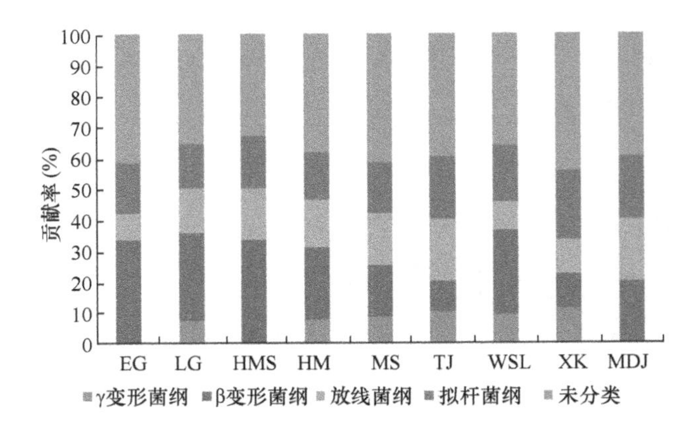

图 2-17 黑龙江流域夏季水体各采样点优势种群分布图（彩图请扫封底二维码）

Figure 2-17 The distribution of dominant populations of Heilongjiang watershed each sampling sites in summer

表 2-4 夏季水体 DGGE 优势条带测序比对结果

Table 2-4 The dominant microbial species of the DGGE bands of Heilongjiang watershed in summer

条带号	序列号	最相似菌株（NCBI 序列号）	相似度（%）
S1	KT363651	未培养拟杆菌纲（FJ916124.1）	99
S3	KT363652	*Limnohabitans*（KP182161.1）	100
S4	KT363653	未培养β变形菌纲（JN038616.1）	100
S5	KT363654	未培养β变形菌纲（EF520446.1）	99
S6	KT363655	未培养γ变形菌纲（AB686403.1）	98
S7	KT363656	单胞菌属（EU130982.1）	93
S8	KT363657	未培养放线菌纲（JN379192.1）	100
S10	KT363658	未培养细菌（KP724831.1）	100
S11	KT363659	未培养拟杆菌纲（KR131748.1）	100
S13	KT363660	未培养放线菌纲（EU140915.1）	93

2.3.1.5 黑龙江流域秋季水体浮游细菌群落组成分析

DGGE 结果如图 2-18 所示，黑龙江流域秋季水体中浮游细菌的丰度非常高。DGGE 技术能够将长度相同但碱基排列不同的序列分开来，每一个条带可以视为一个分类单元，这样就可以从 DGGE 的条带位置、条带数量及灰度值上分析黑龙江流域秋季水体不同采样点的浮游细菌群落变化。黑龙江流域秋季水体各采样点浮游细菌 DGGE 条带种类和分布表现出了明显的差异，其中有 16 条优势条带。条带 7 和 15 主要出现在上游水体中，条带 5 和 6 主要出现在中游和下游，而条带 9 和 10 在上游、中游、下游均出现，但各位点的条带灰度不同，这和不同位点的理化因素、地形地貌及不同菌群之间的竞争有很大的关系。

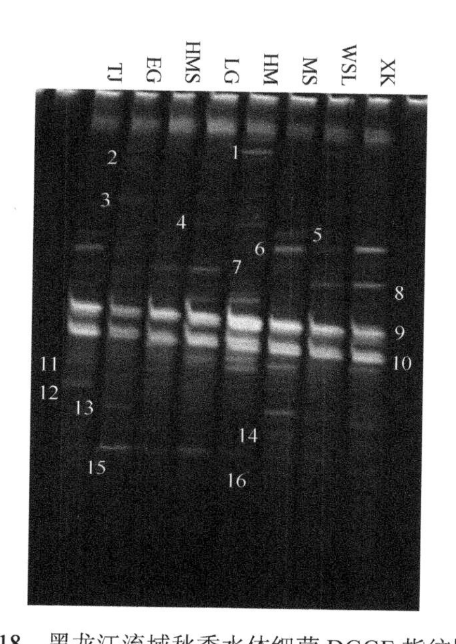

图 2-18　黑龙江流域秋季水体细菌 DGGE 指纹图谱

Figure 2-18　DGGE profile of Heilongjiang watershed water samples in autumn

TJ：同江，EG：额尔古纳河，HMS：呼玛河上游，LG：洛古河，HM：呼玛河，MS：名山，WSL：乌苏里江，XK：兴凯湖

通过 UPGMA 算法对各个水样进行聚类分析，结果如图 2-19 所

示，8 个水样共分成了 4 个主要类群，不同采样点间 BCC 的相似度在 66%以上，最大相似度达到 80%，出现在 XK 和 MS，聚类分析结果显示第一亚类为 WSL，第二亚类是 HM，第三亚类由 LG 和 HMS 组成，第四亚类由 EG、TJ、XK 和 MS 组成。

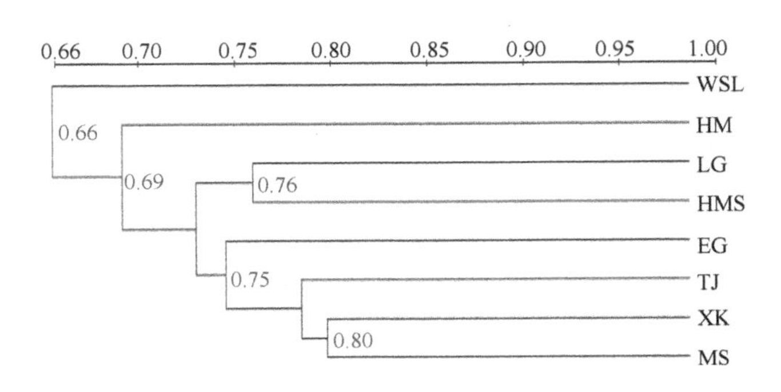

图 2-19 黑龙江流域秋季水体浮游细菌聚类分析图

Figure 2-19 Clustering analysis of Heilongjiang watershed bacterioplankton in autumn

DGGE 图谱中的条带数和香农-维纳指数可以用来表征水体中浮游细菌的多样性，通过对香农-维纳指数的分析发现，如图 2-20 所示，条带和多样性指数变化和 DGGE 图谱结论基本一致，其中香农-维纳指数最大值出现在 MS，为 2.49，香农-维纳指数最小值出现在 HMS，为 1.97。

对 DGGE 的优势条带进行测序分析，结果表明，黑龙江流域秋季水体的优势菌群属于 3 大类群，分别为α变形菌纲、拟杆菌纲和蓝细菌。这与其他对淡水系统研究的结果一致，而且这些也是淡水系统中占主要优势的菌群。其中拟杆菌纲占据最多的比重，由此可以看出黑龙江秋季水体以拟杆菌纲为主要优势菌群。各采样点的优势菌群分布如图 2-21 和表 2-5 所示，可以看出不同位点各类群的分布

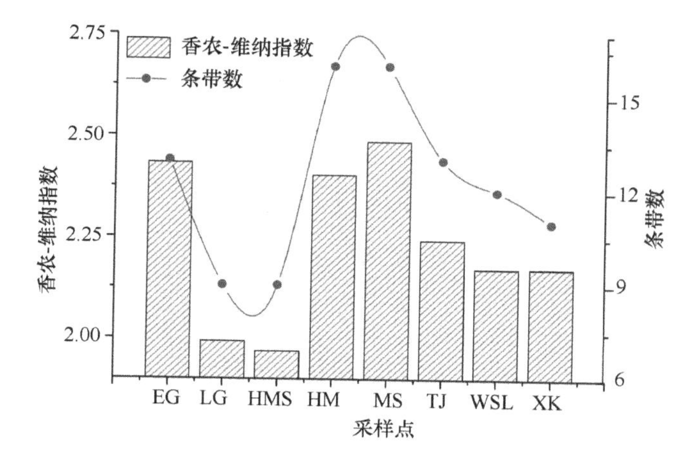

图 2-20　黑龙江流域秋季浮游细菌群落香农-维纳指数和条带数

Figure 2-20　The Shannon-Wiener index and the number of DGGE band of bacterioplankton communities in Heilongjiang watershed in autumn

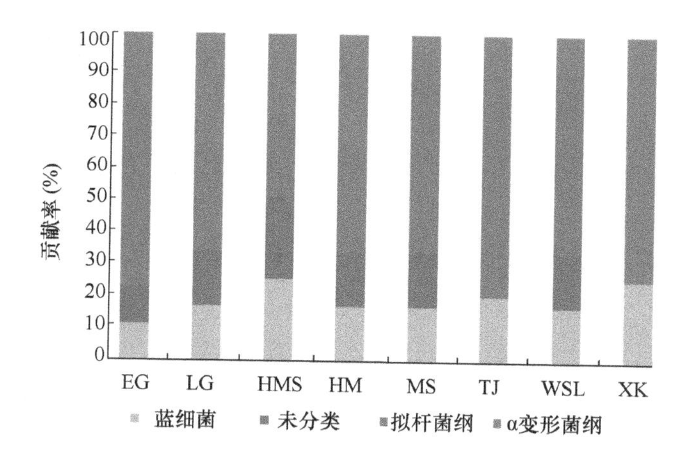

图 2-21　黑龙江流域秋季水体各采样点优势种群分布图（彩图请扫封底二维码）

Figure 2-21　The distribution of dominant populations of Heilongjiang watershed each sampling sites in autumn

不同，α变形菌纲主要分布于黑龙江流域的中游、下游水体，放线菌纲和蓝细菌在上游、中游水体中的含量较高。

表 2-5 黑龙江流域秋季水体 DGGE 优势条带测序比对结果

Table 2-5 The dominant microbial species of the DGGE bands of Heilongjiang watershed in autumn

条带号	最相似菌株（NCBI 序列号）	相似度（%）
A1	未培养拟杆菌纲（KF583037.1）	98
A2	未培养拟杆菌纲（AB686291.1）	92
A3	未培养α变形菌纲（AB686421.1）	91
A4	未培养聚球藻属（HQ836447.1）	100
A5	未培养拟杆菌纲（JQ937369.1）	99
A6	*Emticicia*（KT885191.1）	99
A9	未培养拟杆菌纲（KF583037.1）	98
A10	未培养α变形菌纲（KR131740.1）	100
A15	未培养细菌（KM145832.1）	100

2.3.2 黑龙江流域浮游细菌群落结构与理化变量响应关系研究

2.3.2.1 冬季水体浮游细菌群落结构与理化变量响应关系研究

黑龙江流域冬季水体 BCC 和理化变量冗余分析（RDA）各特征值如表 2-6 所示，整体变异的总特征值为 1.000，整体变异的总典型特征值为 0.285。物种-环境之间的相关性 4 个轴均达到 97%以上，表明 BCC 和理化变量之间的相关性较高。Axis 1 解释了物种-环境关系数据 41.82%的变异，Axis 2 和 Axis 3 分别解释了物种-环境关系数据 29.25%和 10.58%的变异，4 个轴共同解释了物种-环境关系数据 89.13%的变异。NO_2^--N 对 Axis 1 有最大的贡献率，两者的相关系数为–0.7998。而 POC 对 Axis 2 有最大的贡献率，两者的相关系数为–0.5335。

表 2-6 黑龙江流域冬季水体 BCC 和理化变量冗余分析结果

Table 2-6 Summary of the result of redundancy analysis between BCC and environmental factors of Heilongjiang watershed in winter

轴	特征值	物种-环境相关性	物种数据累计百分比方差	物种-环境间的关系累计百分比方差
Axis 1	0.4182	0.9959	41.82	43.13
Axis 2	0.2925	0.9792	71.08	73.29
Axis 3	0.1058	0.9917	81.66	84.21
Axis 4	0.0747	0.9740	89.13	91.92

RDA 排序结果如图 2-22 所示，基于部分蒙特检验可知，NH_4^+-N（$F=3.2$，$P=0.028$）和 POC（$F=2.0$，$P=0.05$）显著影响群落组成，它们的贡献率分别为 28.5%和 15.9%。BCC 与 DOC、NO_2^--N、TP、T、pH 及 Chl-a 相关，这类微生物生长所必需的营养元素、T、pH 及

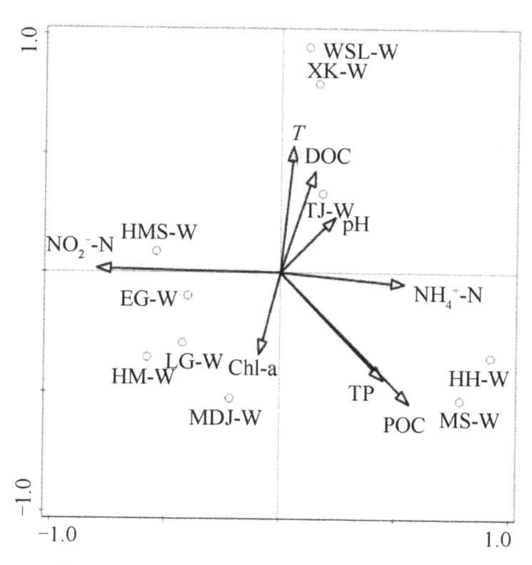

图 2-22 黑龙江流域冬季水体 BCC 与理化因素的冗余分析

Figure 2-22 Redundancy analysis including an ordination diagram of BCC with physicochemical factors of Heilongjiang watershed in winter

Chl-a 同样在微生物生长过程中起重要的作用，除了这些在微生物生长过程中起重要作用的因素外，浮游植物群落结构和病毒感染等其他条件也是影响微生物群落结构的重要因素。

2.3.2.2 夏季水体浮游细菌群落结构与理化变量响应关系研究

黑龙江流域夏季水体 BCC 和理化变量冗余分析（RDA）各特征值如表 2-7 所示，整体变异的总特征值为 1.000。物种-环境之间的相关性 4 个轴均达到 99%以上，表明 BCC 和理化变量之间的相关性较高。Axis 1 解释了物种-环境关系数据 43.45%的变异，Axis 2 和 Axis 3 分别解释了物种-环境关系数据 23.84%和 13.96%的变异，4 个轴共同解释了物种-环境关系数据 88.51%的变异。

表 2-7 黑龙江流域夏季水体 BCC 和理化变量冗余分析结果

Table 2-7 Summary of the result of redundancy analysis between BCC and environmental factors of Heilongjiang watershed in summer

轴	特征值	物种-环境相关性	物种数据累计百分比方差	物种-环境间的关系累计百分比方差
Axis 1	0.4345	1.0000	41.45	42.16
Axis 2	0.2384	0.9993	65.30	66.41
Axis 3	0.1396	0.9978	79.26	80.62
Axis 4	0.0925	0.9989	88.51	90.03

RDA 排序结果如图 2-23 所示，其中各点位的浮游细菌群落与 DOC、POC、TN、TP、*T*、pH 及 Chl-a 相关，但显著性水平均没有达到 $P<0.05$，可能的原因是夏季 BCC 受浮游植物群落结构和病毒感染等其他条件的影响更加显著。

2.3.3　黑龙江流域浮游细菌群落与 DOM 组分的响应关系研究

2.3.3.1　冬季水体浮游细菌群落与 DOM 组分的响应关系研究

黑龙江流域冬季水体浮游细菌群落（BCC）和 DOM 组分冗余分析（RDA）各特征值如表 2-8 所示，物种-环境之间的相关性 Axis 1 达到 94%以上，表明 BCC 和 DOM 组分之间的相关性较高。Axis 1 解释了物种-环境关系数据 36.20%的变异，Axis 2 和 Axis 3 分别解释了物种-环境关系数据 15.23%和 5.91%的变异，4 个轴共同解释了物种-环境关系数据 60.89%的变异。组分 4 对 Axis 1 有最大的贡献率，两者的相关系数为 0.7409。而组分 2 对 Axis 2 有最大的贡献率，两者的相关系数为 0.7568。

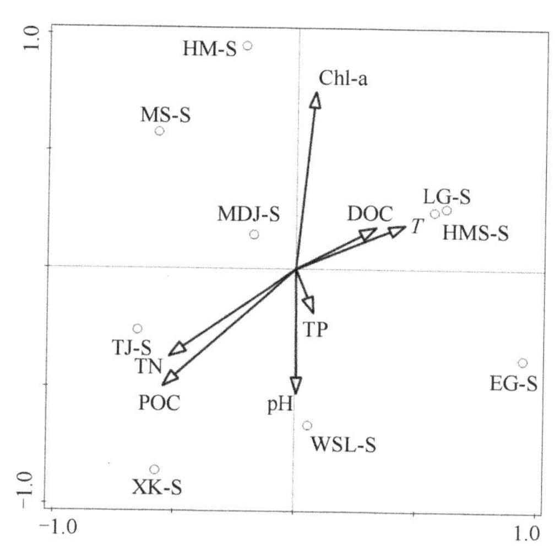

图 2-23　黑龙江流域夏季水体 BCC 与理化因素的冗余分析

Figure 2-23　Redundancy analysis including an ordination diagram of BCC with physicochemical factors of Heilongjiang watershed in summer

表 2-8 黑龙江流域冬季水体 BCC 和 DOM 组分冗余分析结果

Table 2-8 Summary of the result of redundancy analysis between BCC and DOM of Heilongjiang watershed in winter

轴	特征值	物种-环境相关性	物种数据累计百分比方差	物种-环境间的关系累计百分比方差
Axis 1	0.3620	0.9461	36.20	59.45
Axis 2	0.1523	0.7912	51.43	84.46
Axis 3	0.0591	0.7038	57.34	94.17
Axis 4	0.0355	0.5769	60.89	100

RDA 排序结果如图 2-24 所示，基于部分蒙特检验可知，DOM 组分 2（$F = 2.9$，$P = 0.022$）和组分 4（$F = 2.5$，$P = 0.05$）对 BCC 的影响较显著，它们的贡献率分别为 43.4%和 32.2%。组分 1 和组分 2 均是陆生来源，但是其结构都比较简单，而且芳构化程度都比较低，较容易被微生物利用，这也就解释组分 2 对 BCC 的影响较大。对于组分 4 来说，它也是陆生来源，属于结构比较复杂且芳构化程度比较高的物质组成，似乎很难理解其对微生物群落的较大影响，但是已经有研究表明，拟杆菌这类菌属比较容易利用结构复杂的化合物而不是结构简单的物质，所以组分 4 对微生物群落的影响也得到了解释。

2.3.3.2 夏季水体浮游细菌群落与 DOM 组分的响应关系研究

黑龙江流域夏季水体 BCC 和 DOM 组分冗余分析（RDA）各特征值如表 2-9 所示，物种-环境之间的相关性 Axis 1 达到 95%以上，表明 BCC 和 DOM 组分之间的相关性较高。Axis 1 解释了物种-环境关系数据 26.99%的变异，Axis 2 和 Axis 3 分别解释了物种-环境关系数据 14.48%和 6.29%的变异，4 个轴共同解释了物种-环境关系数据

52.88%的变异。组分 4 对 Axis 1 有最大的贡献率，两者的相关系数为 0.7211。而组分 2 对 Axis 2 有最大的贡献率，两者的相关系数为 0.3920。

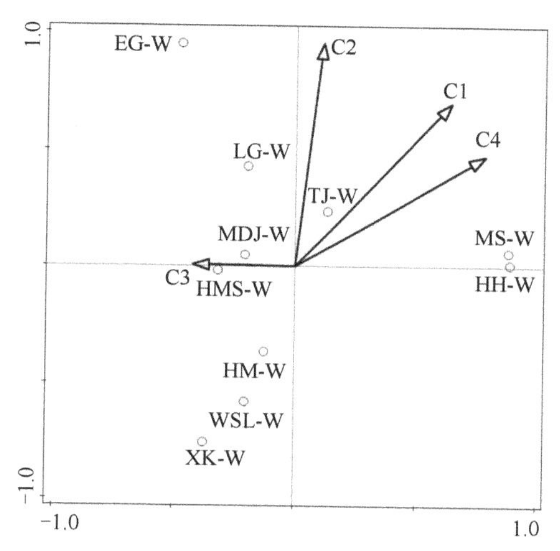

图 2-24　黑龙江流域冬季水体 BCC 与 DOM 组分的冗余分析

Figure 2-24　Redundancy analysis including an ordination diagram of bacterioplankton community composition with DOM components of Heilongjiang watershed in winter

表 2-9　黑龙江流域夏季水体 BCC 和 DOM 组分冗余分析结果

Table 2-9　Summary of the result of redundancy analysis between BCC and DOM of Heilongjiang watershed in summer

轴	特征值	物种-环境相关性	物种数据累计百分比方差	物种-环境间的关系累计百分比方差
Axis 1	0.2699	0.9592	26.99	51.03
Axis 2	0.1448	0.7846	41.47	78.42
Axis 3	0.0629	0.8619	47.76	90.31
Axis 4	0.0512	0.8495	52.88	100.00

RDA 结果（图 2-25）显示，DOM 组分 1、2、3 和 4 对 BCC 均有影响，但影响均没有达到显著水平（$P < 0.05$），组分 1、2 和 3 均

为陆生来源，结构都比较简单，而且芳构化程度都比较低，较容易被微生物利用，这也就解释了为什么这 3 个组分对微生物群落的影响较大。对于组分 4 来说，它也为陆地来源，属于结构比较复杂且芳构化程度比较高的物质组成，似乎很难理解其对微生物群落的较大影响，但是已经有研究表明拟杆菌这类菌属比较容易利用结构复杂的化合物而不是结构简单的物质，所以组分 4 对浮游细菌群落的影响也得到了解释。

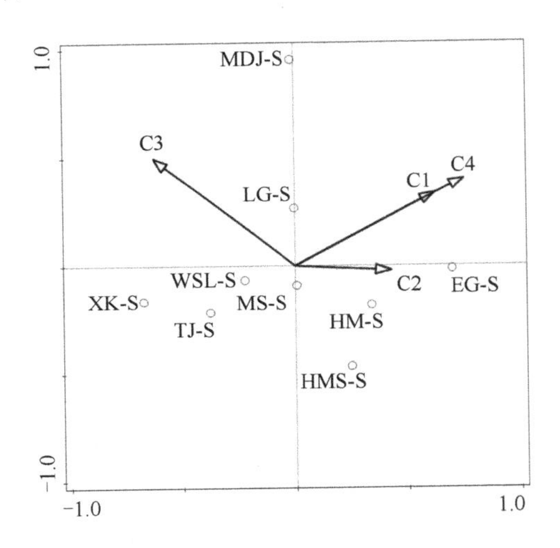

图 2-25　黑龙江流域夏季水体 BCC 与 DOM 组分的冗余分析

Figure 2-25　Redundancy analysis including an ordination diagram of bacterioplankton community composition with DOM components of Heilongjiang watershed in summer

2.3.4　融雪对黑龙江流域 DOM 和浮游细菌群落的影响评价

2.3.4.1　融雪对黑龙江流域水体 DOM 的影响

DOC 作为 DOM 的主要表现形式，其浓度可以代表 DOM 的含量，图 2-26 表明，融雪后 DOC 的浓度降低了，一方面夏季微生物的代谢能力随着温度的升高而增强，另一方面大量的冰雪融化会使 DOC 被稀释。中下游的 BOD_5 在融雪前后变化较大，可能的原因是黑龙江上游冲刷作用较强，将大量的有机物带入中下游水体，另外中下游水体流速较慢且流经三江平原，河岸的土质松软而肥沃。Chl-a 含量可以反映浮游植物的产量，结果表明，夏季的 Chl-a 含量较高，原因是冬季河面被冰雪覆盖导致光线的摄入被限制，进而导致浮游植物的产量减少，而在夏季随着气温的上升，冰雪开始融化，光线摄入较高且浮游植物代谢能力较强，所以夏季浮游植物产量较高。

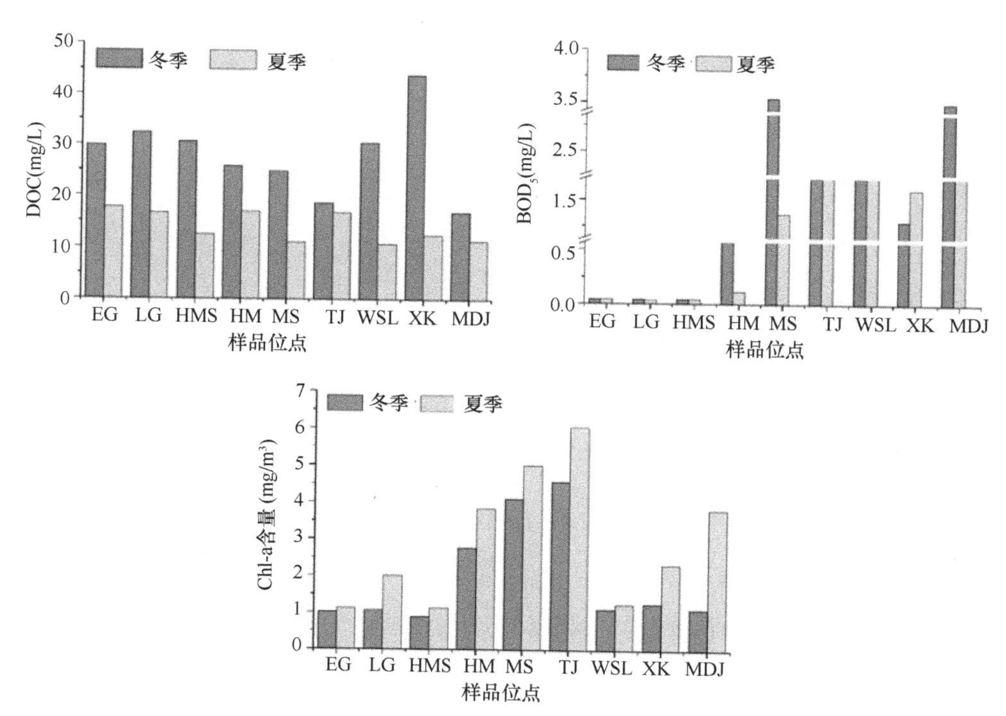

图 2-26　融雪前后 DOM 各评价指标的变化图

Figure 2-26　Changes in different evaluated indexes of DOM before and after snowmelt

TJ：同江，EG：额尔古纳河，LG：洛古河；HMS：呼玛河上游，HM：呼玛河，MDJ：牡丹江，MS：名山，WSL：乌苏里江，XK：兴凯湖如图 2-27 所示，黑龙江流域的水体中以 A 峰和 C 峰为主，这两个荧光峰所代表的物质是来源于动植物残体的类腐殖质物质，而代表类酪氨酸的 B 峰和类色氨酸的 T 峰较少，证明黑龙江流域水体以类腐殖质物质为主。通过比较夏季和冬季水体的三维荧光图谱来评估融雪对 DOM 组成的影响。正值表示该区域物质的相对含量在融雪后增加了，而负值代表该区域物质的相对含量在融雪后减少了。对于大部分样点来说，A 峰、B 峰和 T 峰在融雪后这 3 个区域物质的相对含量都减少了，其可能的原因是在融雪过程中该区域物质被微生物降解，以及融雪带来的稀释效应。对于 C 峰来说，在黑龙江上游的水体中该区域物质的相对含量增加，上游流域属于山地河流，流速大且对河岸的冲刷作用较强，从而导致上游 C 峰物质的相对含量增加。对于黑龙江中下游水体来说， C 峰物质的相对含量减少，其原因可能是中下游流域水体属于平原河流，流速较慢，在此过程中物质被微生物所利用，加之融雪的稀释作用，导致该区域物质的相对含量增加。可以看出，在融雪前后结构较简单的类蛋白物质的相对含量降低，而相对结构复杂的类腐殖质物质的相对含量增加。

为了进一步探究 DOM 组成的变化，应用平行因子分析中各组分的最大荧光强度（F_{max}）来反映各组分的相对含量（图 2-28）。结果表明，黑龙江流域 DOM 以陆源类腐殖质物质为主，其含量占据整体含量的 80%以上。组分 1 在融雪前后各个位点的相对含量变化较小，来源于本源的组分 2 和陆源的组分 3 的相对含量在融雪后降低了，而结构最为复杂、分子质量最大的组分 4 的相对含量增加了，可能的原因是在微生物利用容易被代谢的物质的过程中生成了组分 4。由此可见，融雪过程是一个类蛋白物质被降解同时形成腐殖质的过程。

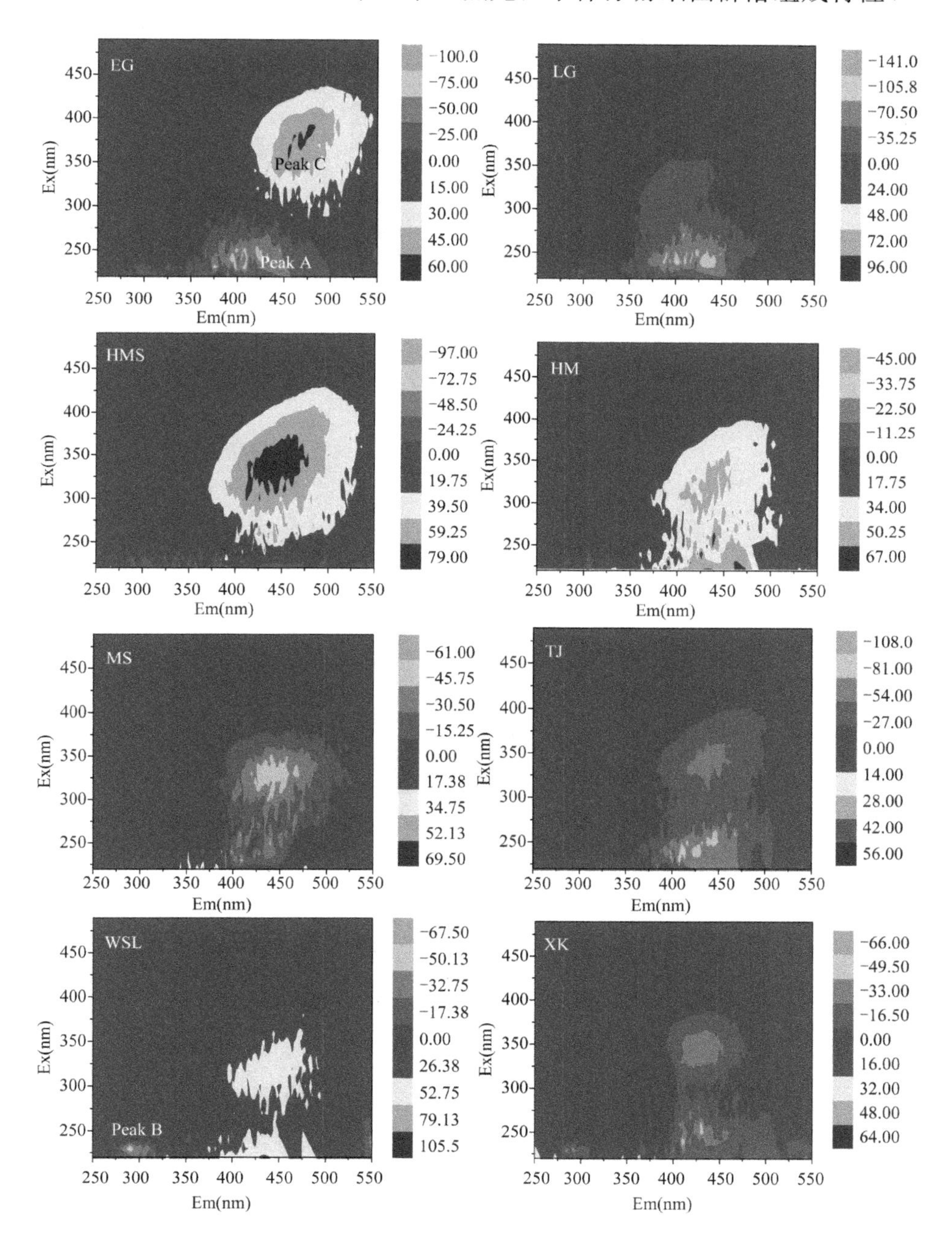

图 2-27　不同采样点 DOM 荧光强度的变化图（彩图请扫封底二维码）

Figure 2-27　Changes in DOM fluorescence intensity of different sampling sites

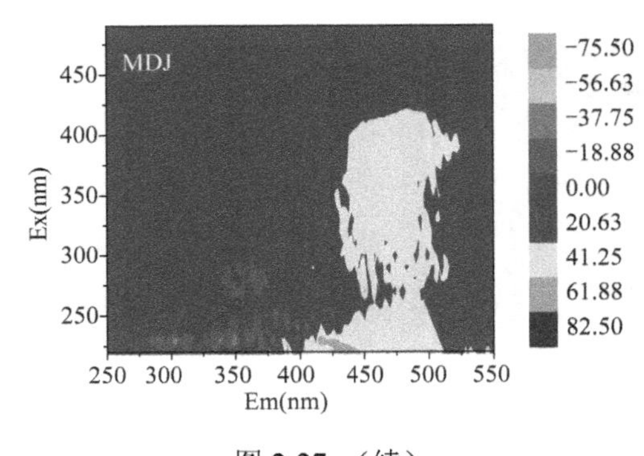

图 2-27 （续）

Figure 2-27 （Continued）

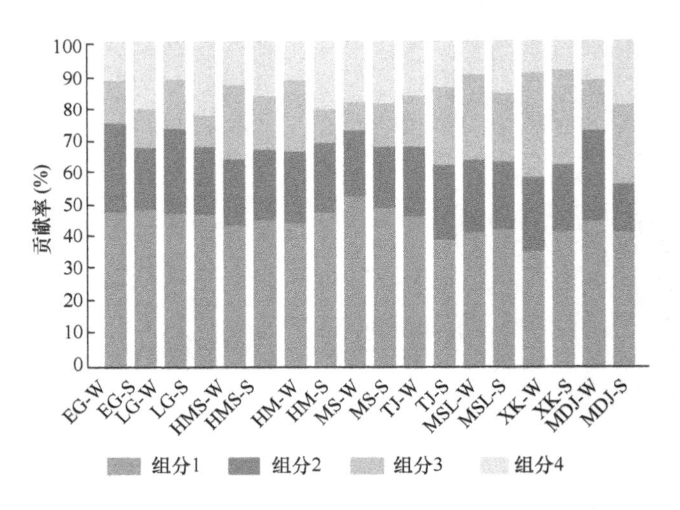

图 2-28 不同季节不同位点来源平行因子分析组分的分布图（彩图请扫封底二维码）

Figure 2-28 The distribution of four PARAFA-derived components in different seasons and different sampling sites

2.3.4.2 融雪对黑龙江流域浮游细菌群落结构的影响

采用非度量多维标定（NMDS）分析方法探究融雪前后浮游细菌群落结构的变化。图 2-29（a）为 NMDS 的胁强系数图，其中纵轴表示样点的排序轴距离，横轴表示样点排序的差异性，阶梯曲线显示了由非参数回归拟合的单调回归曲线。胁强系数图中，线性拟合度为 R^2=0.918，而 NMDS 方法的拟合度为 R^2=0.982，可见黑龙江流域 BCC 具有非线性结构，且 NMDS 方法能够较好地从数据中提取这种群落非线性集聚分布信息，从而使拟合度得到提高。

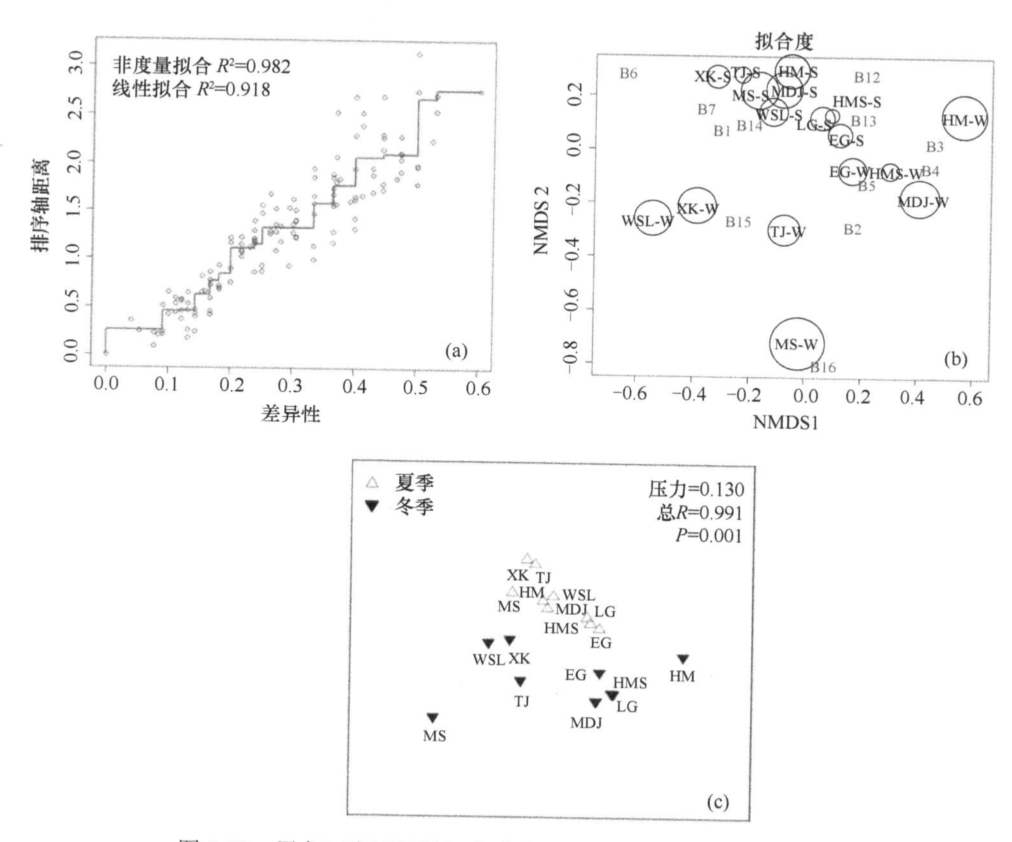

图 2-29　黑龙江流域浮游细菌群落组成的非度量多维标度分析

Figure 2-29　Multi-dimensional nonmetric multidimensional scaling ordination of bacterioplankton communities

图 2-29（b）为 NMDS 排序拟合度图，图中每个圆形的大小代表对应实体的排序误差，圆形越小代表和对应实体的拟合度越高。拟

合度图展示了关于 18 个样方和 16 个物种排序位置的信息，通过图 2-29（b）可以了解到黑龙江流域的多数样点拟合度较好。

NMDS 排序如图 2-29（c）所示，黑龙江流域水体浮游细菌群落可以分为两大类，夏季各位点聚集在一起，这表明不同位点间夏季的浮游细菌的群落结构差异不大，这可能是由于春季融雪对黑龙江流域的影响较大造成的。而冬季各位点分布较分散且上游、中游和下游样品各自聚集在一起，这表明不同位点间冬季的浮游细菌的群落结构有一定的差异，可能的原因是冬季黑龙江流域处于冰封期，大量冰雪的覆盖导致和外界的物质及能量交换较少且水流速较缓慢，从而形成了极具地方特色的浮游细菌群落结构。

2.3.4.3 筛选黑龙江流域水体浮游细菌群落的影响因素

总的说来，浮游细菌的群落结构受理化因子、生物因素和病毒感染所影响，同时地理因素、DOM 的浓度和组成也能影响浮游细菌的群落结构（图 2-30）。蒙特检验结果表明，理化距离和 BCC 的相关系数为 0.416（$P = 0.002$），DOM 质量距离和 BCC 的相关系数为 0.406（$P = 0.003$），地理距离和 BCC 的相关系数为 0.149（$P = 0.057$），理化距离和 DOM 质量距离的相关系数为 0.175（$P = 0.029$）。本研究结果表明，黑龙江流域水体的 BCC 受环境变量和 DOM 的影响较显著。尽管黑龙江流域经纬度跨度较大，但地理因素对其影响不显著，这表明春季融雪对黑龙江流域水体的浮游细菌群落影响较大。

2.3.4.4 浮游细菌群落与 DOM、环境变量之间的关系

浮游细菌的群落组成取决于单一物种的适应能力，且极容易受

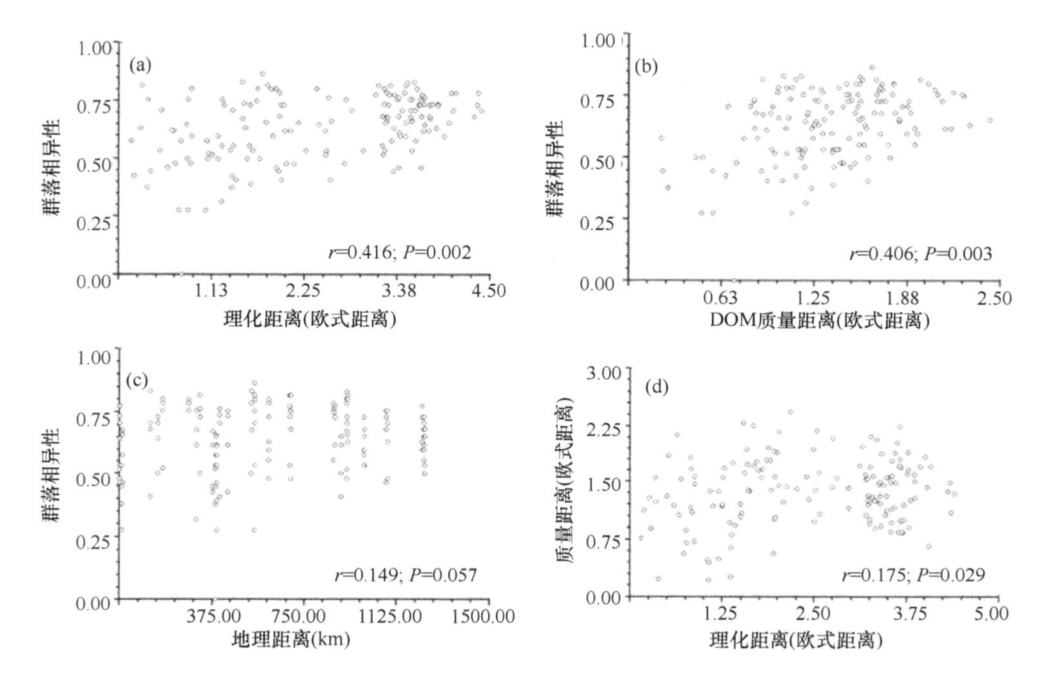

图 2-30　相异性和理化距离（a）、DOM 质量距离（b）、地理距离（c），以及理化距离和 DOM 质量距离（d）之间的相关性

Figure 2-30　The relationship between community dissimilarity and physicochemical distance（a），DOM quality distance（b），geographical distance（c），the relationship between physicochemical distance and DOM quality distance（d）

外界环境的影响。平行因子分析表明，4 个组分均属于陆源的 DOM 组分，其中组分 3 属于具有黑龙江流域特色的 DOM 组分。应用基于距离的冗余分析来探究浮游细菌类群和 DOM 组分之间的关系（图 2-31，图 2-32），结果表明，DOM 组分 1、2 和 4 与大多数特异性菌群呈现负相关关系，表明这些组分不利于浮游细菌生长，即很难被浮游细菌所降解。而组分 3 与大多数特异性菌群呈现正相关关系，这表明组分 3 有利于浮游细菌的生长，即容易被浮游细菌所降解。组分 3 虽然来源于陆源，但是其结构相对较简

单、分子质量相对较小，其对于微生物来说属于较容易被降解的，而组分 4 属于陆源组分，其结构相对较复杂、分子质量相对较大，按常理来讲这类腐殖质较难被微生物所降解，但是一些报道表明，水体中含有一些特异性类群可以降解这类较难降解的物质。另外，结构较复杂的腐殖质会改变水体的光化学条件，并产生一些较容易降解的物质。这两方面因素导致了结构相对复杂的组分 4 可以被微生物降解。

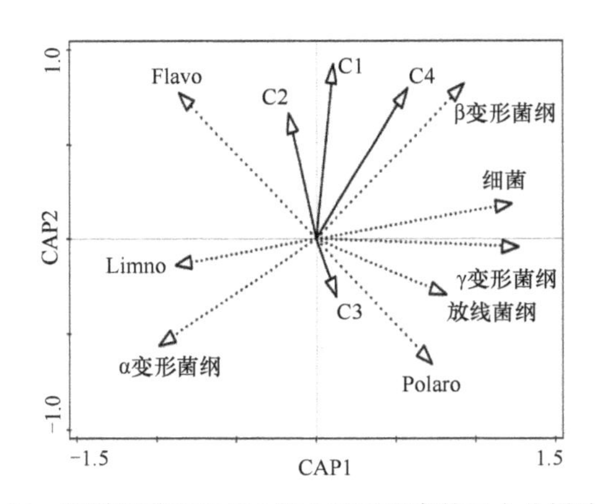

图 2-31　浮游细菌和 DOM 组分基于距离的冗余分析结果图

Figure 2-31　Distance-based redundancy analysis result for bacterioplankton and DOM components

2.3.4.5　*方差分解*

在方差分解（图 2-33）中应用了两类解释变量，一类是 DOM 特征（BOD_5、Chl-a、DOC，组分 1 和 4 的 F_{max} 值），另一类是理化变量（T 和 NO_3^--N）。选择解释变量的标准是这些变量对浮游细菌群落结构有显著的影响。结果表明，DOM 特征和理化变量共同解释了浮游细菌群落结构变异的 6.00%，DOM 特征解释量为 29.80%，大于理化变量的解释量 15.90%，然而还有 48.30%的解释量未被解释。

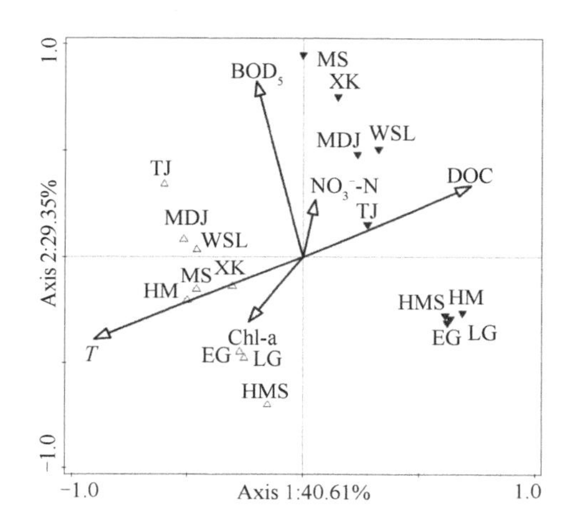

图 2-32　浮游细菌群落组成和影响因素的冗余分析结果图

Figure 2-32　Redundancy analysis ordination diagram of bacterioplankton community composition with influence factors

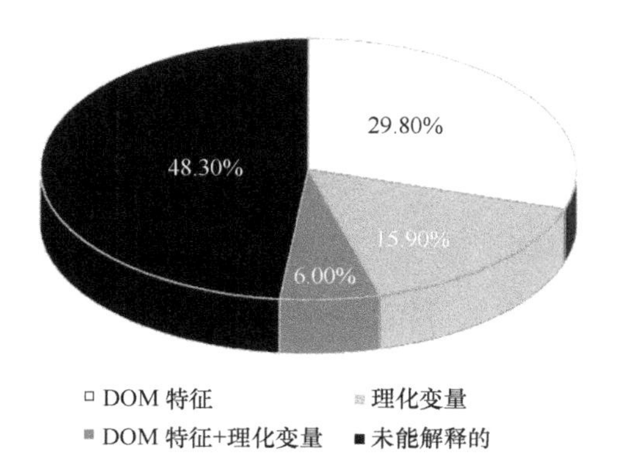

图 2-33　黑龙江流域浮游细菌群落组成的方差分解分析

Figure 2-33　Partitioning of variation of BCC in Heilongjiang watershed

2.3.5 黑龙江流域浮游细菌组成与环境要素响应关系探讨

黑龙江流域地处中、高纬度地区，冬季气候寒冷、夏季温暖。在中国境内，黑龙江流域可以分成 3 个部分，而且各部分的植被覆盖不同。在每年的初春，融雪会携带大量的 tDOM 进入黑龙江流域并导致水体呈现棕褐色。而且，很少有研究探究黑龙江流域 tDOM 输入引起 BCC 的变化。本研究为融雪引起黑龙江流域 DOM 质量和 BCC 变化提供了依据，而且分析了 BCC 各影响因素的贡献率，以及不同水生浮游细菌类群和不同 DOM 组分之间的相互作用。

2.3.5.1 黑龙江流域浮游细菌群落组成变化

由于 BCC 对环境压力和干扰表现出复杂的回应[29]，因此被视为反映水体质量和生态系统状态的重要指标[30]。总的来说，黑龙江流域浮游细菌群落非常丰富，且季节性变化明显。NMDS 分析表明，与冬季相比，夏季不同采样点间的 BCC 相似度较高，这表明融雪对黑龙江流域的 BCC 影响较明显。尽管除了 EG 外的所有采样点都表现出明显的季节性变化，但是不同采样点的季节性变化程度也不相同。例如，HM 的 BCC 季节性变化比较显著而 WSL 的 BCC 季节性变化相对不是特别明显。黑龙江流域浮游细菌群落的一个重要组成部分是通过降雨和融雪等水文学进程带入水体中的细菌。HM 的植被覆盖较丰富且水体流速快，这样就导致对两岸的冲刷较严重且会带入更多的外源细菌，这可能是造成 HM 的 BCC 季节性变化较显著的原因之一。此外，淡水生态系统中，浮游细菌的一个命运是可能被吞噬微生物所吞噬或者被浮游动物所捕食[29]。HM 的浮游动物的丰度较低、种类较少，而 WSL 的浮游动物的种类、数量较多，活性较高。因此，WSL 的 BCC 季节性差异较小的原因也可能是外源的浮游细菌高选择性地被浮游动物等所捕食。

16S rDNA 测序被用于鉴定细菌类群[30]，结果发现，黑龙江流域的优势菌群属于变形菌纲、放线菌纲和拟杆菌纲，这个结果和之前其他淡水生态系统的结果一致[30, 31]。其中，变形菌纲是黑龙江流域最常见的类群，而 β 变形菌纲是分布最广且种类最多的类群，这个结果和其他水生生态系统的研究结果也一致[30]。在测序结果中，出现了单胞菌，它和另外一种嗜冷微生物相似，这种嗜冷微生物是从南极、北极环境中分离出来的。因此黑龙江流域出现这种极地菌和黑龙江流域长期处于寒冷环境有关。此外，这种极地菌具有多种多样的代谢能力，其中包括降解芳香烃的能力[32]。

tDOM 输入可能对环境特征和微生物群落都有影响[10, 26]。融雪所携带的微生物是水生生态系统微生物群落的重要组成部分。黑龙江流域在除了 LG 之外的所有采样点的 BCC 均表现出了明显的季节性差异。BCC 取决于单一微生物类群对多变的环境条件的适应能力[33]，长期暴露在外源 DOM 的环境中会导致浮游细菌的适应能力增强。在冬季和夏季均出现的类群是那些既能利用本源 DOM 也能利用陆源 DOM 的微生物。Crump 等[23]探究了北极圈湖泊在冰封期、融雪期和无冰期的 BCC，结果表明，当浮游植物产量达到最大值时，BCC 发生最显著的变化。因此，应当对黑龙江流域进行长期且更加频繁的监测。

2.3.5.2 影响黑龙江流域浮游细菌群落组成的因素

目前，越来越多的研究注重探究影响 BCC 的因素。总体来说，BCC 受非生物因素和生物因素的影响，其中非生物因素包括盐度、金属离子和无机营养等[34]。本研究的结果表明，BCC 和 DOM、理化因素显著相关但和地理因素相关性较低，这个结果和其他研究的结果是一致的[34]。地理距离是通过分散限制而影响 BCC 的，而且分散限制在影响 BCC 中起到的重要作用已经在大量的研究中得到了证实[35]。本研究的结果表明，浮游细菌在春季融雪发生的过程中能够较好地进行分散。此外，在未来的研究中除了地理距离外，其他全面的地理因素也应该被考虑进来。在冰封期，DOC 显著影响 BCC 可能是由于该时期的光线射入和初级产量受到了限制。此外，影响黑龙江流域 BCC 的另外一个重要因素是水温，首先，所有的生物化学过程都和温度有着直接的联系[36]；其次，不同的细菌类群有着不同的最适温度，这样随着水温的变化 BCC 也会发生改变[36]；最后，温度会显著影响浮游植物的变化[37, 38]。DOM 影响 BCC 的证据如下：不同的物种拥有不同的胞外酶系[39]；不同的物种有不同的物质吸收模式[40]；不同的细菌类群在不同的环境下有不同的竞争优势。对于 DOM 质量的评估从简单的生物可利用性扩展到元素组成、分子质量、化学组成和来源。本研究提供了 DOM 的定量信息（DOC 浓度）和 DOM 定性信息，包括生物可利用性（BOD_5）、浮游植物产量（Chl-a）、光谱学特征以及 DOM 的组成和来源（EEM-PARAFAC）。Wear 等[8]用 Chl-a、DOC 浓度、光谱斜坡、α355/DOC 和碳源利用培养基来评估 DOM 对 BCC 的影响，其中，碳源利用培养基常用来评估微生物群落代谢能力，这个方法是基于单一碳源利用情况而建立起来的[39]。然而，该方法的一个限制是选择的碳源物质和原位的 DOM 不完全一样，但我们用 BOD_5 来评估就不存在这样的问题。

2.3.5.3　黑龙江流域 DOM 和 BCC 的关系

黑龙江流域的 DOM 由浮游植物和水生植物产生的本源 DOM 和大量的外源 DOM 组成。大量的外源 DOM 输入会解除浮游细菌对于来源于浮游植物所产生的碳限制[40]，这样会为水生生态系统的食物网提供能量补贴。光化学降解和微生物降解是水生生态系统降解 DOM 的主要方式[41]。在光化学进程中，无机化合物会得到释放且会形成光解产物。DOM 和它的光解产物会通过细胞表面氧化和胞外酶的分泌而进入微生物降解过程。浮游细菌群落的结构取决于外源 DOM 的利用和浮游细菌的降解能力[42]。本研究发现，C3 组分和多数细菌类群呈现正相关关系，这表明 C3 可以被微生物所降解。C1、C2 和 C4 与多数细菌类群呈现负相关关系，表明这些组分很难被微生物所降解。Wilms 等[42]研究表明，变形菌可以通过正常的代谢过程代谢有机物。Wilms 等[42]和 Meyer 等[43]研究均表明，低分子质量的 DOM 是属于生物可利用的。超出我们想象的是 C4 组分和黄杆菌属存在正相关关系，据报道，一些微生物擅长降解多种生物聚合物，而黄杆菌属就是其中之一[44]。我们的这个观点和其他水生生态系统中高分子质量部分可以很容易被细菌所降解的观点相同[43, 45]。此外，tDOM 输入会改变水体的光化学进程，从而可将 DOM 转化为能被微生物所利用的物质和无机形式[46]。

2.3.5.4 展望

近年来淡水生态系统的完整性和稳定性正面临着威胁[47, 48]，由于河流生态系统具有更高的异质性并更容易被外界环境所干扰，因此河流生态系统需要更多的关注。此外，河流生态系统在人类的生产生活中有着不可或缺的职能，如提供水源、灌溉、渔业及发电等。本研究探究了 tDOM 输入对黑龙江流域 BCC 的影响，尽管 DNA 指纹识别技术在分析 BCC 中有较好的实用性，但高通量测序技术（如基因芯片测序和 454 焦磷酸测序技术）能够提供更加详细且更加深入关于微生物组成的信息，因此在未来关于黑龙江流域的研究中应该采用高通量测序技术。高通量测序技术在探究微生物群落过程中能够提供更多的信息，能够更深入地探究微生物群落结构多样性。但高通量测序仍存在数据分析难和数据去伪存真难的问题。融雪在改变 DOM 质量和 BCC 中扮演着重要的角色，表明黑龙江流域容易受到气候的影响。本研究也提供了一个探究不同水生类群和不同来源 DOM 相互作用关系的新途径。理解影响 BCC 的因素有助于管理策略的设计和发展，此外，检测 DOM 的来源和类型可以为探究 DOM 和污染物的结合能力提供有用的信息。

2.4 本章小结

（1）借助 PCR-DGGE 技术和 16S 测序技术分别对黑龙江流域冬季、夏季和秋季水体的 BCC 进行探究，结果表明黑龙江流域水体无论冬季、夏季还是秋季其浮游细菌多样性均较高，且通过计算微生物多样性指数（香农-维纳指数）表明，夏季水体的细菌丰度普遍较冬季高。DGGE 图谱分析和非度量多维标度分析均表明，黑龙江冬季水体各位点间的浮游细菌群落结构差异较大，而夏季水体在春季融雪的影响下其各位点间浮游细菌群落结构差异较小。对 DGGE 图谱中的优势条带测序表明，黑龙江流域水体和其他淡水水生系统类似，其主要细菌种群隶属于变形菌纲、放线菌纲和拟杆菌纲，其中变形菌纲占据的比重较大，并且黑龙江冬季、夏季水体均以这三类细菌为主。

（2）应用冗余分析来探究黑龙江流域水体浮游细菌群落结构和理化因素、DOM 组分之间的关系，结果表明，对于冬季水体来说，NH_4^+-N 和 POC 显著影响浮游细菌群落组成，与此同时 DOM 组分 2 和组分 4 显著影响冬季水体的细菌群落组成；对于夏季水体来说浮游细菌群落结构受理化变量和 DOM 组分的影响均不显著。

（3）融雪后 DOC 的浓度降低，浮游植物的产量增加。对于大部分样点来说，A 峰和 B 峰在融雪后这 3 个区域物质的相对含量都减少，对于 C 峰来说，在黑龙江上游的水体中该区域物质的相对含量增加，对黑龙江中下游水体来说，C 峰物质的相对含量减少。黑龙江流域 DOM 以陆源类腐殖质物质为主。组分 1 在融雪前后各个位点的相对含量变化较小，而陆源的组分 2 和组分 3 的相对含量在融雪后降低，而结构最为复杂、分子质量最大的组分 4 的相对含量增加。

（4）本研究的结果表明黑龙江流域水体的 BCC 受理化变量和 DOM 的影响较显著。尽管黑龙江流域经纬度跨度较大，但地理因素对其影响不显著，这表明春季融雪对黑龙江流域水体的浮游细菌群落影响较大。为了评估各影响因素对细菌群落结构的影响程度，应用了方差分解分析方法。结果表明 DOM 特征解释的贡献率大于理化变量的解释贡献率，两者共同的解释量为 6.00%，但仍有 48.30%的解释量未被解释。

（5）DOM 组分 1、2 和 4 和大多数特异性菌群呈现负相关关系，表明这 3 种组分不利于浮游细菌生长，很难被浮游细菌所降解。而组分 3 与大多数特异性菌群呈现正相关关系，这表明组分 3 容易被浮游细菌所降解，且有利于浮游细菌的生长和代谢。除 DOM 组分外，其他表征 DOM 性质的 DOC 浓度、Chl-a 和 BOD_5 对浮游细菌群落组成影响都较显著。对于理化变量来说 T 和 NO_3^--N 是浮游细菌群落组成的主要影响因素。

参考文献

[1] Phung N T, Lee J, Kang K H, et al. Analysis of microbial diversity in oligotrophic microbial fuel cells using 16S rDNA sequences. FEMS Microbiology Letters, 2004, 233(1): 77-82.

[2] Ham J H, Yoon C G, Jeon J H, et al. Feasibility of a constructed wetland and wastewater stabilisation pond system as a sewage reclamation system for agricultural reuse in a decentralised rural area. Water Science & Technology, 2007, 55(1-2): 503.

[3] Lerman L S, Fischer S G, Hurley I, et al. Sequence-determined DNA separations. Annual Review of Biophysics and Bioengineering, 1984, 13(1): 399-423.

[4] Marsh T L. Terminal restriction fragment length polymorphism (T-RFLP): an emerging method for characterizing diversity among homologous populations of amplification products. Current opinion in Microbiology, 1999, 2(3): 323-327.

[5] van Loon G W, Duffy S J. Environmental chemistry: a global perspective. *In*: van Loon G W, Duffy S J. Environmental Chemistry: A Global Perspective. Oxford: Oxford University Press, 2005.

[6] Thurman E M. Organic Geochemistry of Natural Waters. Amsterdam: Springer, 1985.

[7] Laudon H, Berggren M, Ågren A, et al. Patterns and dynamics of dissolved organic carbon (DOC) in boreal streams: the role of processes, connectivity, and scaling. Ecosystems, 2011, 14(6): 880-893.

[8] Mcelmurry S P, Long D T, Voice T C. Stormwater dissolved organic matter: influence of land cover and environmental factors. Environmental Science & Technology, 2013, 48(1): 45-53.

[9] Battin T J, Luyssaert S, Kaplan L A, et al. The boundless carbon cycle. Nature Geoscience, 2009, 2(9): 598-600.

[10] Fasching C, Behounek B, Singer G A, et al. Microbial degradation of terrigenous dissolved organic matter and potential consequences for carbon cycling in brown-water streams. Scientific Reports, 2014, 4(2): 4981.

[11] Prairie Y T. Carbocentric limnology: looking back, looking forward. Canadian Journal of Fisheries and Aquatic Sciences, 2008, 65(3): 543-548.

[12] Steinberg C E W, Kamara S, Prokhotskaya V Y, et al. Dissolved humic substances–ecological driving forces from the individual to the ecosystem level. Freshwater Biology, 2006, 51(7): 1189-1210.

[13] Neff J C, Asner G P. Dissolved organic carbon in terrestrial ecosystems: synthesis and a model. Ecosystems, 2001, 4(1): 29-48.

[14] Freeman C, Evans C D, Monteith D T, et al. Export of organic carbon from peat soils. Nature, 2001, 412(6849): 785.

[15] Jansson M, Hickler T, Jonsson A, et al. Links between terrestrial primary production and bacterial production and respiration in lakes in a climate gradient in subarctic Sweden. Ecosystems, 2008, 11(3): 367-376.

[16] Minor E C, Swenson M M, Mattson B M, et al. Structural characterization of dissolved organic matter: a review of current techniques for isolation and analysis. Environmental Science: Processes & Impacts, 2014, 16(9): 2064-2079.

[17] Mcdonald S, Bishop A G, Prenzler P D, et al. Analytical chemistry of freshwater humic substances. Analytica Chimica Acta, 2004, 527(2): 105-124.

[18] Mcknight D M, Aiken G R. Sources and age of aquatic humus. *In*: Hessen D O, Tranvik L J. Aquatic Humic Substances. Berlin, Heidelberg: Springer, 1998: 9-39.

[19] Jones R I. The influence of humic substances on lacustrine planktonic food chains. *In*: Salonen K, Kairesalo T, Jones R I. Dissolved Organic Matter in Lacustrine Ecosystems. Berlin, Heidelberg: Springer, 1992: 73-91.

[20] Solomon C T, Jones S E, Weidel B C, et al. Ecosystem consequences of changing inputs of terrestrial dissolved organic matter to lakes: current knowledge and future challenges. Ecosystems, 2015, 18(3): 376-389.

[21] Read J S, Rose K C. Physical responses of small temperate lakes to variation in dissolved organic carbon concentrations. Limnol Oceanogr, 2013, 58(3): 921-931.

[22] Garcia R D, Reissig M, Queimaliños C P, et al. Climate-driven terrestrial inputs in ultraoligotrophic mountain streams of Andean Patagonia revealed through chromophoric and fluorescent dissolved organic matter. Science of the Total Environment, 2015, 521: 280-292.

[23] Crump B C, Kling G W, Bahr M, et al. Bacterioplankton community shifts in an arctic lake correlate with seasonal changes in organic matter source. Applied and Environmental Microbiology, 2003, 69(4): 2253-2268.

[24] 吴景贵, 姜岩. 土壤腐殖质的分析化学研究进展. 分析化学, 1997, 25(10): 1221-1227.

[25] 张运林, 秦伯强, 龚志军. 太湖有色可溶性有机物荧光的空间分布及其与吸收的关系. 农业环境科学学报, 2006, 25(5): 1337-1342.

[26] Mladenov N, Sommaruga R, Morales-baquero R, et al. Dust inputs and bacteria influence dissolved organic matter in clear alpine lakes. Nature Communications, 2011, 2: 405.

[27] 国家环境保护局. 水和废水监测分析方法. 北京: 中国环境科学出版社, 2002.

[28] Zhou J, Bruns M A, Tiedje J M. DNA recovery from soils of diverse composition. Applied and Environmental Microbiology, 1996, 62(2): 316-322.

[29] Jansson M, Persson L, Roos A M D, et al. Terrestrial carbon and intraspecific size-variation shape lake ecosystems. Trends in Ecology & Evolution, 2007, 22(6): 316-322.

[30] Newton R J, Jones S E, Eiler A, et al. A guide to the natural history of freshwater lake bacteria. Microbiology and Molecular Biology Reviews, 2011, 75(1): 14-49.

[31] Louati I, Pascault N, Debroas D, et al. Structural diversity of bacterial communities associated with bloom-forming freshwater cyanobacteria differs according to the cyanobacterial genus. PloS One, 2015, 10(11): e0140614.

[32] Grasby S E, Allen C C, Longazo T G, et al. Supraglacial sulfur springs and associated biological activity in the Canadian high arctic-signs of life beneath the ice. Astrobiology, 2003, 3(3): 583-596.

[33] Zwart G, Crump B C, Kamst-van Agterveld M P, et al. Typical freshwater bacteria: an analysis of available 16S rRNA gene sequences from plankton of lakes and rivers. Aquatic Microbial Ecology, 2002, 28(2): 141-155.

[34] Nelson C E, Sadro S, Melack J M. Contrasting the influences of stream inputs and landscape position on bacterioplankton community structure and dissolved organic matter composition in high-elevation lake chains. Limnology and Oceanography, 2009, 54(4): 1292.

[35] Yang J, Smith H G, Sherratt T N, et al. Is there a size limit for cosmopolitan distribution in free-living microorganisms? A biogeographical analysis of testate amoebae from polar areas. Microbial Ecology, 2010, 59(4): 635-645.

[36] Pomeroy L R, Wiebe W J. Temperature and substrates as interactive limiting factors for marine heterotrophic bacteria. Aquatic Microbial Ecology, 2001, 23(2): 187-204.

[37] Xiyun C. Prediction of blue-green algae bloom using stepwise multiple regression between algae & related environmental factors in Meiliang Bay, Lake Taihu. Journal of Lake Science, 2001, 1: 63-71.

[38] Komárková J, Komárek O, Hejzlar J. Evaluation of the long term monitoring of phytoplankton assemblages in a canyon-shape reservoir using multivariate statistical methods. Hydrobiologia, 2003, 504(1-3): 143-157.

[39] Preston-mafham J, Boddy L, Randerson P F. Analysis of microbial community functional diversity using sole-carbon-source utilisation profiles–a critique. FEMS Microbiology Ecology, 2002, 42(1): 1-14.

[40] Blomqvist P, Jansson M, Drakare S, et al. Effects of additions of DOC on pelagic biota in a clearwater system: results from a whole lake experiment in northern Sweden. Microbial Ecology, 2001, 42(3): 383-394.

[41] Lu Y, Bauer J E, Canuel E A, et al. Photochemical and microbial alteration of dissolved organic matter in temperate headwater streams associated with different land use. Journal of Geophysical Research: Biogeosciences, 2013, 118(2): 566-580.

[42] Wilms R, Köpke B, Sass H, et al. Deep biosphere-related bacteria within the subsurface of tidal flat sediments. Environmental Microbiology, 2006, 8(4): 709-719.

[43] Meyer J L, Benke A C, Edwards R T, et al. Organic matter dynamics in the Ogeechee River, a blackwater river in Georgia, USA. Journal of the North American Benthological Society, 1997, 16(1): 82-87.

[44] Manz W, Amann R, Ludwig W, et al. Application of a suite of 16S rRNA-specific oligonucleotide probes designed to investigate bacteria of the phylum cytophaga-flavobacter-bacteroides in the natural environment. Microbiology, 1996, 142(5): 1097-1106.

[45] Volk C J, Volk C B, Kaplan L A. Chemical composition of biodegradable dissolved organic matter in stream water. Limnology and Oceanography, 1997, 42(1): 39-44.

[46] Moran M A, Sheldon W M, Zepp R G. Carbon loss and optical property changes during long-term photochemical and biological degradation of estuarine dissolved organic matter. Limnology and Oceanography, 2000, 45(6): 1254-1264.

[47] Dudgeon D. Threats to freshwater biodiversity in a changing world. Global Environmental Change, 2014: 243-253.

[48] Martinuzzi S, Januchowski-hartley S R, Pracheil B M, et al. Threats and opportunities for freshwater conservation under future land use change scenarios in the United States. Global Change Biology, 2014, 20(1): 113-124.

第3章　黑龙江水体DOM中碳、氮、磷微生物利用特性

3.1　引　　言

3.1.1　黑龙江流域DOM生物利用特性研究现状

黑龙江是中国的第三大河，也是中俄界河，其流域生态环境的变化会直接影响两岸居民的生产生活[1]。黑龙江水资源是重要的战略资源，对其进行治理和保护可对保护黑龙江流域黑土地、湿地、森林等重要自然资源发挥重要作用，可防止流域生态环境退化，保证黑龙江流域的可持续发展[2]。其水资源的保护对边境地区的稳定及国土生态安全也具有重要意义。所以，黑龙江的环境保护问题一直受到有关部门和社会各界的广泛关注。近些年，人们针对黑龙江流域地理环境、地表水和河流水环境等方面进行了大量的研究。

在地理环境研究方面，易卿等对黑龙江—阿穆尔河流域研究发现，气候变暖使得该流域生态环境发生了变化[3]。满卫东采用统计分析、定量分析和对比分析等方法对研究区内湿地动态变化特征进行了研究[4]。于灵雪等研究发现黑龙江流域积雪覆盖面积具有显著的季节变化[5]。

在地表水研究方面，罗凤莲对中国境内黑龙江流域的自然地理概况、降水和蒸发及水文观测等方面进行了论述，并对气候变化和

冻土对产流方式的影响等水文研究成果进行了发展[6]。郭敬辉对黑龙江干流和重要支流的水道网分布、分段特征和径流的年变化规律等进行了论述，并科学地分析了洪水、冰凌、干旱等水文现象，对黑龙江的水文状况作出了经济评价[7]。赵锡山对 2013 年 8 月黑龙江干流造成洪水的原因进行了分析，并计算出了结雅水库和布列亚水库对黑龙江中下游洪水的影响程度[8]。

在河流水环境研究方面，郭锐等采用有机污染综合评价法分析了黑龙江干流水质，发现黑龙江水体主要污染指标是高锰酸钾指数，但水质总体较好[9]。李玮等对松花江流域水污染进行了研究，并提出注重水污染的风险管理等相应的调控对策[10]。

近些年，虽然针对黑龙江流域的研究较多，但对黑龙江水体 DOM 的生物有效性以及 DOM 的来源、组成和演化过程的研究很少，所以，有必要针对以上几个方面对黑龙江水体进行研究，帮助人们更好地了解黑龙江水体 DOM 的来源、组成和演化过程，以及 DOM 通过其生物有效性在氮、磷等营养元素的生物地球化学循环过程中所发挥的重要作用。

3.1.2　水体 DOM 中碳、氮、磷组成及其生物利用特性研究现状

3.1.2.1　DOM 中碳、氮、磷组成

在土壤、沉积物、湿地、海洋、河流及其他水体中有机物广泛存在，其在全球碳循环中发挥重要作用。以过 0.45 μm 滤膜为标准，可将其分为两类，截留在膜上的部分称为颗粒有机物（particulate organic matter，POM），可通过滤膜的部分称为水溶性有机物

（dissolved organic matter，DOM）。DOM 通常是指能够溶解到水中的那部分有机物。水体中的 DOM 是一种复杂的、不断经历着多种生物地球化学过程转化的混合物，具有不同的分子质量和复杂的结构，是非常重要的生物地球化学载体[11~13]。水溶性有机碳（dissolved organic carbon，DOC）、水溶性有机氮（dissolved organic nitrogen，DON）和水溶性有机磷（dissolved organic phosphorous，DOP）是 DOM 的重要组成成分。在 DOM 中碳的质量约占 50%，所以水体中 DOM 的含量通常可用 DOC 含量表示。DOC 是河流有机碳的主要组分，经常被用来理解 DOM 的生物地球化学循环[14]。在一些生态系统中，DON 也被检测到在总氮中占有相当大的比例，与来自于陆源和水生产品的蛋白质物质有关，而且可被一些浮游植物利用[15, 16]。DON 在干净的水体中占总氮比例较高，随着氮负载的增加所占比例有所降低，但在人为影响的水域，尽管 DON 在总氮中所占比例较小，但是人为来源的 DON 还是要高于自然 DON 几倍[17]。DOP 是水体中磷的储存库，当溶解性无机磷缺乏时，DOP 是最重要的磷源，能够防止或延缓水体中的磷限制[18, 19]。但 DOP 不是完全可被利用的，它由部分可长时间存在的惰性化合物组成[20]。水体中的 DOC、DON 和 DOP 是水生生态系统中十分活跃的组分，在水生生态系统碳、氮、磷循环中发挥着重要作用[21]。

3.1.2.2 DOM 来源与生物利用关系研究

水体中的 DOM 可分为本源和异源的 DOM，其中本源 DOM 指的是来源于该系统内的有机物，如浮游植物分泌物、微生物分解产生的有机物及细胞裂解释放的有机物等，与生物活动关系密切，异源 DOM 指的是河水流动所带入的天然水体中的、土壤中的及人为活动产生的有机物，如动物和植物的残体[22, 23]。Peuravuori 等研究表明，淡水中的 DOM 与土壤有机质在成分和结构上十分相似，所以被认为主要来源于陆地植被，而来源于水体中浮游生物的相对较少[24]。Hossle 等也发现水体中的 DOM 有与高等植物萜类化合物、碳黑和木质素等有关的结构，从而可以证明陆地植被对水体 DOM 的影响[25~27]。Gordon 等认为在大多数河流系统，大部分 DOM 是异源的，它们是水体中微生物的重要营养来源[28]。然而，有研究表明，在水体 DOM 中存在类蛋白组分和浮游植物被微生物降解后所产生的有色 DOM（CDOM）等，这些事实也表明了水生生物对水体 DOM 的重要贡献[29, 30]。

3.1.2.3　DOM 结构组成与生物利用关系研究

对复杂的 DOM 进行结构和化学表征一直是科学家的一个关注点，随着仪器分析方法和手段的发展，人们对 DOM 的结构有了更多的了解。目前可采用的方法有多种，对 DOM 的不同特征进行分析时，可以采用单一的方法，也可以将多种方法结合，从不同角度、不同方面进行分析。较早对 DOM 结构进行分析常用的方法有紫外可见吸收光谱法和荧光分析法。但是两种方法在分析 DOM 结构特征方面都存在明显不足，紫外可见吸收光谱法可提供的信息较少，而传统的荧光光谱只是在某一个激发（或发射）波长下扫描，不能对物质的荧光特性进行完整的描述[31]。

三维荧光光谱是一种荧光光谱分析技术，近年来被广泛用于研究 DOM 的组成和来源，它能够获得激发波长与发射波长同时变化时的荧光强度信息，提供的信息量较大，且灵敏度高，测定时也不会破坏样品的结构，与传统荧光光谱相比具有明显优势[32, 33]。近几年，一种可被用来对 DOM 的 EEM 进行解谱的新手段——平行因子（PARAFAC）分析技术被广泛应用。PARAFAC 是以三线性分解理论为基础，采用交替最小二乘算法实现的一种数学模型，避免了以往分析中由于光谱重叠造成的误差和人为鉴别产生的主观性[34]。PARAFAC 被不断地用于对土壤、河流、湖泊、海洋和其他水体中 DOM 的 EEM 的解谱[35~38]，也可用于对 DOM 的光降解和生物降解等过程的研究[39, 40]，成为对水环境中 DOM 进行表征的重要工具。利用 PARAFAC 分析技术也可对环境中的一些污染物进行测定。例如，Pedersen 等利用该技术实现了对鱼油中二噁英和多氯代联二苯的荧光测定[41]，Booksh 等对环境中非荧光 DDT 型和氨基甲酸酯类农药进行了测定[42]。

对 DOM 进行色谱分离，然后进行质谱分析以解析其结构是对 DOM 进行表征的另一个重要技术方向，如傅里叶变换离子回旋共振质谱（FT-ICR-MS）的应用，其具有超高准确度和分辨率，大大提高了对 DOM 中有机分子的鉴定能力[43, 44]。核磁共振波谱分析法（NMR）也是用来分析 DOM 的一种重要手段，通过该技术可分析得知分子内各官能团如何连接的确切结构[45, 46]。此外，同位素质谱分析可通过对稳定性 ^{13}C 和放射性 ^{14}C 的分析，从而了解 DOM 的来源、转化特性及其地球化学循环等方面的情况[47]。

水体 DOM 组成按其生物利用强弱可分为生物可利用、生物难利用两部分，其中生物可利用部分主要由结构相对简单、分子质量较小的有机物组成；而生物难利用部分通常以结构较为复杂、分子质量较大的类腐殖质物质为主。水体中内源及陆源 DOM 均能被微生物利用，但 DOM 微生物利用率受其分子质量及化学组成影响。因此，认知水体 DOM 分子结构及化学组成特征，可以直接或间接反映水生生态系统中水溶性有机碳、氮、磷循环效率。

3.1.2.4　影响水体 DOM 组成的水文地理因素

Mulholland 研究发现，许多景观参数，如泥炭覆盖度、流域内湿地面积百分比和河道坡度等，都对河流中 DOM 的含量和通量有所影响，以森林为主的高地河流 DOM 的输出较少，而以湿地为主的低地河流中 DOM 的输出相对较多[48]。Terzi 和 Ahel 发现，当水体发生藻华时，会大幅度增加 DOM 中碳水化合物的含量[49]。有研究表明，流经不同地域，水体中 DOM 相差较大，流经农业区的 DOM 分子质量较小，流经森林、主干河道的 DOM 分子质量相对较高[50]。此外，许多其他因素的改变也会对河流 DOM 产生很大影响，如洪水事件、全球变暖和河流流量的季节性变化等。水体中的 DOM 还会受到许多生物化学过程的影响，如光解作用、生物降解等，可使其结构和含量发生变化。

3.1.3　DOM 生物利用特性与其影响因素响应关系研究现状

DOM 的生物利用特性也可称作 DOM 的生物有效性，是指 DOM 可以作为能源和营养被微生物降解，从而吸收利用的特性。在 DOM 的生物循环和形态变化中微生物起着非常重要的作用。有机物在微生物的作用下可以矿化出无机物。DOM 含有的腐殖质、聚合分子和大分子物质越多，微生物越不容易将其矿化[51]。水体 DOM 可通过其生物利用特性影响水生生态系统的理化性质，参与生态系统的物质和能量循环。DOM 被微生物矿化产生的氮、磷等营养元素，可改善生态系统的营养状态，但也可增加水体富营养化的危险，从而影响该生态系统中生命体的生长和死亡[52, 53]。Diab 等研究发现，在富氧条件下，DOM 被降解先产生铵态氮，再进一步被氧化为亚硝酸盐氮和硝酸盐氮，当溶解氧贫乏时，铵态氮和亚硝酸盐氮便会累积，使水生生物受到毒害，影响其正常生长甚至可导致其死亡[54]。

大量研究表明，DOM 的生物利用特性受许多复杂因素的影响。

（1）环境因素：包括溶解氧、温度、pH 等。温度能够通过增加或降低可被微生物利用的 DOM 的降解从而影响 DOM 循环[22, 55]；pH 可通过影响 DOM 的解离度，进而影响微生物活性，pH 升高促进微生物对含氮有机物的利用，尤其是硝化作用可随 pH 增加而呈现线性增强[56]；溶解氧是水生生物生长的重要限制因素，在溶解氧充足的条件下，硝化细菌的活动增强，微生物对有机质的利用速度加快。

（2）DOM 性质：有研究表明，DOM 生物利用特性易被 DOM 的分子大小和化学组成所影响[57~59]。在某种程度上，DOM 的分子大小和化学组成取决于水体中 DOM 的不同来源。Bronk 等研究发现，来源于本源、雨水和城市冲刷的 DOM 分子碳氮比较低，结构相对简单，芳构化程度较低，易被生物利用，而来源于森林、泥炭地、湿地和农业土壤的 DOM 分子碳氮比较高，结构复杂，芳构化程度较高，相对较难被生物所利用[60~63]。Petrone 等研究了 Swan-Canning 河口的 10 个子流域 DOC 和 DON 的生物利用特性，其中可被生物利用的 DOC 占 1%～17%，可被生物利用的 DON 占 4%～44%，农业和城市流域与森林流域相比，DOC 和 DON 的生物利用特性均较高[64]。

大分子质量的胡敏酸和富里酸属于难被微生物利用的物质，它们的更替更加缓慢，与易被分解的物质相比，一般被认为对微生物的增长起到相对较小的作用[64, 65]。部分大分子的腐殖质物质经过光解作用可以转变成更易被微生物利用的化合物[65, 66]。有几项研究表明，可被微生物利用的腐殖质在可被生物利用的 DOM 中的重要性比以前人们所认为的要大[67]。在海洋和溪流中一些高分子质量的有机化合物似乎是容易被微生物所利用的[57, 67, 68]。

（3）生物化学过程：有研究表明，难被微生物利用的 DOM 的形成和可被利用的 DOM 向不易被利用的 DOM 的生物转化都可影响微生物对 DOM 的利用[69, 70]。

（4）沿水文路径的运输、光化学氧化及沉降作用等也可以改变进入水环境的陆源 DOM 的性质，从而影响 DOM 的生物利用特性[14, 71]。

3.1.4　黑龙江水域 DOM 微生物利用特性研究意义

黑龙江流经中国、蒙古国和俄罗斯 3 个国家，是一条非常重要的国际河流。黑龙江有其独特的水环境，位于我国东北部，气候寒冷，冰封期长，且流经大兴安岭、小兴安岭等山脉，形成森林径流，使得水体中腐殖质含量较高。

DOM 是水体中由各种有机分子构成的复杂混合物，其不断经历着多种生物地球化学过程转化，是重要的生物地球化学载体，具有重要的环境意义。DOM 可通过其生物利用特性影响水生生态系统的理化性质，参与生态系统的物质和能量循环，它还对土地利用状况等流域生态环境的变化敏感，能够指示人类活动对生态环境的影响，帮助人类了解生态环境恶化的原因和机制。

近年来，针对不同水体中 DOM 的生物利用特性研究较多，但主要集中在一些沿海地区和一些河口，对淡水河流研究相对较少，尤其是对黑龙江这种位于寒冷地区、腐殖质含量较高的水体研究更少。所以，本研究以黑龙江流域的 8 个采样点为研究对象，致力于探究黑龙江水体中 3 种主要 DOM（DOC、DON 和 DOP）在微生物作用下的循环转化，了解其生物利用特性，揭示 DOM 通过其生物利用特性在氮、磷等营养元素的生物地球化学循环过程中所发挥的重要作用，为深入了解黑龙江流域淡水生态系统和污染预测提供依据，并为黑龙江流域的水质评价提供新的思路。

3.2 水体样品采集及测试方法

3.2.1 样品采集及处理

本研究分别在 2014 年 5 月初和 6 月末进行两次取样，选取黑龙江流域 8 个采样点为研究对象，其中包括黑龙江的南源额尔古纳河，干流包括洛古河、呼玛河上游、黑河、名山及同江东港，支流包括呼玛河和乌苏里江，支流采样点较为靠近干流。各采样点基本信息详见第 1 章 1.2.1 部分。由于采样条件限制，5 月、6 月各采样点不完全相同。采集的水样装入预先经稀盐酸洗液洗过的聚乙烯瓶中，冷藏保存，及时送回实验室。在实验室将采集的水样过 0.45 μm 玻璃纤维素滤膜以排除颗粒性物质、原生生物和部分微生物，将获得的 DOM 装入预先清洗的棕色瓶中。然后对各采样点水样分别接种富集的该水样中的微生物，使得待培养的水样每毫升（ml）含有的微生

物数量达到 10^5，即可进行室内模拟矿化实验，培养温度为 20℃，周期为 55 天，在第 0、5、10、15、20、30、40、55 天连续取样，对各指标浓度变化和 DOM 荧光光谱特性的变化进行分析。

3.2.2　水体中各指标的浓度测定和计算

矿化实验过程中，需要测定的水体中各指标主要包括 C、N 和 P 指标，其中 C 指标指的是水溶性有机碳（DOC）；N 指标包括水溶性总氮（TDN）、硝态氮（NO_3^--N）、亚硝态氮（NO_2^--N）、氨态氮（NH_4^+-N）和水溶性有机氮（DON）；P 指标包括总溶解性磷（TDP）、水溶性反应磷（DRP）和水溶性有机磷（DOP）。

DOC 利用日本岛津 TOC/TN-V 分析仪进行测定，其他各指标的测定均参照《水和废水监测分析方法》[72]。DON 的测定采用过硫酸钾氧化-紫外可见分光光度法，硝态氮（NO_3^--N）的测定采用紫外可见分光光度法，亚硝态氮（NO_2^--N）的测定采用 *N*-(1-萘基)-乙二胺光度法，氨态氮（NH_4^+-N）的测定采用纳氏试剂光度法，TDP 的测定采用过硫酸钾消解-钼锑钪比色法，DRP 的测定采用钼锑钪比色法。DON 浓度为水溶性总氮与水溶性无机氮的差值，即 DON=TDN–（NO_3^--N+NO_2^--N+NH_4^+-N）。DOP 浓度为总溶解性磷质量浓度与水溶性反应磷质量浓度的差值，即 DOP=TDP－DRP。DOM 的累积矿化量为矿化初期 DOM 的浓度与某一时段末的 DOM 浓度的差值。生物可利用的 DOC（bioavailable DOC，BDOC）、生物可利用的 DON（bioavailable DON，BDON）和生物可利用的 DOP（bioavailable DOP，BDOP）浓度均为培养初期的浓度与经过 55 天培养后剩余浓度的差值。3 个指标的生物可利用浓度所占培养初期浓度的百分比用来表示该指标的生物利用特性，分别为%BDOC、%BDON、%BDOP。

3.2.3 DOM的荧光光谱测定

采用Perkin Elmer Luminescence Spectrometer LS50B仪器进行DOM荧光光谱的测定，主要性能参数如下。激发光源：150 W 氙弧灯；PMT电压：700 V；信噪比>110；带通（Bandpass）：Ex= 10 nm；Em =10 nm；响应时间：自动；扫描光谱进行仪器自动校正。同步扫描光谱：波长扫描范围为Ex=200～600 nm，Δλ=Em–Ex=18 nm，扫描速度为 200 nm/min；三维荧光光谱：发射光谱波长 Em=200～600 nm，扫描速度为2400 nm/min。

3.2.4 DOM累积矿化量动力学模型及其参数

一级动力学模型是应用最为广泛的矿化动力学模型。利用矿化实验过程中测得的DOM的累积矿化量与一级动力学模型进行拟合，通过非线性最小二乘法可计算出水体DOM的矿化潜力和矿化速率常数[22, 73]。

$$S_t=S_0(1-e^{-kt})$$

式中，S_t为一定时间DOM累积矿化量；S_0为水体中DOM的潜在矿化势（mg/L）；k 为一级相对矿化速率常数[mg/(L·d)]；t 为矿化培养的时间（天）。

3.2.5 分析方法

利用Origin8.0分析矿化过程中碳、氮、磷各指标的变化趋势，利用 SPSS18.0 进行相关性分析，利用 MATLAB 软件进行模型拟合及平行因子分析，利用冗余分析探究水体中优势种群对 BDOM 和 DOM 各组分 F_{max}变化的影响。注：用于冗余分析的优势种群的数据由环境微生物课题组提供。

3.3　黑龙江流域水体 DOM 矿化特性研究

3.3.1　水体 DOC 的变化规律及动力学特征

3.3.1.1　DOC 空间分布特征

图 3-1 为 2013 年 5 月、6 月黑龙江流域各采样点 DOC 质量浓度分布图。如图 3-1 所示，5 月黑龙江流域上游地区各采样点 DOC 质量浓度较低，其中洛古和呼玛河上游 DOC 质量浓度较为接近，分别为 6.162 mg/L 和 5.737 mg/L，呼玛河 DOC 质量浓度在该流域所有采样点中最低，仅为 3.367 mg/L，中游地区各采样点 DOC 质量浓度较上游有较大幅度提高，其中同江和乌苏里江最为突出，DOC 质量浓度分别为 15.6 mg/L 和 14.14 mg/L，名山和兴凯湖 DOC 质量浓度相对较低，分别为 8.949 mg/L 和 7.252 mg/L。6 月黑龙江流域各采样点 DOC 质量浓度除乌苏里江外均较 5 月有较大幅度提高，且从上游地区到中游地区各采样点除洛古、同江和兴凯湖外其余采样点呈现轻微下降趋势，其中以乌苏里江质量浓度最低，为 10.31 mg/L，兴凯湖 DOC 质量浓度最高，为 20.37 mg/L，同江和洛古次之，分别为 18.29 mg/L 和 17.67 mg/L。总体看来，6 月黑龙江流域 DOC 平均质量浓度（15.1 mg/L）明显高于 5 月（8.74 mg/L），且上游地区浓度增长幅度较大。

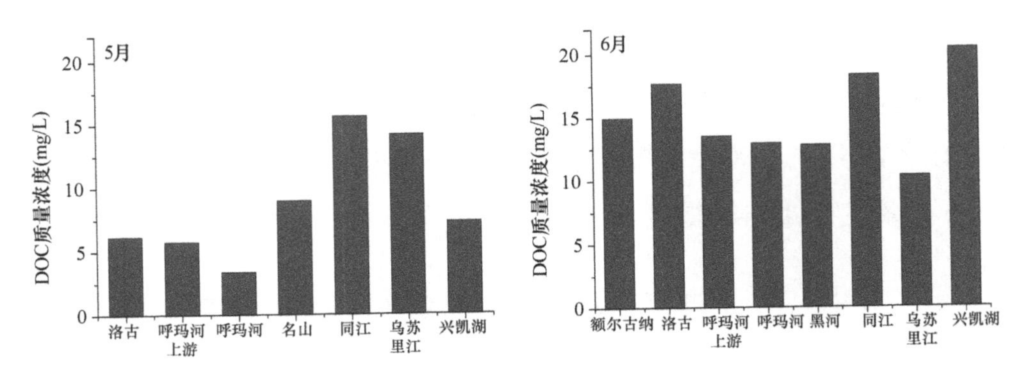

图 3-1 5 月、6 月各采样点 DOC 质量浓度

Figure 3-1 DOC concentrations of all samples in May and June

3.3.1.2 矿化过程中 DOC 质量浓度变化

5 月、6 月黑龙江流域各采样点 DOC 质量浓度随矿化时间的变化如图 3-2 所示。5 月，DOC 初始质量浓度较高的采样点呈现明显下降趋势，前期（0～15 天）DOC 矿化较快，中后期（15～55 天）矿化较慢，并逐渐趋向平稳，DOC 初始质量浓度较低的采样点变化幅度相对较小，前期和中期（0～30 天）呈现一定程度的下降趋势，后期（30～55 天）有轻微回升趋势，5 月 DOC 质量浓度下降了 5%～28%，其平均降幅达 19%（±8%）。6 月由于各采样点 DOC 质量浓度和性质不同，其具体变化和最终矿化量有所不同，但大体趋势相同，前期（0～15 天）DOC 矿化较快，其平均降幅可达整体降幅的 54%（±15%），中后期（15～55 天）矿化较慢，并逐渐趋向平稳，最终 DOC 下降了 15%～46%，平均降幅达 24%（±10%）。矿化过程中 DOC 质量浓度出现暂时性的增加，这可能是由于微生物正常更替，细胞裂解释放出了 DOM，同时随着培养时间的延长，营养物质逐渐减少，

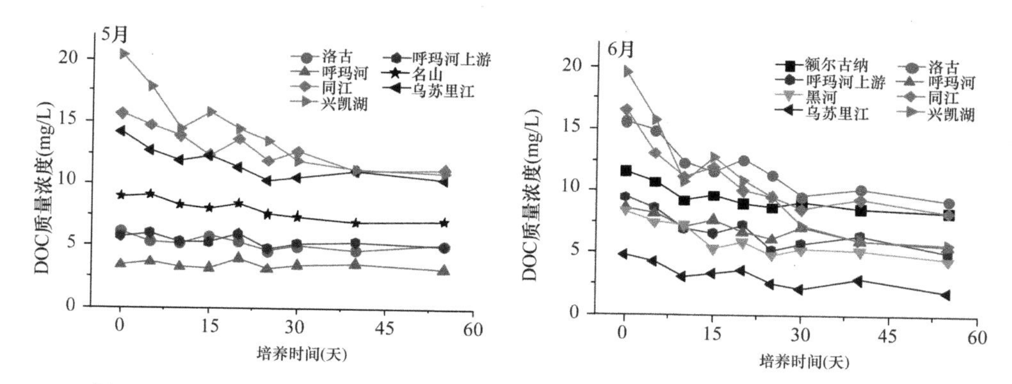

图 3-2　5 月、6 月矿化实验过程中 DOC 质量浓度变化（彩图请扫封底二维码）
Figure 3-2　The change of DOC concentration during the mineralization experiment in May and June

微生物的生活环境发生恶化，也会导致微生物大量死亡，释放出 DOM。

3.3.1.3　BDOC 质量浓度与%BDOC

5 月、6 月黑龙江流域各采样点 BDOC 质量浓度和%BDOC 如图 3-3 所示。5 月黑龙江流域上游地区各采样点 BDOC 质量浓度较低且呈现降低趋势[洛古（1.022 mg/L）> 呼玛河上游（0.687 mg/L）> 呼玛河（0.177 mg/L）]，中游地区各采样点 BDOC 质量浓度较上游有较大幅度升高，其中同江和乌苏里江最为突出，BDOC 质量浓度分别为 4.32 mg/L 和 3.76 mg/L，名山和兴凯湖较为接近，分别为 1.879 mg/L 和 2.042 mg/L。6 月黑龙江流域各采样点 BDOC 质量浓度除乌苏里江外均较 5 月有不同程度的升高，且从上游地区到中游地区各采样点间 BDOC 质量浓度呈现波动趋势，其中上游地区洛古采样点有最高的 BDOC 质量浓度，为 4.3 mg/L，下游地区兴凯湖 BDOC 质量浓度最大，为 9.433 mg/L，其次是同江，为 5.56 mg/L。总体看

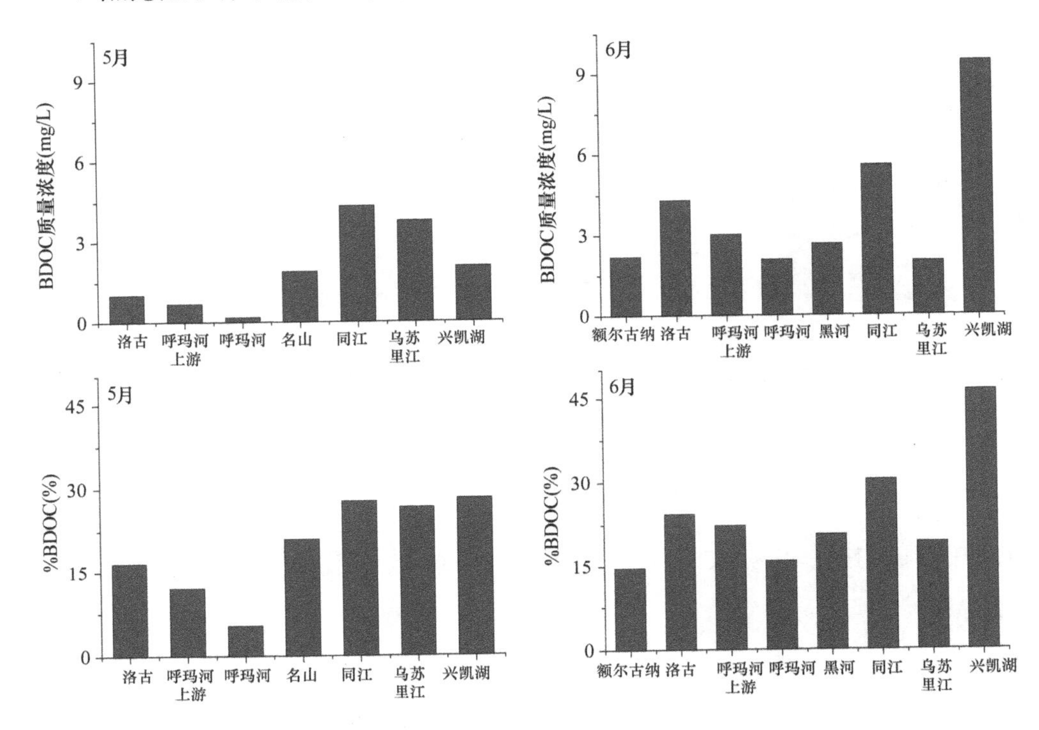

图 3-3 5 月、6 月各采样点 BDOC 质量浓度和%BDOC

Figure 3-3 The bioavailable DOC and the percent of bioavailable DOC in May and June

来，5 月、6 月黑龙江流域 BDOC 平均质量浓度分别为 1.98 mg/L 和 3.9 mg/L，可见 6 月可作为碳源被微生物利用的水溶性有机碳质量浓度明显高于 5 月。

5 月黑龙江流域上游地区各采样点%BDOC 较低且呈现降低趋势[洛古（16.6%）>呼玛河上游（12.0%）> 呼玛河（5.3%）]，中游地区各采样点%BDOC 较上游地区有较大幅度升高，其中名山%BDOC 相对较低，为 21.0%，同江、乌苏里江和兴凯湖较为接近，%BDOC 分别为 27.7%、26.6%和 28.2%。6 月黑龙江流域各采样点%BDOC 除乌苏里江外均较 5 月有不同程度的升高，且从上游地区到中游地区各采样点间%BDOC 呈现波动趋势，其中额尔古纳%BDOC 最低，为 14.6%，兴凯湖%BDOC 最高，为 46.3%，其次是同江，为 30.4%。总体看来，5 月、6 月黑龙江流域平均%BDOC 分别为 19.6%和 24.2%，可见 6 月水体中 DOC 的生物有效性明显高于 5 月。

3.3.1.4　矿化过程中 DOC 动力学特征

将 5 月各采样点 55 天矿化培养过程中 DOC 累积矿化量与一级动力学模型进行拟合，得到参数 S_0 和 k，如表 3-1 所示。各采样点 S_0 相差较大，同江 S_0 最大，为 4.7856 mg/L，其次是乌苏里江，为 3.7161 mg/L，呼玛河上游 S_0 最小，仅为 0.6204 mg/L，说明黑龙江流域各采样点水体中可被生物利用的 DOC 含量相差较大，呼玛河上游采样点水体中可被生物利用的 DOC 最少，同江最多。各采样点 k 值差异也较大，洛古 k 值最大，为 0.1729 mg/(L·d)，名山 k 值最小，仅为 0.0347 mg/(L·d)，说明各采样点 DOC 矿化速率差异较大，其中洛古采样点矿化速率最大，名山矿化速率最小。

表 3-1　5 月 DOC 一级动力学模型参数

Table 3-1　The parameters of first order kinetics model of DOC in May

采样点	S_0（mg/L）	k [mg/(L·d)]	R^2
洛古	1.2177	0.1729	0.7581
呼玛河上游	0.6204	0.1207	0.6322
名山	2.3742	0.0347	0.9755
同江	4.7856	0.0455	0.8749
乌苏里江	3.7161	0.0788	0.8912
兴凯湖	2.0176	0.1001	0.8406

利用 MATLAB 软件，模拟为期 100 天的室内模拟矿化实验中 DOC 累积矿化量与培养时间的变化趋势。由图 3-4 可知，各采样点 DOC 的矿化进程相差较大，洛古、呼玛河上游矿化进程较快，在矿化的第 30 天左右基本达到稳定状态，乌苏里江和兴凯湖在矿化的第 55 天左右也基本达到稳定状态，表明水体中可被生物利用的 DOC 基本被矿化，名山和同江矿化进程最慢，在矿化的第 100

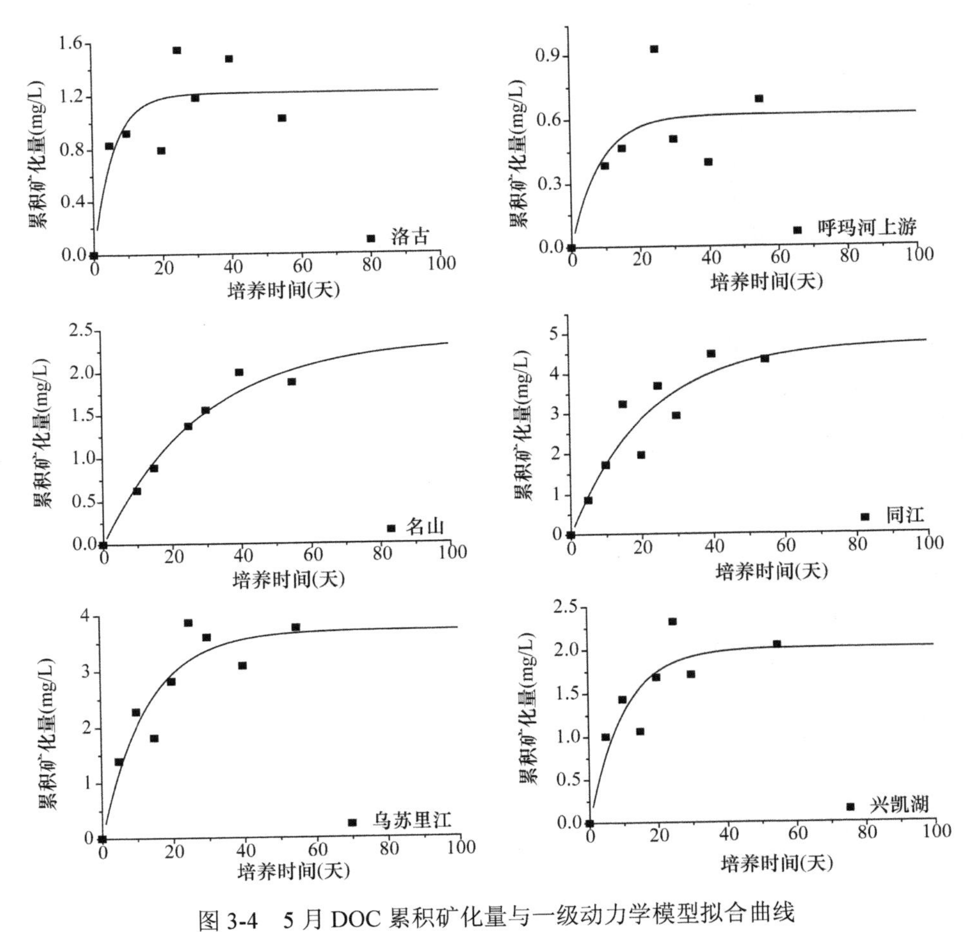

图 3-4 5 月 DOC 累积矿化量与一级动力学模型拟合曲线

Figure 3-4 DOC cumulative mineralization was fitted with first order kinetics model in May

天还未完全达到稳定状态，说明还需要更长时间才能被矿化，其 DOC 相对更难被微生物所利用。

将 6 月各采样点 55 天矿化培养过程中 DOC 累积矿化量与一级动力学模型进行拟合，得到参数 S_0 和 k，如表 3-2 所示。兴凯湖 S_0 明显大于其他采样点，为 9.8426 mg/L，其次是同江和洛古，分别为 5.3308 mg/L 和 4.5987 mg/L，其他采样点 S_0 较小且较为接近，为 1.9313～2.7594 mg/L，说明兴凯湖水体中可被生物利用的 DOC 含量最大，同江和洛古次之，其他采样点水体中可被生物利用的 DOC 较少。额尔古纳和同江 k 值较大，分别为 0.0941 mg/(L·d)和 0.0916 mg/(L·d)，说明额尔古纳和同江采样点 DOC 矿化速率较大，洛古和呼玛河 k 值较小，分别为 0.0463 mg/(L·d)和 0.0395 mg/(L·d)，说明这两个采样点 DOC 矿化速率较小。

表 3-2　6 月 DOC 一级动力学模型参数

Table 3-2　The parameters of first order kinetics model of DOC in June

采样点	S_0（mg/L）	k [mg/(L·d)]	R^2
额尔古纳	1.9423	0.0941	0.7475
洛古	4.5987	0.0463	0.9065
呼玛河上游	2.7594	0.0714	0.8376
呼玛河	2.2110	0.0395	0.8459
黑河	2.6312	0.0613	0.9073
同江	5.3308	0.0916	0.9403
乌苏里江	1.9313	0.0507	0.8143
兴凯湖	9.8426	0.0562	0.9343

利用 MATLAB 软件，模拟为期 100 天的室内模拟矿化实验中 DOC 累积矿化量与培养时间的变化趋势。由图 3-5 可知，额尔古纳

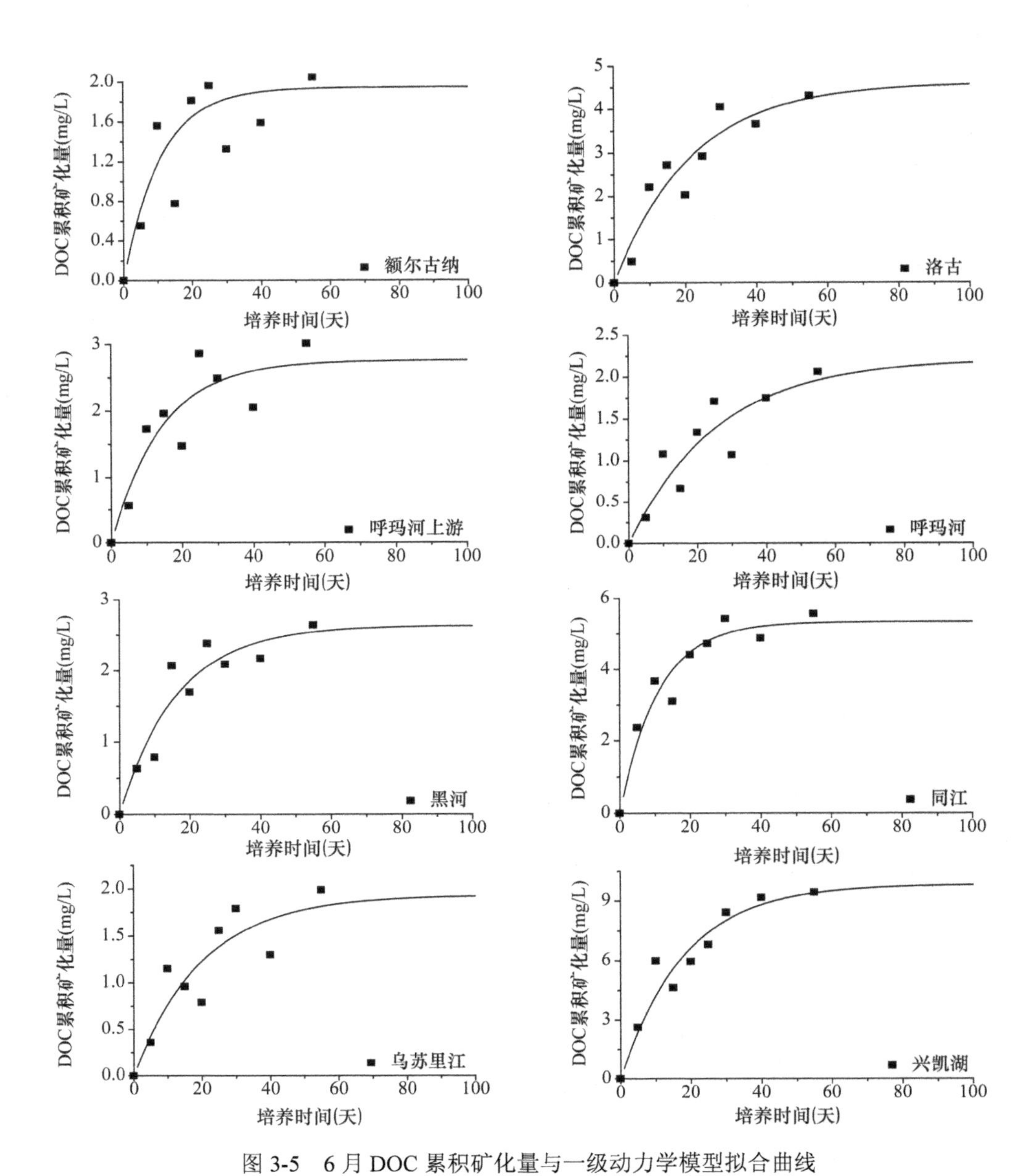

图 3-5　6 月 DOC 累积矿化量与一级动力学模型拟合曲线

Figure 3-5　DOC cumulative mineralization was fitted with first order kinetics model in June

和同江 DOC 的矿化进程较快，在矿化的第 55 天左右已达到稳定状态，表明水体中的可被生物利用的 DOC 基本被矿化，洛古和呼玛河 DOC 矿化进程最慢，至矿化的 100 天才逐渐趋于稳定，说明洛古和呼玛河 DOC 相对更难被微生物所利用，其他采样点进程居中且较为相近，在矿化的第 60～70 天基本达到稳定状态。

与 5 月相比，6 月洛古、呼玛河上游、同江和兴凯湖 S_0 均有较大幅度升高，说明 6 月这些采样点水体中可被生物利用的 DOC 含量明显增加，但除了同江 k 值增加以外，其他采样点 k 值均出现不同程度的下降，这说明大部分采样点水体中 DOC 的矿化速率有所下降。通过模拟为期 100 天的室内模拟矿化实验中 DOC 累积矿化量与培养时间的变化趋势也可看出，6 月除同江矿化加快以外，其他采样点矿化进程均有所减慢。

3.3.2　矿化过程中各形态氮指标变化规律及动力学特征

3.3.2.1　TDN 空间分布特征和矿化过程中质量浓度变化

5 月、6 月黑龙江流域各采样点 TDN 质量浓度如图 3-6 所示。5 月各采样点 TDN 质量浓度差异较大，其中同江 TDN 质量浓度明显高于其他采样点，为 2.159 mg/L，乌苏里江次之，为 1.656 mg/L，呼玛河和兴凯湖采样点有较低的 TDN 质量浓度，分别为 0.8264 mg/L 和 0.8166 mg/L，洛古、呼玛河上游和名山 TDN 质量浓度居中，分别为 1.196 mg/L、1.045 mg/L 和 1.358 mg/L。6 月除同江外其余采样点差异较小，同江 TDN 质量浓度明显高于其他采样点，为 2.056 mg/L，洛古和呼玛河上游 TDN 质量浓度较为接近且稍高于其他采样点，呼玛河、黑河、乌苏里江和兴凯湖采样点 TDN 质量浓度接近且较低。6 月 TDN 质量浓度与 5 月相比，除乌苏里江和同江有所下降外，洛古、呼玛河上游、呼玛河和兴凯湖均有小幅度增加。

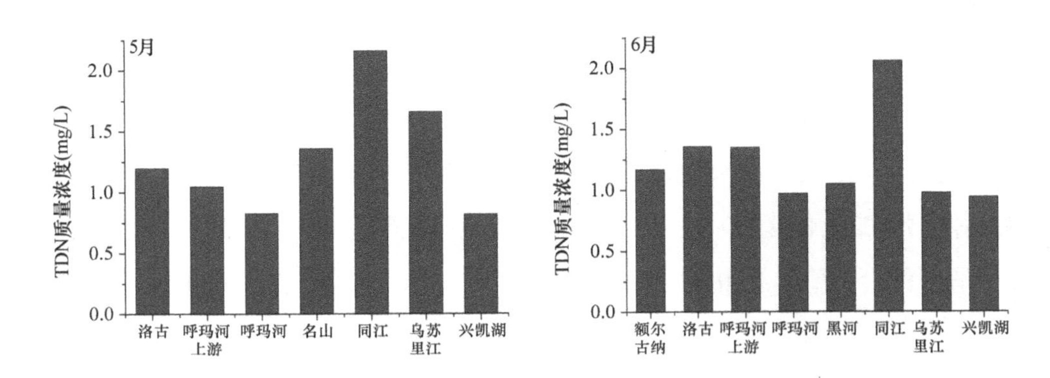

图 3-6　5 月、6 月各采样点 TDN 质量浓度

Figure 3-6　TDN concentrations of all samples in May and June

5 月、6 月黑龙江流域各采样点 TDN 质量浓度随矿化时间的变化如图 3-7 所示。矿化过程中各采样点 TDN 质量浓度变化趋势较为一致，呈现不同程度的下降趋势，且多数采样点 TDN 质量浓度在矿化前期（0～15 天）下降幅度较大，矿化后期（30～55 天）下降幅度较小且出现一定的波动状态。5 月名山采样点 TDN 质量浓度由 1.358 mg/L 下降到 0.9958 mg/L，下降幅度最大，为 26.7%，呼玛河上游和兴凯湖次之，分别为 19.8%和 17.5%，洛古、呼玛河、同江和乌苏里江 TDN 质量浓度下降幅度较为接近，分别为 15.3%、14.9%、15.0%和 14.7%。6 月洛古、呼玛河、同江和兴凯湖 TDN 质量浓度下降幅度较大且较为接近，分别为 19.9%、18.1%、20.4%和 18.5%，其次是额尔古纳和呼玛河上游，分别为 14.1%和 14.2%，黑河 TDN 质

量浓度下降幅度为 10.6%，乌苏里江 TDN 质量浓度下降幅度最小，仅为 6%。

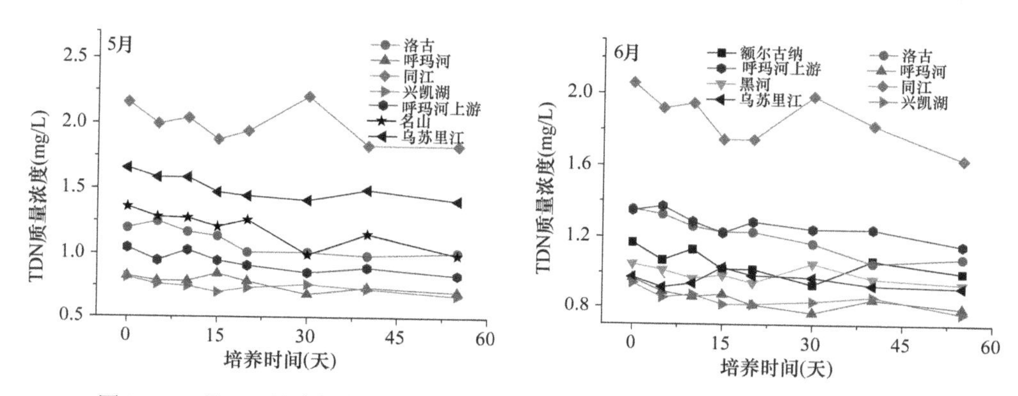

图 3-7 5 月、6 月矿化实验过程中 TDN 质量浓度变化（彩图请扫封底二维码）
Figure 3-7 The change of TDN concentration during the mineralization experiment in May and June

3.3.2.2 NO_3^--N 空间分布特征及质量浓度变化

5 月、6 月黑龙江流域各采样点 NO_3^--N 质量浓度如图 3-8 所示。5 月采样点间 NO_3^--N 质量浓度差异较大，上游地区洛古 NO_3^--N 质量浓度最高，为 0.2170 mg/L，呼玛河上游 NO_3^--N 质量浓度居中，为 0.1974 mg/L，呼玛河在所有采样点中 NO_3^--N 质量浓度最低，仅为 0.0911 mg/L，中游地区除兴凯湖外其余采样点 NO_3^--N 质量浓度较上游地区采样点有较大幅度升高，其中同江 NO_3^--N 质量浓度最高，为 0.4193 mg/L，名山和乌苏里江次之且较为接近，分别为 0.3289 mg/L 和 0.3110 mg/L，兴凯湖 NO_3^--N 质量浓度稍高于呼玛河，为 0.1071 mg/L。6 月同江 NO_3^--N 质量浓度明显高于其他采样点，为 0.4641 mg/L，其他采样点间 NO_3^--N 质量浓度差异相对较小，额尔古纳（0.2930 mg/L）>呼玛河上游（0.2467 mg/L）>洛古（0.2069 mg/L）>乌苏里江和兴凯湖（0.1785 mg/L）>呼玛河（0.1586 mg/L）>黑河（0.1250 mg/L）。6 月 NO_3^--N 质量浓度与 5 月相比，除乌苏里江有较大幅度下降外，呼玛河上游、呼玛河、同江和兴凯湖均有小幅度增加。

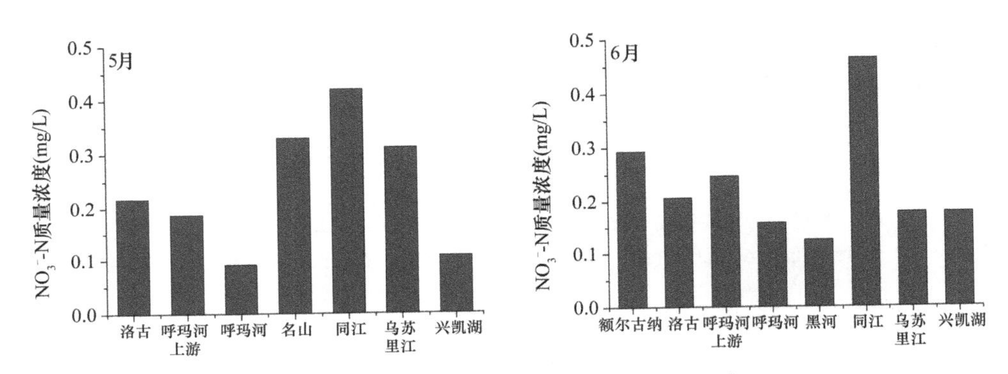

图 3-8　5 月、6 月各采样点 NO_3^--N 质量浓度

Figure 3-8　NO_3^--N concentrations of all samples in May and June

5 月、6 月黑龙江流域各采样点 NO_3^--N 质量浓度随矿化时间的变化如图 3-9 所示。矿化过程中各采样点 NO_3^--N 质量浓度变化趋势较为一致，呈现不同程度的上升趋势，且多数采样点 NO_3^--N 质量浓度在矿化前中期（0～30 天）上升较快，矿化后期（30～55 天）有趋于平稳的趋势。5 月呼玛河采样点 NO_3^--N 质量浓度由 0.0911 mg/L 上升到 0.2265 mg/L，上升幅度最大，NO_3^--N 质量浓度升高了 1.49 倍，兴凯湖次之，NO_3^--N 质量浓度由 0.1071 mg/L 上升到 0.2545 mg/L，上升了 1.38 倍，同江和乌苏里江 NO_3^--N 质量浓度上升幅度非常接近，分别上升了 1.13 倍和 1.10 倍，洛古、呼玛河上游和名山 NO_3^--N 质

量浓度上升幅度依次减小，分别为 0.77 倍、0.63 倍和 0.36 倍。6 月黑河采样点 NO_3^--N 质量浓度由 0.1250 mg/L 上升到 0.3478 mg/L，上升幅度最大，升高了 1.78 倍，乌苏里江次之，NO_3^--N 质量浓度由 0.1785 mg/L 上升到 0.4338 mg/L，上升了 1.43 倍，洛古和呼玛河上游 NO_3^--N 质量浓度上升幅度较为接近，分别上升 0.96 倍和 1.09 倍，呼玛河、同江和兴凯湖 NO_3^--N 质量浓度上升幅度较为接近，分别为 0.80 倍、0.69 倍和 0.67 倍，额尔古纳 NO_3^--N 质量浓度上升幅度最小，仅上升了 0.37 倍。

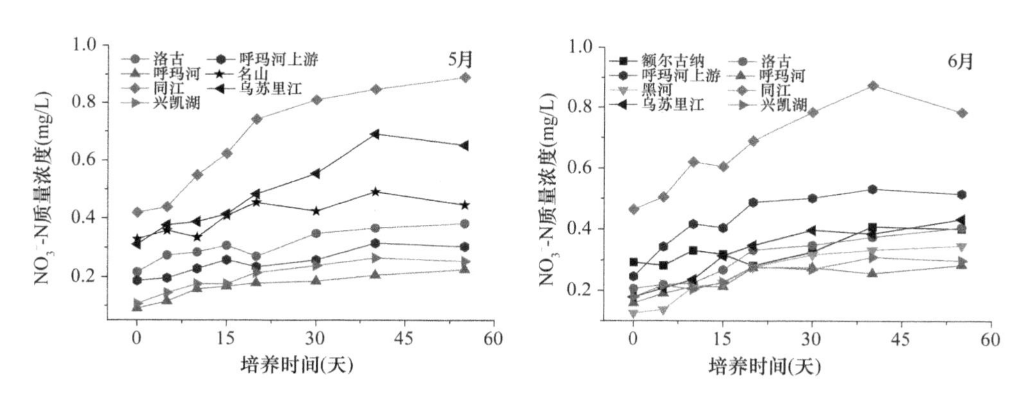

图 3-9　5 月、6 月矿化实验过程中 NO_3^--N 质量浓度变化（彩图请扫封底二维码）

Figure 3-9　The change of NO_3^--N concentration during the mineralization experiment in May and June

3.3.2.3　NH_4^+-N 空间分布特征和矿化过程中质量浓度变化

5 月、6 月黑龙江流域各采样点 NH_4^+-N 质量浓度如图 3-10 所示。5 月各采样点间 NH_4^+-N 质量浓度差异较大，同江 NH_4^+-N 质量浓度最高，为 0.5144 mg/L，洛古、呼玛河上游、名山和乌苏里江 NH_4^+-N 质量浓度较为接近，分别为 0.3825 mg/L、0.3249 mg/L、0.3564 mg/L 和 0.4190 mg/L，呼玛河和兴凯湖 NH_4^+-N 质量浓度与其他各采样点相比明显降低，分别为 0.2126 mg/L 和 0.2141 mg/L。6 月同江 NH_4^+-N 质量浓度明显高于其他采样点，为 0.5935 mg/L，其他采样点间 NH_4^+-N 质量浓度差异相对较小，呼玛河上游 NH_4^+-N 质量浓度相对较高，为 0.4094 mg/L，额尔古纳、洛古、黑河、乌苏里江和兴凯湖 NH_4^+-N 质量浓度较为接近，分别为 0.3165 mg/L、0.3257 mg/L、0.3140 mg/L、0.2758 mg/L 和 0.3140 mg/L，呼玛河 NH_4^+-N 质量浓度最低，仅为 0.2126 mg/L。6 月 NH_4^+-N 质量浓度与 5 月相比，乌苏里江和洛古有所下降，呼玛河上游、同江和兴凯湖有不同程度的升高。

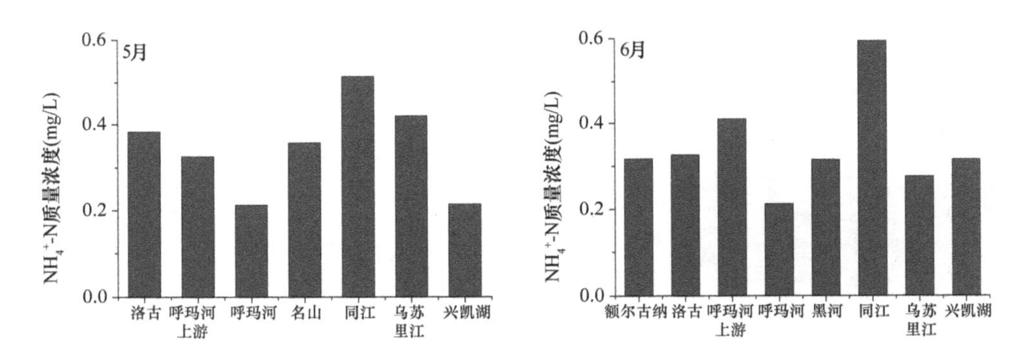

图 3-10 5 月、6 月各采样点 NH_4^+-N 质量浓度
Figure 3-10 NH_4^+-N concentrations of all samples in May and June

5 月、6 月黑龙江流域各采样点 NH_4^+-N 质量浓度随矿化时间的变化如图 3-11 所示。矿化过程中各采样点 NH_4^+-N 质量浓度变化趋势大体一致，均呈现不同程度的下降趋势，但在下降过程中多数样品呈现出波动状态。5 月呼玛河采样点 NH_4^+-N 质量浓度呈现出最大下降趋势，由 0.2126 mg/L 下降到 0.1189 mg/L，下降幅度为 44.1%，名山和洛古次之，下降幅度分别为 38.4%和 36.5%，呼玛河上游、同江、乌苏里江和兴凯湖 NH_4^+-N 质量浓度下降幅度依次降低，分别为 30%、

25.4%、18.3%和 14.7%。6 月各采样点 NH_4^+-N 质量浓度下降幅度呈现出较大差异，呼玛河 NH_4^+-N 质量浓度依然呈现出最大下降趋势，下降幅度为 36.9%，兴凯湖 NH_4^+-N 质量浓度呈现出最小下降趋势，下降幅度仅为 10.8%，其他采样点下降幅度依次为：额尔古纳（32.8%）> 呼玛河上游（29.6%）>同江（28.3%）>乌苏里江（24.1%）>洛古（23.9%）>黑河（21.3%）。

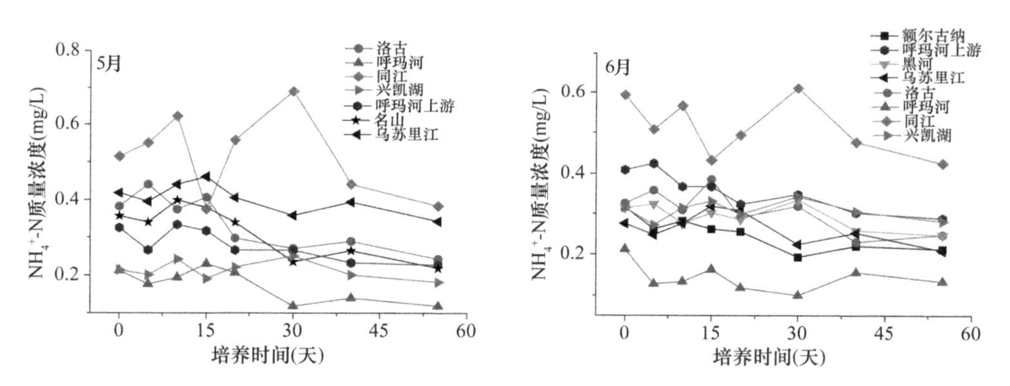

图 3-11　5 月、6 月矿化实验过程中 NH_4^+-N 质量浓度变化（彩图请扫封底二维码）

Figure 3-11　The change of NH_4^+-N concentration during the mineralization experiment in May and June

3.3.2.4　DON 空间分布特征

图 3-12 为 5 月、6 月黑龙江流域各采样点 DON 质量浓度分布图。如图 3-12 所示，5 月黑龙江流域上游地区各采样点 DON 质量浓度较低且较为接近，洛古、呼玛河上游和呼玛河 DON 质量浓度分别为 0.5869 mg/L、0.5224 mg/L 和 0.5132 mg/L，中游地区除兴凯湖外其余采样点 DON 质量浓度较上游有较大幅度升高，其中同江和乌苏里江较为突出，DON 质量浓度分别为 1.189 mg/L 和 0.9146 mg/L，名山 DON 质量浓度为 0.6559 mg/L，兴凯湖 DON 质量浓度在所有采样

点中最低，仅为 0.4162 mg/L。6 月同江依然有最高的 DON 质量浓度，为 0.9872 mg/L，洛古次之，DON 质量浓度为 0.8137 mg/L，其他各采样点 DON 质量浓度差异相对较小，呼玛河上游（0.6791 mg/L）>黑河（0.5979 mg/L）>呼玛河（0.5934 mg/L）>额尔古纳（0.5478 mg/L）>兴凯湖（0.5134 mg/L）>乌苏里江（0.5035 mg/L）。6 月 DON 质量浓度与 5 月相比，同江和乌苏里江有所下降，洛古、呼玛河上游、呼玛河和兴凯湖均有不同程度的升高。

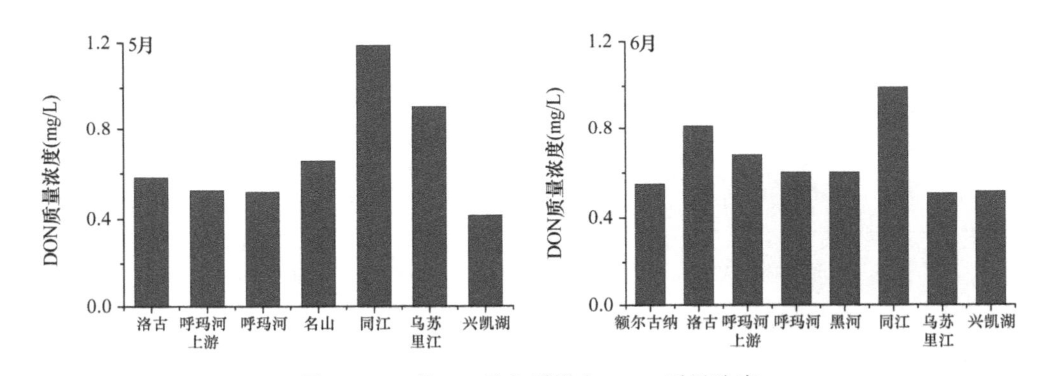

图 3-12　5 月、6 月各采样点 DON 质量浓度

Figure 3-12　DON concentrations of all samples in May and June

3.3.2.5　矿化过程中 DON 质量浓度变化

5 月、6 月黑龙江流域各采样点 DON 质量浓度随矿化时间的变化如图 3-13 所示。矿化过程中各采样点 DON 质量浓度变化趋势大体一致，均呈现不同程度的下降趋势，矿化前期（0～15 天）DON 矿化较快，下降幅度较大，其降幅平均可达整体降幅的 66%（±11%），矿化中后期（15～55 天）矿化减慢，并逐渐趋向平稳，且 DON 初始质量浓度较高的采样点一般呈现出较大的下降幅度。5 月 DON 质量

浓度下降了 32%～55%，其平均降幅达 47%（±10%）。6 月 DON 质量浓度下降了 30%～57%，平均降幅达 45%（±8%）。矿化过程中 DON 质量浓度出现暂时性的增加，这可能是由于微生物正常更替，细胞裂解释放出了 DON，同时随着培养时间的延长，营养物质逐渐减少，微生物的生活环境发生恶化，也会导致微生物大量死亡，释放出 DON。

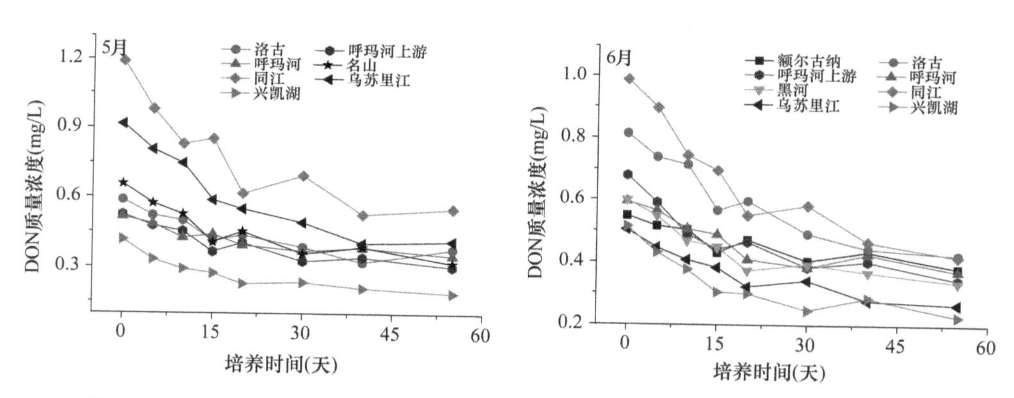

图 3-13　5 月、6 月矿化实验过程中 DON 质量浓度变化（彩图请扫封底二维码）

Figure 3-13　The change of DON concentration during the mineralization experiment in May and June

3.3.2.6　BDON 质量浓度与%BDON 区域差异性

5 月、6 月黑龙江流域各采样点 BDON 质量浓度和%BDON 如图 3-14 所示。5 月黑龙江流域上游地区各采样点 BDON 质量浓度较低，其中呼玛河上游有相对较高的 BDON 质量浓度，为 0.3354 mg/L，呼玛河在所有采样点中 BDON 质量浓度最低，仅为 0.1631 mg/L，中游地区同江和乌苏里江 BDON 质量浓度较上游有较大幅度升高，分别为 0.6377 mg/L 和 0.5024 mg/L，名山 BDON 质量浓度与呼玛河上游较为接近，为 0.3370 mg/L，兴凯湖 BDON 质量浓度稍高于洛古，为 0.2291 mg/L。6 月同江和洛古 BDON 质量浓度较为突出，明显高于其他采样点，分别为 0.5677 mg/L 和 0.3889 mg/L，其他采样点间 BDON 质量浓度差异相对较小，且从额尔古纳到兴凯湖呈现出增加的趋势。6 月 BDON 质量浓度与 5 月相比，呼玛河上游、同江和乌苏里江有不同程度的下降，而洛古、呼玛河和兴凯湖有不同程度的升高。但从总体来看，5 月、6 月黑龙江流域 BDON 平均质量浓度分别为 0.3448 mg/L 和 0.3026 mg/L，可见 5 月、6 月黑龙江流域 BDON 质量浓度差异较小，说明两个月份水体中可被微生物利用、参与水体 N 循环的水溶性有机氮含量较为接近。

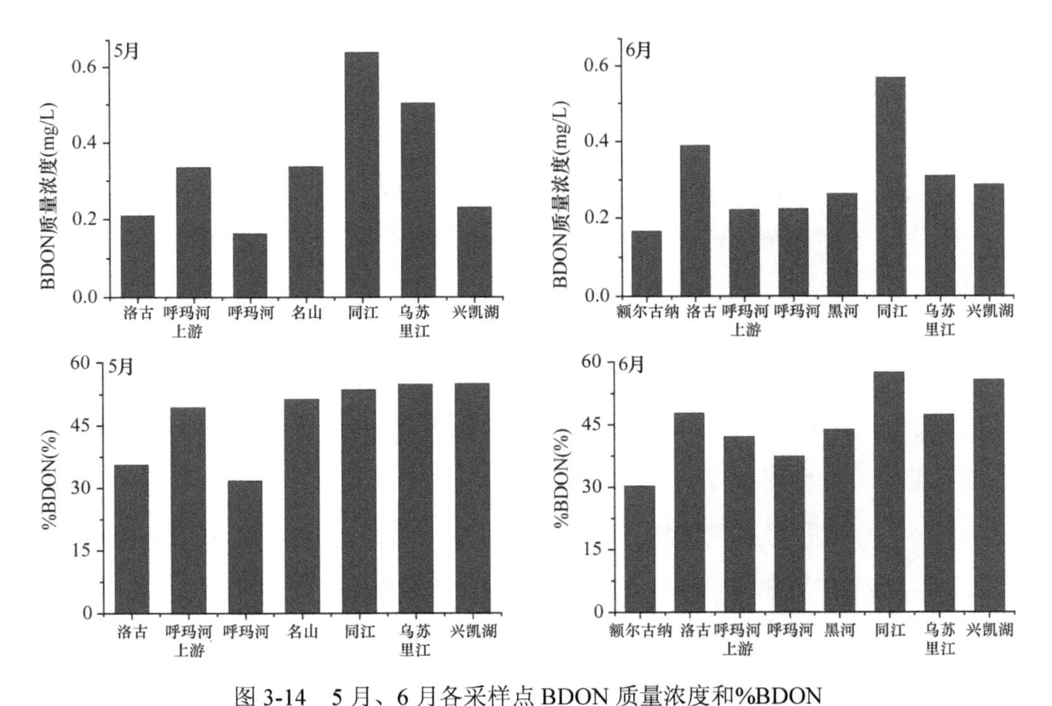

图 3-14　5 月、6 月各采样点 BDON 质量浓度和%BDON

Figure 3-14　The bioavailable DON and the percent of bioavailable DON in May and June

5 月洛古和呼玛河%BDON 明显低于其他采样点，分别为 35.6%和 31.8%，呼玛河上游、名山、同江、乌苏里江和兴凯湖%BDON 较为接近且有轻微增加趋势，分别为 49.4%、51.4%、53.6%、54.9%和 55.1%。6 月各采样点间%BDON 差异相对较大，从上游地区到中游地区%BDON 呈现出增加的趋势，同江有最高的%BDON，为 57.5%，额尔古纳有最低的%BDON，仅为 30.3%。6 月%BDON 与 5 月相比，呼玛河上游和乌苏里江有不同程度的降低，洛古、呼玛河、同江和兴凯湖均有不同程度的升高。但总体来看，5 月、6 月黑龙江流域平均%BDON 分别为 47.4%和 45.2%，可见 5 月、6 月黑龙江流域%BDON 差异较小，说明两个月份水体中 DON 的生物利用特性较为接近。

3.3.2.7 矿化过程中 DON 动力学特征

将 5 月各采样点 55 天矿化培养过程中 DON 累积矿化量与一级动力学模型进行拟合，得到参数 S_0 和 k，如表 3-3 所示。同江和乌苏里江 S_0 明显大于其他采样点，分别为 0.6569 mg/L 和 0.5635 mg/L，呼玛河 S_0 最小，仅为 0.1640 mg/L，其他采样点 S_0 差异较小且较为接近，为 0.2197～0.3310 mg/L，说明同江和乌苏里江水体中可被生物利用的 DON 含量较大，呼玛河最小，其他采样点居中。兴凯湖 k 值明显大于其他采样点，为 0.0818 mg/(L·d)，说明兴凯湖采样点 DON 矿化速率最大，洛古、呼玛河、名山和同江 k 值居中且较为接近，分别为 0.0607 mg/(L·d)、0.0566 mg/(L·d)、0.0617 mg/(L·d)和 0.0688 mg/(L·d)，呼玛河上游和乌苏里江 k 值较小且非常接近，说明这两个采样点 DON 矿化速率较小。

表 3-3 5 月 DON 一级动力学模型参数

Table 3-3 The parameters of first order kinetics model of DON in May

采样点	S_0（mg/L）	k [mg/(L·d)]	R^2
洛古	0.2456	0.0607	0.9156
呼玛河上游	0.2303	0.0493	0.9279
呼玛河	0.1640	0.0566	0.9418
名山	0.3310	0.0617	0.9403
同江	0.6569	0.0688	0.9335
乌苏里江	0.5635	0.0490	0.9777
兴凯湖	0.2197	0.0818	0.9792

利用 MATLAB 软件，模拟为期 100 天的室内模拟矿化实验中 DON 累积矿化量与培养时间的变化趋势。由图 3-15 可知，各采样点 DON 矿化进程较为接近，同江和兴凯湖矿化进程稍快，在矿化的第 55 天左右已达到稳定状态，其他采样点 DON 矿化进程稍慢，在矿化的 60～70 天基本达到稳定状态，说明同江和兴凯湖 DON 相对更容易被微生物所利用。

将 6 月各采样点 55 天矿化培养过程中 DON 累积矿化量与一级动力学模型进行拟合，得到参数 S_0 和 k，如表 3-4 所示。洛古和呼玛河上游 S_0 较大，分别为 0.4595 mg/L 和 0.3173 mg/L，额尔古纳 S_0 最小，仅为 0.1693 mg/L，其他采样点 S_0 差异相对较小，为 0.2300～0.2754 mg/L，说明洛古和呼玛河上游水体中可被生物利用的 DON 含量较大，额尔古纳最小，其他采样点可被生物利用的 DON 含量较为接近。呼玛河上游和兴凯湖 k 值较大，分别为 0.0765 mg/(L·d)和 0.0784 mg/(L·d)，说明呼玛河上游和兴凯湖采样点 DON 矿化速率较大，洛古 k 值最小，仅为 0.0376 mg/(L·d)，说明洛古采样点 DON 矿化速率最小。

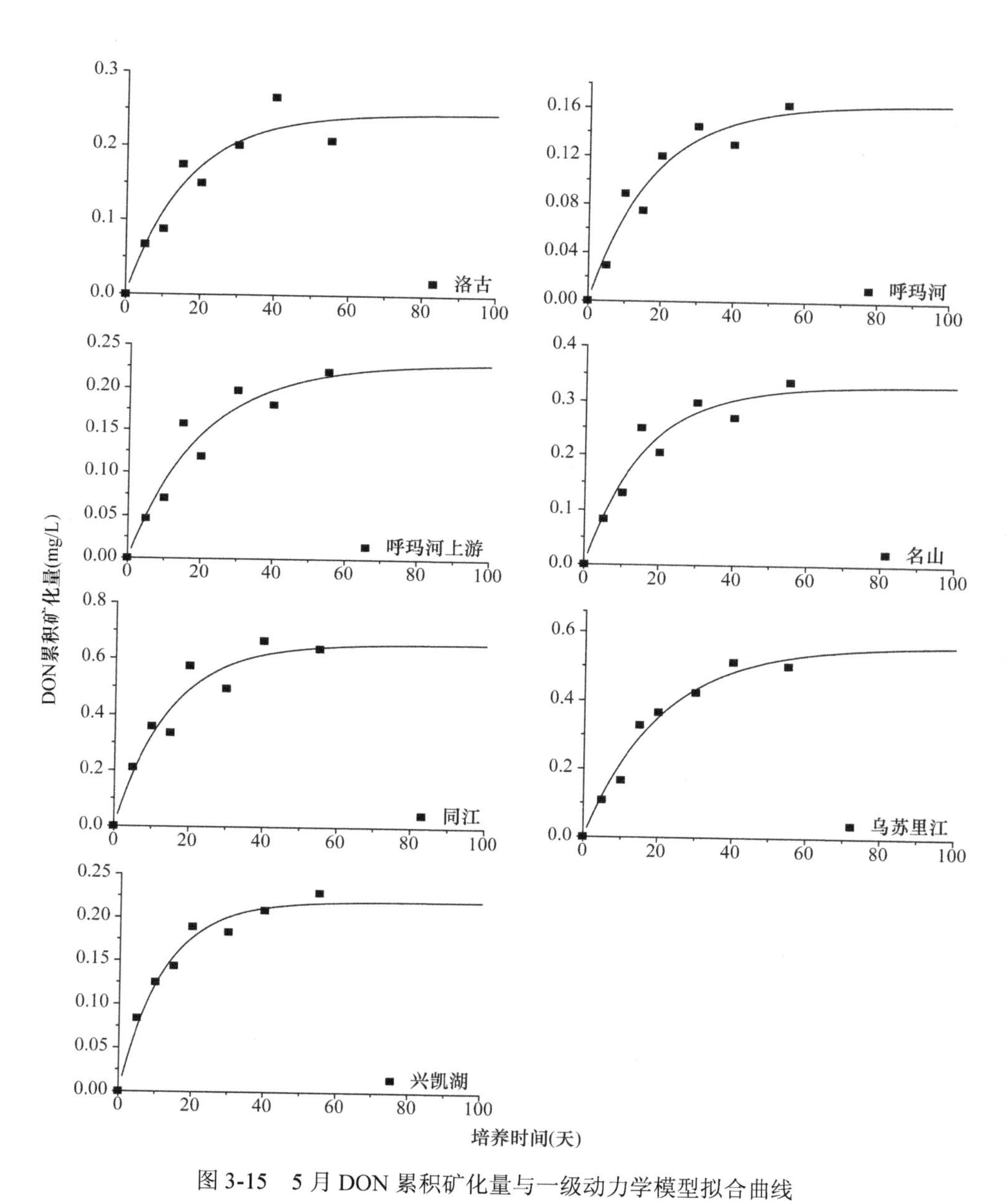

图 3-15　5 月 DON 累积矿化量与一级动力学模型拟合曲线
Figure 3-15　DON cumulative mineralization was fitted with first order kinetics model in May

表 3-4 6 月 DON 一级动力学模型参数

Table 3-4 The parameters of first order kinetics model of DON in June

采样点	S_0（mg/L）	k [mg/(L·d)]	R^2
额尔古纳	0.1693	0.0440	0.8613
洛古	0.4595	0.0376	0.9621
呼玛河上游	0.3173	0.0765	0.9603
呼玛河	0.2300	0.0523	0.9164
黑河	0.2606	0.0639	0.9591
同江	0.2546	0.0475	0.9611
乌苏里江	0.2546	0.0475	0.9611
兴凯湖	0.2754	0.0784	0.9649

利用 MATLAB 软件，模拟为期 100 天的室内模拟矿化实验中 DON 累积矿化量与培养时间的变化趋势。由图 3-16 可知，各采样点 DON 矿化进程较为接近，兴凯湖矿化进程稍快，在矿化的第 55 天左右已达到稳定状态，其他采样点 DON 矿化进程稍慢，在矿化的 60～70 天基本达到稳定，说明兴凯湖 DON 相对更容易被微生物所利用。

与 5 月相比，6 月洛古 S_0 有最大幅度的增加，呼玛河上游、呼玛河和兴凯湖 S_0 也出现不同程度的升高，说明 6 月这些采样点水体中可被生物利用的 DON 含量都有增加的趋势，但同江和乌苏里江 S_0 有较大幅度的降低，说明 6 月同江和乌苏里江水体中可被生物利用的 DON 含量大幅度减少。6 月除了呼玛河上游 k 值有所增加，其他采样点 k 值均出现不同程度的下降，这说明大部分采样点水体中 DON 的矿化速率有所下降。通过模拟为期 100 天的室内模拟矿化实验中 DON 累积矿化量与培养时间的变化趋势也可看出，

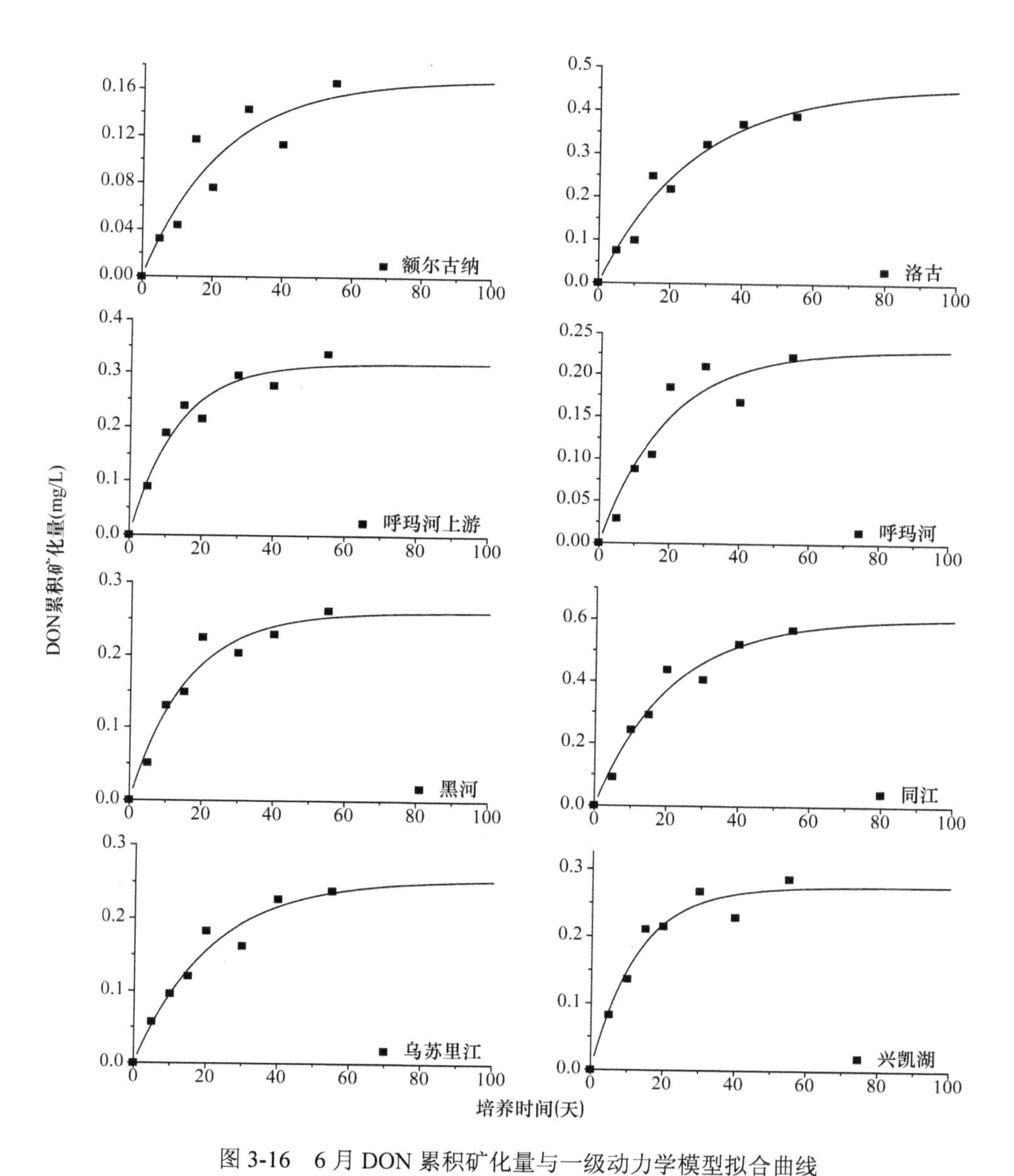

图 3-16　6 月 DON 累积矿化量与一级动力学模型拟合曲线
Figure 3-16　DON cumulative mineralization was fitted with first order kinetics model in June

5 月、6 月各采样点 DON 矿化进程较为相近，兴凯湖在矿化的第 55 天左右已达到稳定状态，其他采样点在矿化的 60～70 天基本达到稳定状态。

3.3.3 矿化实验中水体各形态磷指标的变化规律及动力学特征

3.3.3.1 TDP 空间分布特征和矿化过程中质量浓度变化

图 3-17 为 5 月、6 月黑龙江流域各采样点 TDP 质量浓度分布图。如图 3-17 所示，5 月黑龙江流域上游地区各采样点 TDP 质量浓度较低且较为接近，洛古、呼玛河上游和呼玛河 TDP 质量浓度分别为 0.0780 mg/L、0.0697 mg/L 和 0.0680 mg/L，中游地区除名山外其他采样点 TDP 质量浓度较上游有较大幅度升高，其中兴凯湖最为突出，TDP 质量浓度为 0.1244 mg/L，同江和乌苏里江 TDP 质量浓度分别为 0.0896 mg/L 和 0.0946 mg/L，名山 TDP 质量浓度在所有采样点中最低，仅为 0.0448 mg/L。6 月兴凯湖依然有最高的 TDP 质量浓度，为 0.1045 mg/L，洛古次之，TDP 质量浓度为 0.0892 mg/L，其他各采样点 TDP 质量浓度差异相对较小，同江（0.0693 mg/L）>乌苏里江（0.0647 mg/L）>呼玛河上游（0.0622 mg/L）>额尔古纳（0.0557 mg/L）>黑河（0.0529 mg/L）>呼玛河（0.0464 mg/L）。6 月 TDP 质量浓度与 5 月相比，仅洛古采样点有所增加，呼玛河上游、呼玛河、同江、乌苏里江和兴凯湖均呈现不同程度的降低。从总体来看，5 月、6 月 TDP 平均质量浓度值分别为 0.0813 mg/L 和 0.0681 mg/L，可见 6 月黑龙江流域 TDP 质量浓度明显低于 5 月。

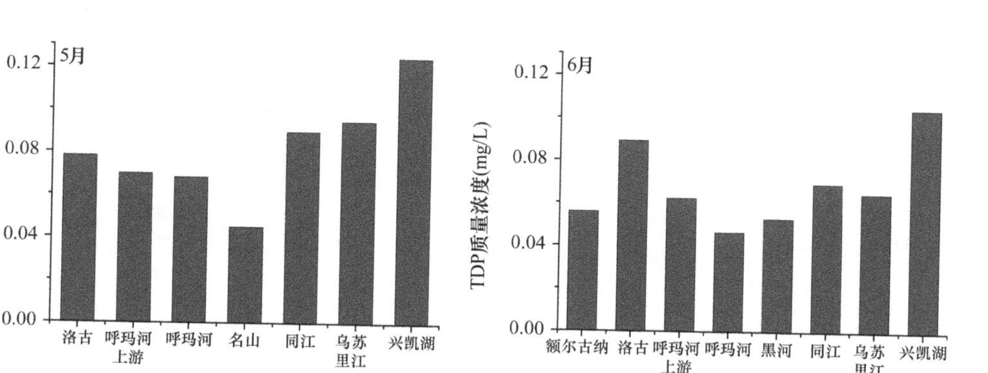

图 3-17　5 月、6 月各采样点 TDP 质量浓度
Figure 3-17　TDP concentrations of all samples in May and June

5 月、6 月黑龙江流域各采样点 TDP 质量浓度随矿化时间的变化如图 3-18 所示。矿化过程中各采样点 TDP 质量浓度在矿化初期（0～15 天）呈现出不同的下降趋势，随着矿化的进行有回升的趋势，在矿化过程中 TDP 质量浓度整体变化幅度较小。5 月除洛古 TDP 最终质量浓度稍高于 TDP 初始质量浓度（上升幅度仅为 2.9%）外，其他采样点 TDP 最终质量浓度均低于 TDP 初始质量浓度，下降幅度依次为：乌苏里江（17.3%）>呼玛河（12.8%）>名山（9.8%）>呼玛河上游（5.2%）> 兴凯湖（4.8%）>同江（4.4%）。6 月额尔古纳、洛古、乌苏里江和兴凯湖 TDP 最终质量浓度高于 TDP 初始质量浓度，呈现出不同的上升幅度，额尔古纳（11.3%）>兴凯湖（5.6%）>乌苏里江（3.9%）>洛古（2.5%），呼玛河上游、呼玛河、黑河和同江 TDP 最终质量浓度低于 TDP 初始质量浓度，呈现出不同的下降幅度，呼玛河（18.7%）>黑河（15.3%）>呼玛河上游（14.2%）>同江（2.6%）。

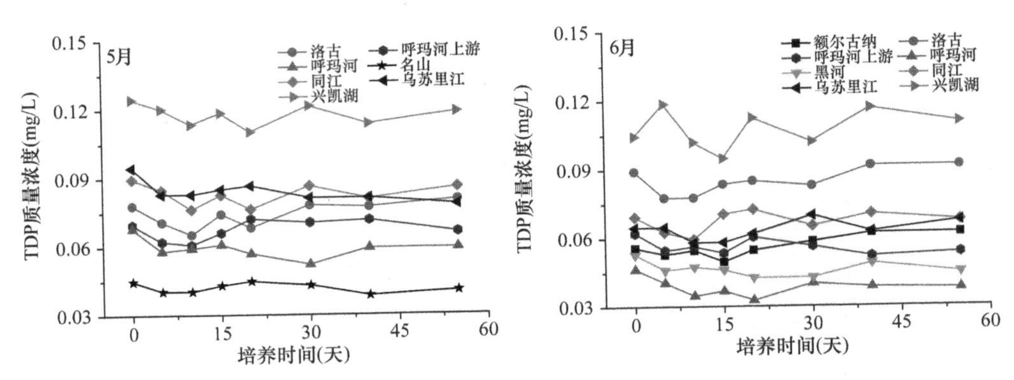

图 3-18 5 月、6 月矿化实验过程中 TDP 质量浓度变化（彩图请扫封底二维码）

Figure 3-18 The change of TDP concentration during the mineralization experiment in May and June

3.3.3.2 DRP 空间分布特征和矿化过程中质量浓度变化

5 月、6 月黑龙江流域各采样点 DRP 质量浓度如图 3-19 所示。5 月采样点间 DRP 质量浓度差异较大，上游地区呼玛河 DRP 质量浓度最高，为 0.0239 mg/L，呼玛河 DRP 质量浓度居中，为 0.0209 mg/L，洛古在所有采样点中 DRP 质量浓度最低，仅为 0.0109 mg/L，中游地区采样点中同江和兴凯湖较上游地区采样点有较大幅度升高，DRP 质量浓度分别为 0.0358 mg/L 和 0.0385 mg/L，乌苏里江 DRP 质量浓度稍高于呼玛河上游 DRP 质量浓度，为 0.0257 mg/L，名山在中游地区采样点中 DRP 质量浓度最低，为 0.0159 mg/L。6 月兴凯湖 DRP 质量浓度最为突出，明显高于其他采样点，为 0.0544 mg/L，洛古次之，DRP 质量浓度为 0.0354 mg/L，其他采样点间 DRP 质量浓度差异相对较小，同江（0.0261 mg/L）>乌苏里江（0.0238 mg/L）>呼玛河上游（0.0206 mg/L）>额尔古纳（0.0199 mg/L）>黑河（0.0184 mg/L）>呼玛河（0.0130 mg/L）。6 月 DRP 质量浓度与 5 月相比，洛古和兴凯湖 DRP 质量浓度有较大幅度的升高，而呼玛河上游、呼玛河、同江和乌苏里江 DRP 质量浓度均有不同程度的下降。

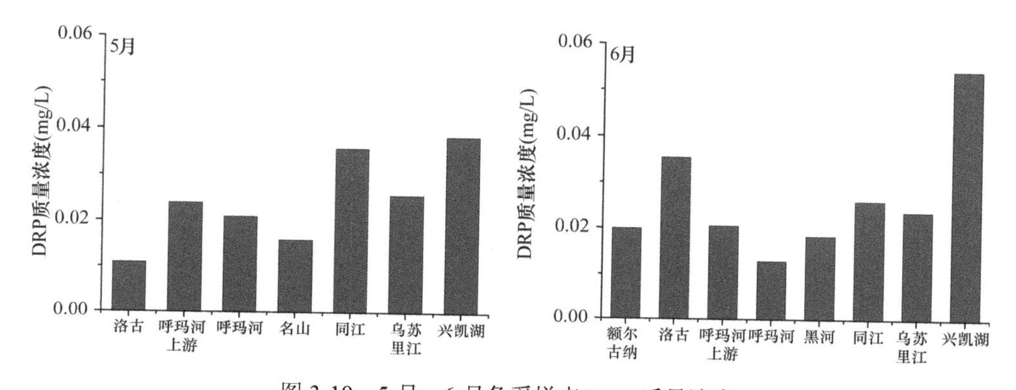

图 3-19　5 月、6 月各采样点 DRP 质量浓度

Figure 3-19　DRP concentrations of all samples in May and June

5 月、6 月黑龙江流域各采样点 DRP 质量浓度随矿化时间的变化如图 3-20 所示。矿化过程中各采样点 DRP 质量浓度变化趋势较为一致，呈现不同程度的上升趋势，且多数采样点 DRP 质量浓度在矿化前中期（0～30 天）上升较快，矿化后期（30～55 天）有趋于平稳的趋势。5 月洛古初始 DRP 质量浓度最低，但随着矿化的进行，上升幅度最大，明显高于其他采样点，上升幅度为 4.7 倍，其他采样点间 DRP 质量浓度上升幅度相差相对较小，兴凯湖（1.37 倍）>呼玛河上游（1.32 倍）>乌苏里江（1.28 倍）>呼玛河（1.15 倍）>同江（1.0 倍）>名山（0.76 倍）。6 月额尔古纳采样点 DRP 质量浓度由 0.0199 mg/L 上升到 0.0517 mg/L，上升幅度最大，DRP 质量浓度升高 1.60 倍，洛古、同江和乌苏里江次之且较为接近，DRP 质量浓度上升幅度分别为 1.10 倍、1.12 倍和 1.19 倍，呼玛河上游上升幅度稍高于黑河和兴凯湖，为 0.87 倍，黑河和兴凯湖上升幅

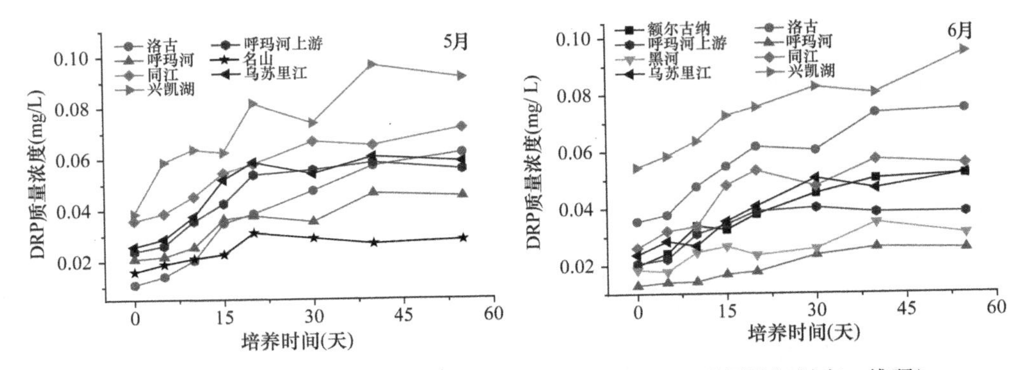

图 3-20　5 月、6 月矿化实验过程中 DRP 质量浓度变化（彩图请扫封底二维码）

Figure 3-20　The change of DRP concentration during the mineralization experiment in May and June

度最低且较为接近，分别为 0.67 倍和 0.74 倍。

3.3.3.3　DOP 空间分布特征

图 3-21 为 5 月、6 月黑龙江流域各采样点 DOP 质量浓度分布图。如图 3-21 所示，5 月黑龙江流域上游地区洛古 DOP 质量浓度相对较高，为 0.0671 mg/L，呼玛河上游和呼玛河 DOP 质量浓度相对较低，分别为 0.0458 mg/L 和 0.0471 mg/L，中游地区乌苏里江和兴凯湖 DOP 质量浓度较高，且与洛古 DOP 质量浓度较为接近，分别为 0.0688 mg/L 和 0.0660 mg/L，同江 DOP 质量浓度稍高于呼玛河上游和呼玛河，为 0.0537 mg/L，名山 DOP 质量浓度明显低于其他采样点，仅为 0.0289 mg/L。6 月兴凯湖有最高的 DOP 质量浓度，为 0.0701 mg/L，洛古次之，DOP 质量浓度为 0.0538 mg/L，其他各采样点 DOP 质量浓度差异相对较小，同江（0.0432 mg/L）>呼玛河上游（0.0416 mg/L）>乌苏里江（0.0410 mg/L）>额尔古纳（0.0358 mg/L）>黑河（0.0344 mg/L）>呼玛河（0.0334 mg/L）。6 月 DOP 质量浓度与 5

月相比，除兴凯湖有轻微升高外，洛古、呼玛河上游、呼玛河、同江和乌苏里江均有不同程度的降低。总体来看，5 月、6 月 DOP 平均质量浓度分别为 0.0539 mg/L 和 0.0442 mg/L，可见 6 月黑龙江流域 DOP 质量浓度较 5 月有所降低。

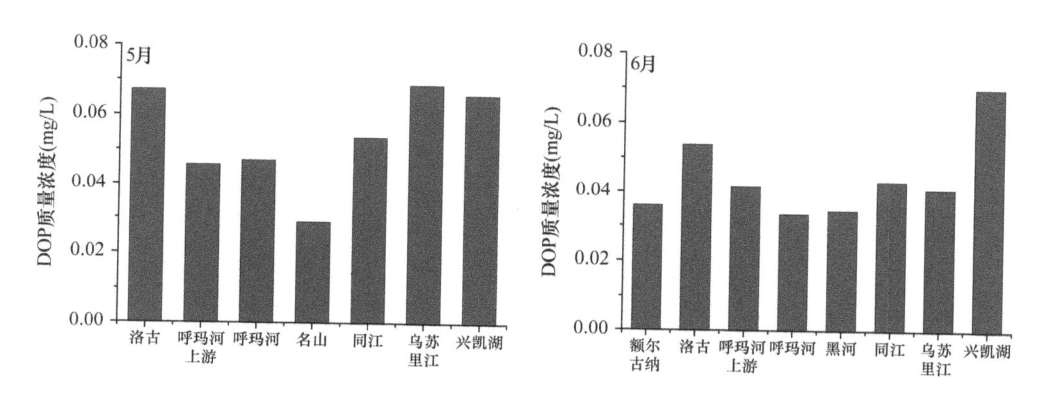

图 3-21　5 月、6 月各采样点 DOP 质量浓度

Figure 3-21　DOP concentrations of all samples in May and June

3.3.3.4　矿化过程中 DOP 质量浓度的变化

5 月、6 月黑龙江流域各采样点 DOP 质量浓度随矿化时间的变化如图 3-22 所示。矿化过程中各采样点 DOP 质量浓度变化趋势大体一致，均呈现不同程度的下降趋势，矿化前期（0～15 天）DOP 矿化较快，下降幅度较大，其降幅平均可达整体降幅的 67%（±9%），矿化中后期（15～55 天）矿化减慢，并逐渐趋于平稳。5 月 DOP 质量浓度下降了 60%～77%，其平均降幅达 70%（±6%）。6 月 DOP 质量浓度下降了 59%～72%，平均降幅达 66%（±4%）。矿化过程中 DOP 质量浓度出现暂时性的增加，这可能是由于微生物正常更替，细胞裂解释放出了 DOM，同时随着培养时间的延长，营养物质逐渐减少，

微生物的生活环境发生恶化，也会导致微生物大量死亡，释放出DOM。

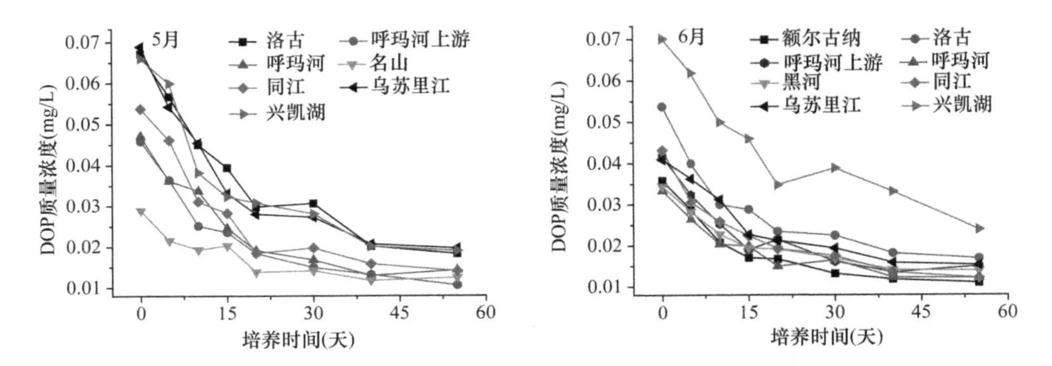

图 3-22　5 月、6 月矿化实验过程中 DOP 质量浓度变化（彩图请扫封底二维码）

Figure 3-22　The change of DOP concentration during the mineralization experiment in May and June

3.3.3.5　BDOP 质量浓度和%BDOP 的变化

5 月、6 月黑龙江流域各采样点 BDOP 质量浓度和%BDOP 如图 3-23 所示。5 月黑龙江流域上游地区洛古 BDOP 质量浓度相对较高，为 0.0489 mg/L，呼玛河上游和呼玛河 BDOP 质量浓度相对较低，分别为 0.0352 mg/L 和 0.0328 mg/L，中游地区乌苏里江和兴凯湖 BDOP 质量浓度较高，且与洛古 BDOP 质量浓度较为接近，分别为 0.0492 mg/L 和 0.0470 mg/L，同江 BDOP 质量浓度稍高于呼玛河上游和呼玛河，为 0.0397 mg/L，名山 BDOP 质量浓度明显低于其他采样点，仅为 0.0165 mg/L。6 月兴凯湖有最高的 BDOP 质量浓度，为 0.0462 mg/L，洛古次之，BDOP 质量浓度为 0.0369 mg/L，其他各采样点 BDOP 质量浓度差异相对较小，同江（0.0311 mg/L）>

呼玛河上游（0.0267 mg/L）>乌苏里江（0.0257 mg/L）>额尔古纳（0.0249 mg/L）>呼玛河（0.0213 mg/L）> 黑河（0.0203 mg/L）。6 月 BDOP 质量浓度与 5 月相比，洛古、呼玛河上游、呼玛河、同江、乌苏里江和兴凯湖均有不同程度的降低。总体来看，5 月、6 月 BDOP 平均质量浓度分别为 0.0385 mg/L 和 0.0291 mg/L，可见 6 月黑龙江流域 BDOP 质量浓度较 5 月有所降低，说明 6 月水体中可被微生物利用、参与水体 P 循环的水溶性有机磷含量较 5 月有所减少。

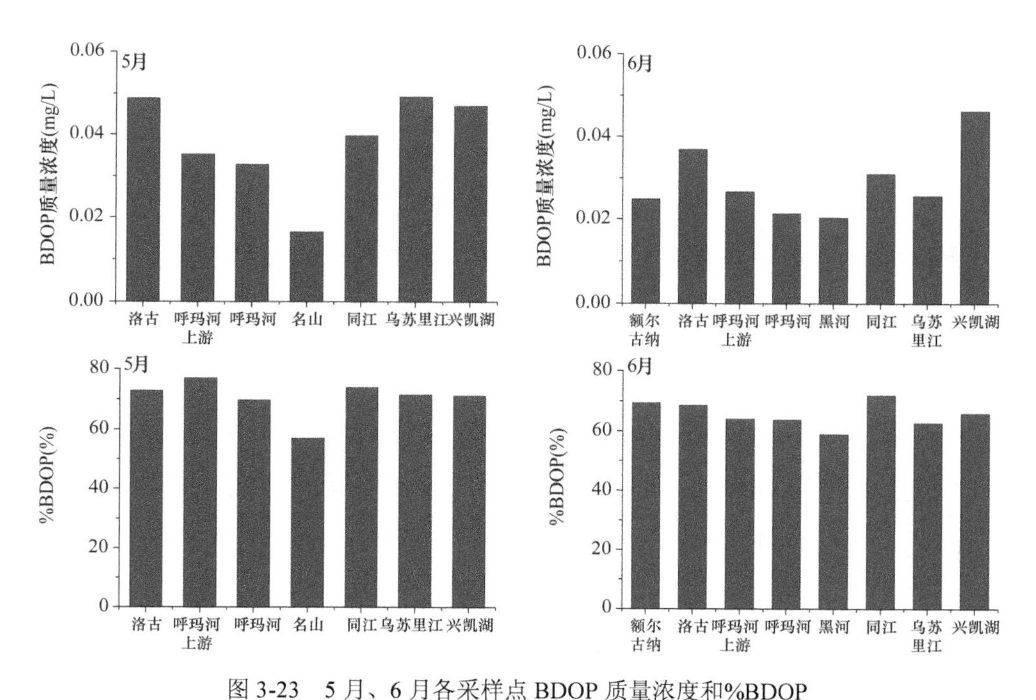

图 3-23　5 月、6 月各采样点 BDOP 质量浓度和%BDOP

Figure 3-23　The bioavailable DOP and the percent of bioavailable DOP in May and June

5 月名山%BDOP 明显低于其他采样点，仅为 57.0%，其他采样点%BDOP 差异较小，呼玛河上游（76.9%）>同江（73.9%）>洛古（72.8%）

>乌苏里江（71.5%）>兴凯湖（71.2%）>呼玛河（69.7%）。6 月各采样点间%BDOP 差异较小，同江有最高的%BDOP，为 71.9%，黑河有最低的%BDOP，仅为 58.9%，额尔古纳、洛古、呼玛河上游、呼玛河、乌苏里江和兴凯湖%BDOP 分别为 69.4%、68.6%、64.0%、63.7%、62.7%和 65.9%。6 月%BDOP 质量浓度与 5 月相比，洛古、呼玛河上游、呼玛河、同江、乌苏里江和兴凯湖均有不同程度的降低。总体来看，5 月、6 月黑龙江流域%BDOP 平均值分别为 70.4%和 65.6%，可见 6 月黑龙江流域%BDOP 较 5 月有小幅度降低，说明 6 月水体中 DOP 的生物利用特性较 5 月有小幅度降低。

3.3.3.6 *矿化过程中 DOP 动力学特征*

将 5 月各采样点 55 天矿化培养过程中 DOP 累积矿化量与一级动力学模型进行拟合，得到参数 S_0 和 k，如表 3-5 所示。各采样点 S_0：洛古（0.0513 mg/L）>乌苏里江（0.0501 mg/L）>兴凯湖（0.0479 mg/L）>同江（0.0406 mg/L）>呼玛河（0.0354 mg/L）>呼玛河上游（0.0351 mg/L），说明洛古水体中可被生物利用的 DOP 含量最大，呼玛河上游最小。各采样点 k 值差异较小，呼玛河上游、同江和乌苏里江 k 值较大且较为接近，分别为 0.0735 mg/(L·d)、0.0718 mg/(L·d)和 0.0730 mg/(L·d)，说明这 3 个采样点 DOP 矿化速率较大，其次是呼玛河和兴凯湖，洛古 k 值最小，仅为 0.0536 mg/(L·d)，说明洛古采样点 DOP 矿化速率最小。

利用 MATLAB 软件，模拟为期 100 天的室内模拟矿化实验中 DOP 累积矿化量与培养时间的变化趋势。由图 3-24 可知，各采样点 DOP 矿化进程较为接近，除洛古稍慢，在矿化的第 70 天左右基本达

表 3-5 5 月 DOP 一级动力学模型参数

Table 3-5 The parameters of first order kinetics model of DOP in May

采样点	S_0（mg/L）	k [mg/(L·d)]	R^2
洛古	0.0513	0.0536	0.9809
呼玛河上游	0.0351	0.0735	0.9900
呼玛河	0.0354	0.0653	0.9777
同江	0.0406	0.0718	0.9689
乌苏里江	0.0501	0.0730	0.9876
兴凯湖	0.0479	0.0674	0.9536

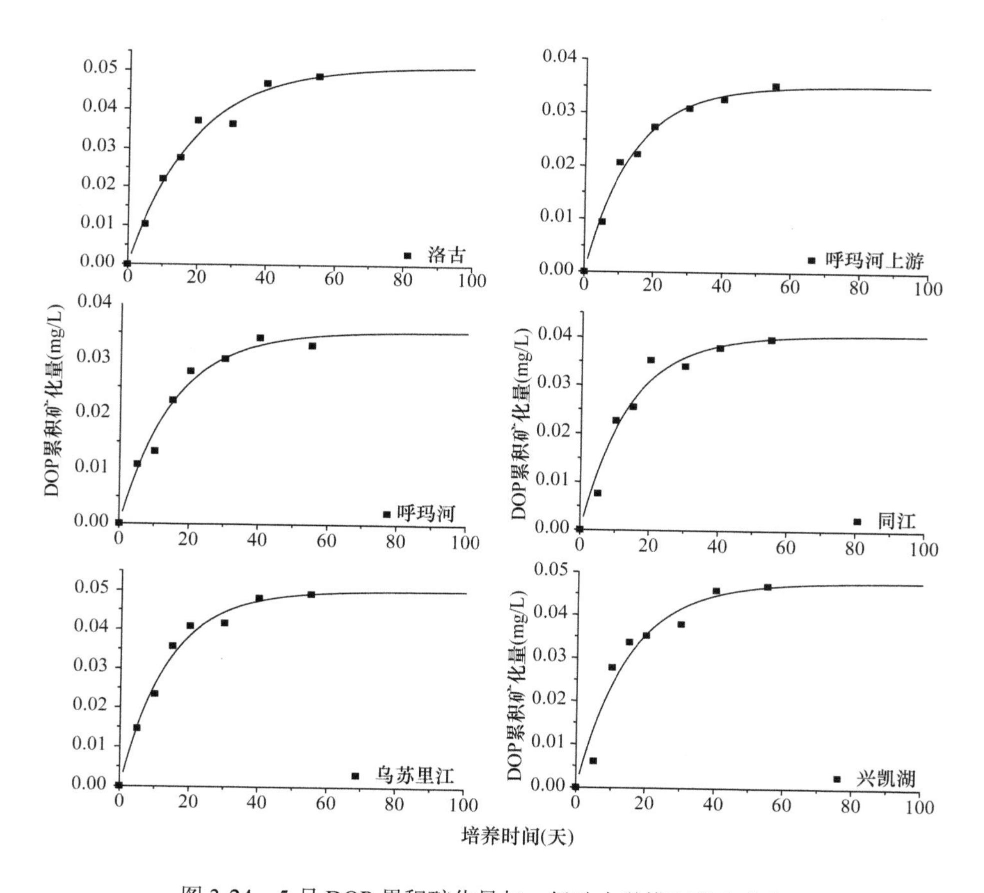

图 3-24 5 月 DOP 累积矿化量与一级动力学模型拟合曲线

Figure 3-24 DOP cumulative mineralization was fitted with first order kinetics model in May

到稳定状态以外，其他采样点 DOP 均在矿化的 60 天左右基本达到稳定状态，说明洛古 DOP 相对较难被微生物所利用，其他采样点微生物利用 DOP 的速率较为接近。

将 6 月各采样点 55 天矿化培养过程中 DOP 累积矿化量与一级动力学模型进行拟合，得到参数 S_0 和 k，如表 3-6 所示。兴凯湖 S_0 最大，为 0.0453 mg/L，其次是洛古，为 0.0358 mg/L，其他采样点 S_0 差异较小，为 0.0205～0.0301 mg/L，其中黑河 S_0 最小，说明兴凯湖和洛古水体中可被生物利用的 DOP 含量较大，洛古最小。洛古和呼玛河上游 k 值较大，分别为 0.0931 mg/(L·d)和 0.0891 mg/(L·d)，乌苏里江和兴凯湖 k 值较小，分别为 0.0565 mg/(L·d)和 0.0531 mg/(L·d)，其他采样点居中，说明洛古和呼玛河上游 DOP 矿化速率较大，乌苏里江和兴凯湖 DOP 矿化速率较小。

表 3-6　6 月 DOP 一级动力学模型参数

Table 3-6　The parameters of first order kinetics model of DOP in June

采样点	S_0（mg/L）	k [mg/(L·d)]	R^2
额尔古纳	0.0249	0.0831	0.9910
洛古	0.0358	0.0931	0.9854
呼玛河上游	0.0275	0.0891	0.9766
呼玛河	0.0210	0.0826	0.9679
黑河	0.0205	0.0783	0.9883
同江	0.0301	0.0836	0.9846
乌苏里江	0.0275	0.0565	0.9737
兴凯湖	0.0453	0.0531	0.9500

利用 MATLAB 软件，模拟为期 100 天的室内模拟矿化实验中 DOP 累积矿化量与培养时间的变化趋势。由图 3-25 可知，乌苏里江和兴凯湖 DOP 矿化进程较慢，在矿化的第 80 天左右基本达到稳定

状态，其他采样点 DOP 矿化进程较快且较为接近，均在矿化的 55 天左右已达到稳定状态，说明乌苏里江和兴凯湖 DOP 相对较难被微生物所利用，其他采样点微生物利用 DOP 的速率较为接近。

与 5 月相比，6 月洛古、呼玛河上游、呼玛河、同江、乌苏里江和兴凯湖 S_0 均有不同程度的降低，说明 6 月这些采样点水体中可被生物利用的 DOP 含量都有所减少。6 月除了乌苏里江和兴凯湖 k 值减小，洛古、呼玛河上游、呼玛河和同江 k 值均出现不同程度的增加，这说明除乌苏里江和兴凯湖水体中 DOP 的矿化速率减小以外，大部分采样点水体中 DOP 的矿化速率都有所增加。通过模拟为期 100 天的室内模拟矿化实验中 DOP 累积矿化量与培养时间的变化趋势也可看出，6 月除乌苏里江和兴凯湖 DOP 矿化进程有所减慢，在矿化的第 80 天左右才基本达到稳定状态外，其他各采样点 DOP 矿化进程均有小幅度加快，在矿化的第 55 天左右已达到稳定状态。

3.3.4　矿化实验中水体 DOM 荧光光谱特性

3.3.4.1　DOM 三维荧光光谱特性

5 月各采样点水样三维荧光光谱如图 3-26 所示，所有点位均检测到明显的类腐殖质峰：Ex/Em=（230～270）nm/（420～435）nm，表明各采样点 DOM 分子中均含有分子质量较高、结构复杂的类腐殖质物质。洛古、呼玛河上游、呼玛河、名山、同江、乌苏里江和兴凯湖特征峰位置分别位于 Ex/Em=240 nm/430 nm、250 nm/425 nm、240 nm/430 nm、250 nm/435 nm、250 nm/430 nm、250 nm/435 nm、250 nm/420 nm。一般认为较短波长处荧光峰的物质分子质量较低、

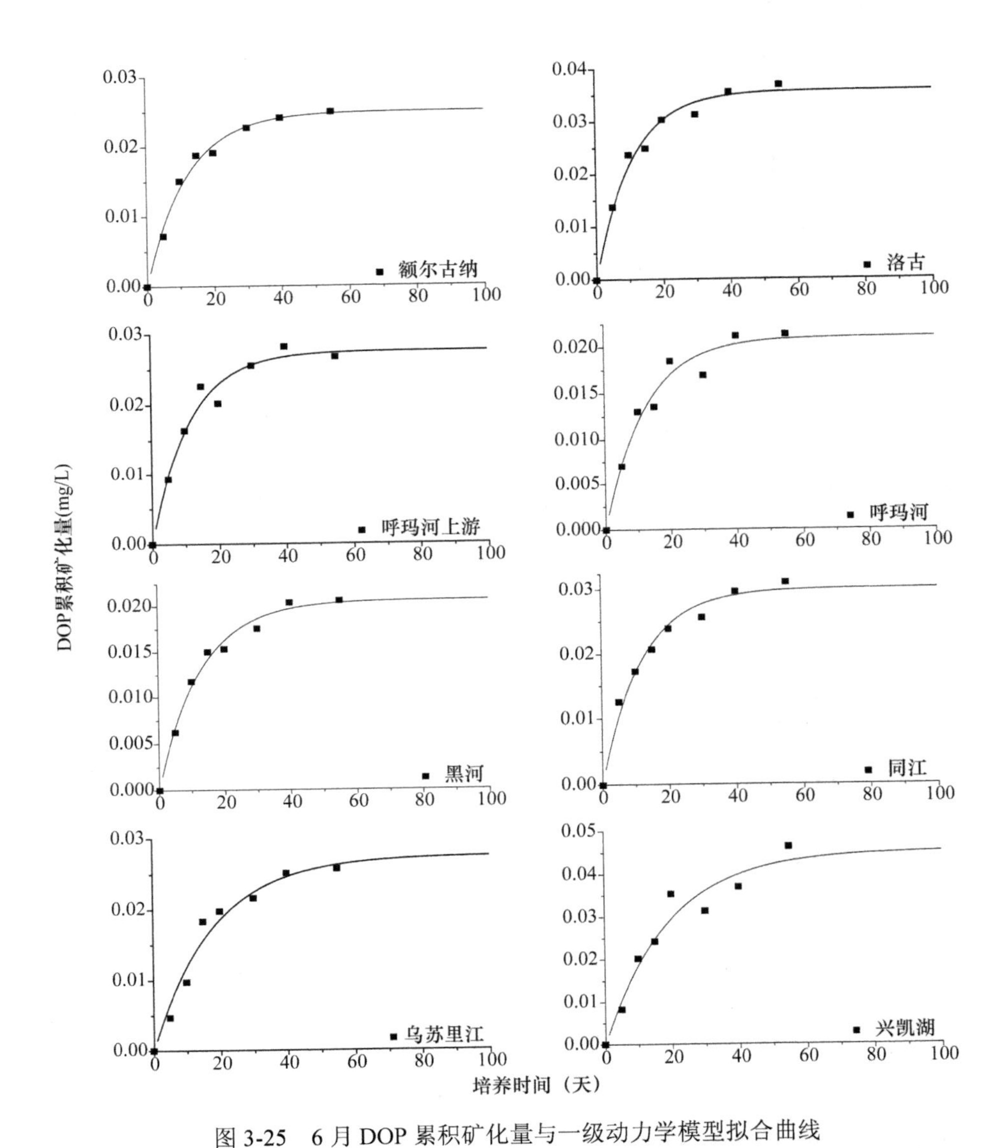

图 3-25　6 月 DOP 累积矿化量与一级动力学模型拟合曲线

Figure 3-25　DOP cumulative mineralization was fitted with first order kinetics model in June

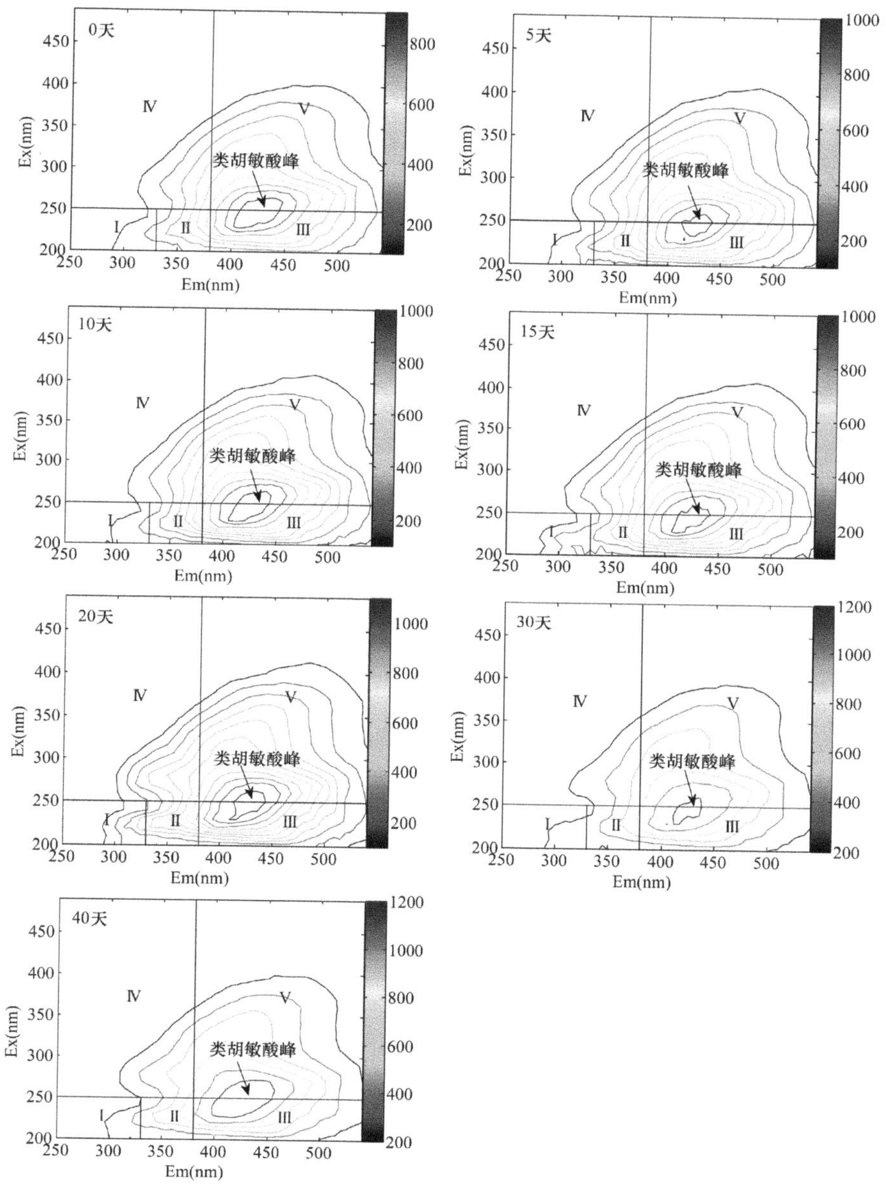

(a)洛古DOM矿化过程中三维荧光光谱变化

图 3-26　5 月各采样点矿化实验过程中三维荧光光谱（彩图请扫封底二维码）

Figure 3-26　The three-dimensional 3-D fluorescence spectrum of DOM during the mineralization experiment in May

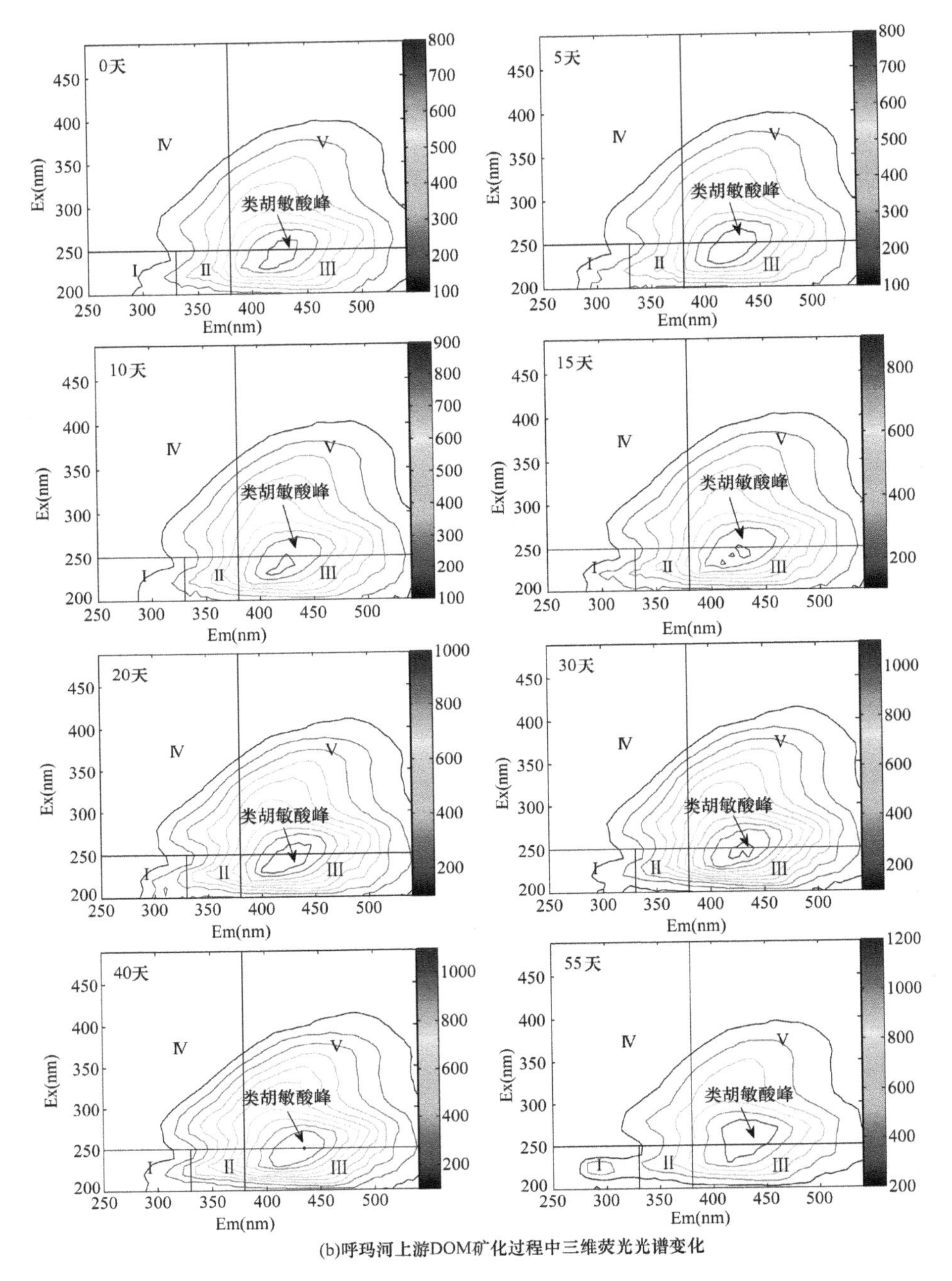

(b)呼玛河上游DOM矿化过程中三维荧光光谱变化

图 3-26 （续）

Figure 3-26 （Continued）

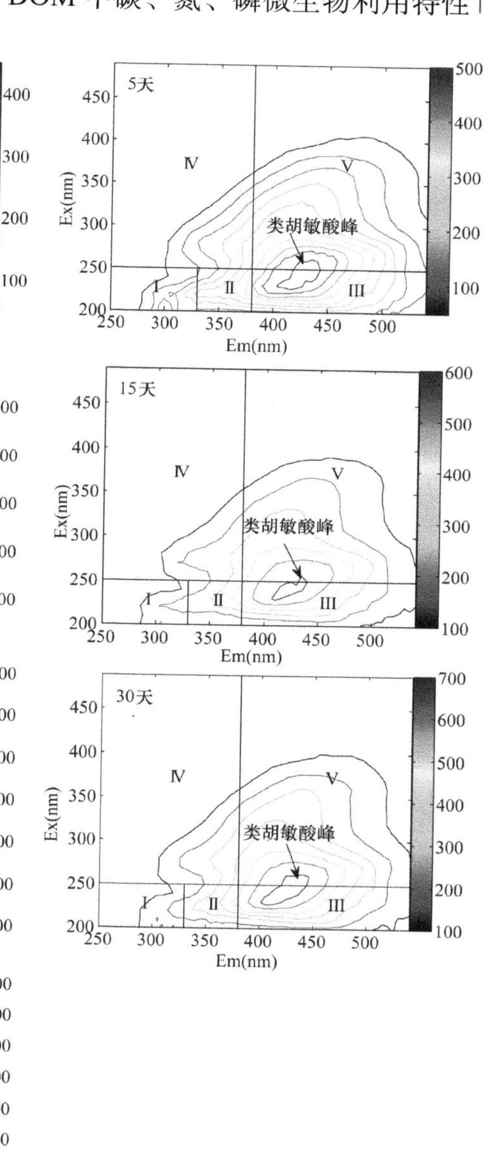

(c)呼玛河DOM矿化过程中三维荧光光谱变化

图 3-26 （续）

Figure 3-26 （Continued）

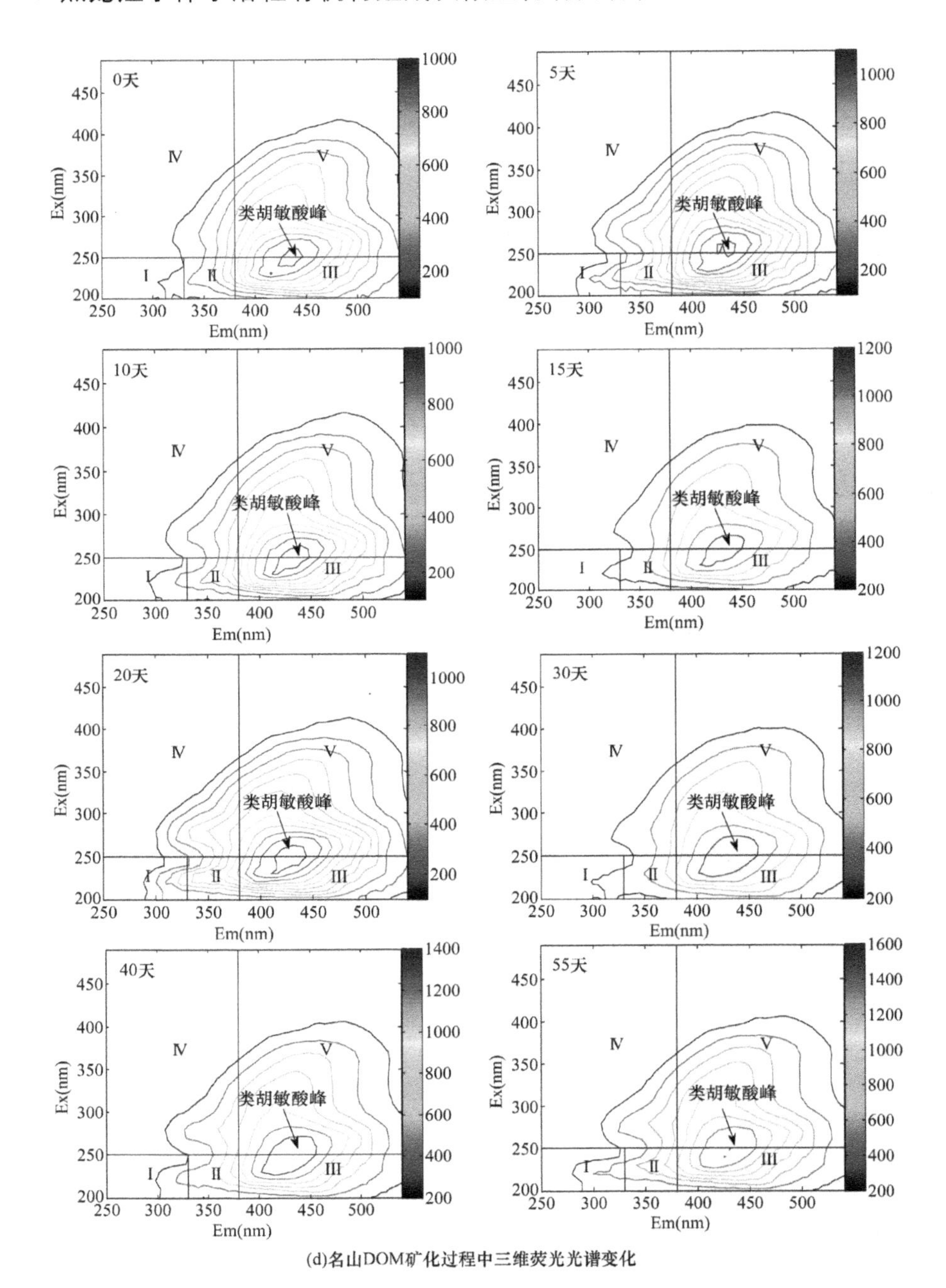

(d)名山DOM矿化过程中三维荧光光谱变化

图 3-26 （续）

Figure 3-26 （Continued）

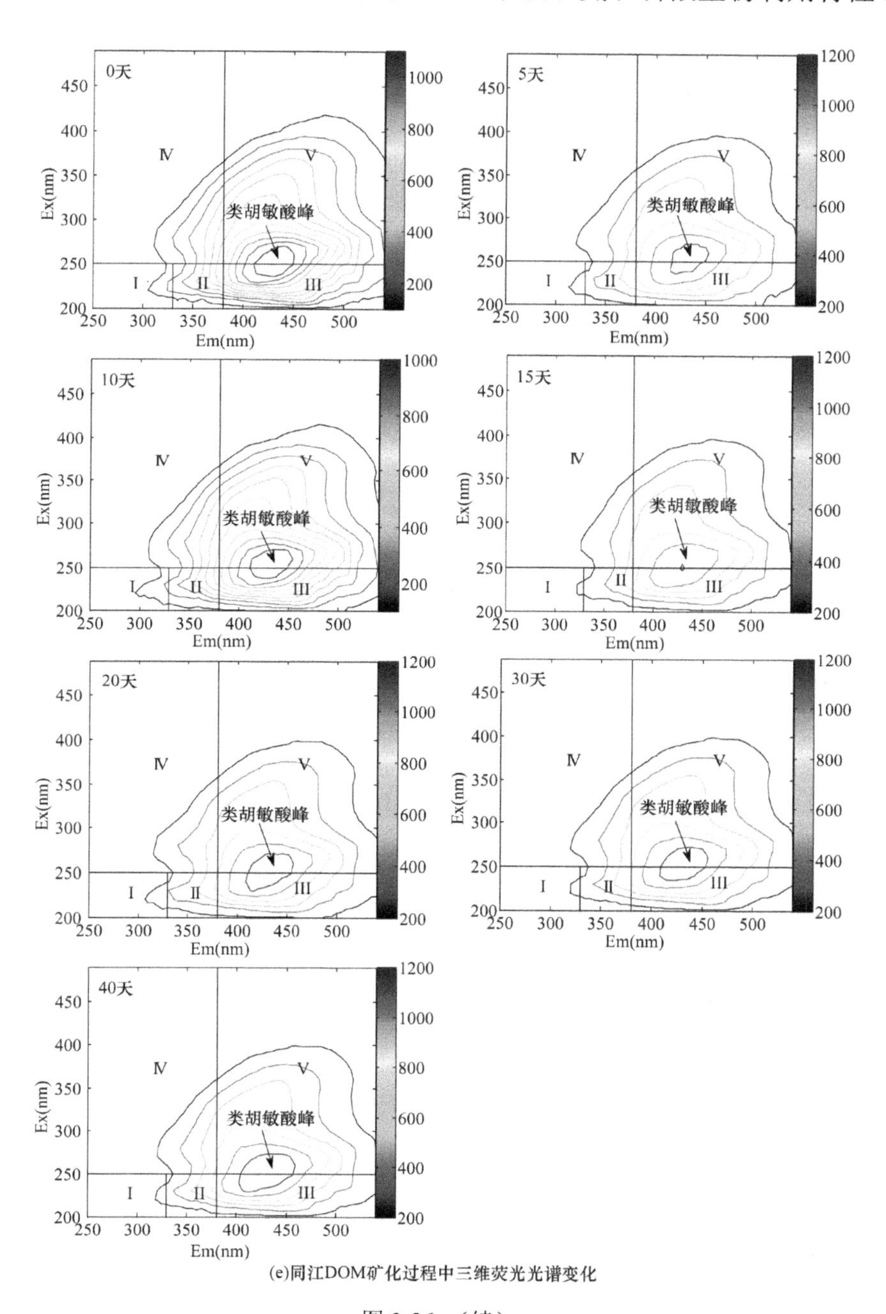

(e)同江DOM矿化过程中三维荧光光谱变化

图 3-26 （续）

Figure 3-26 （Continued）

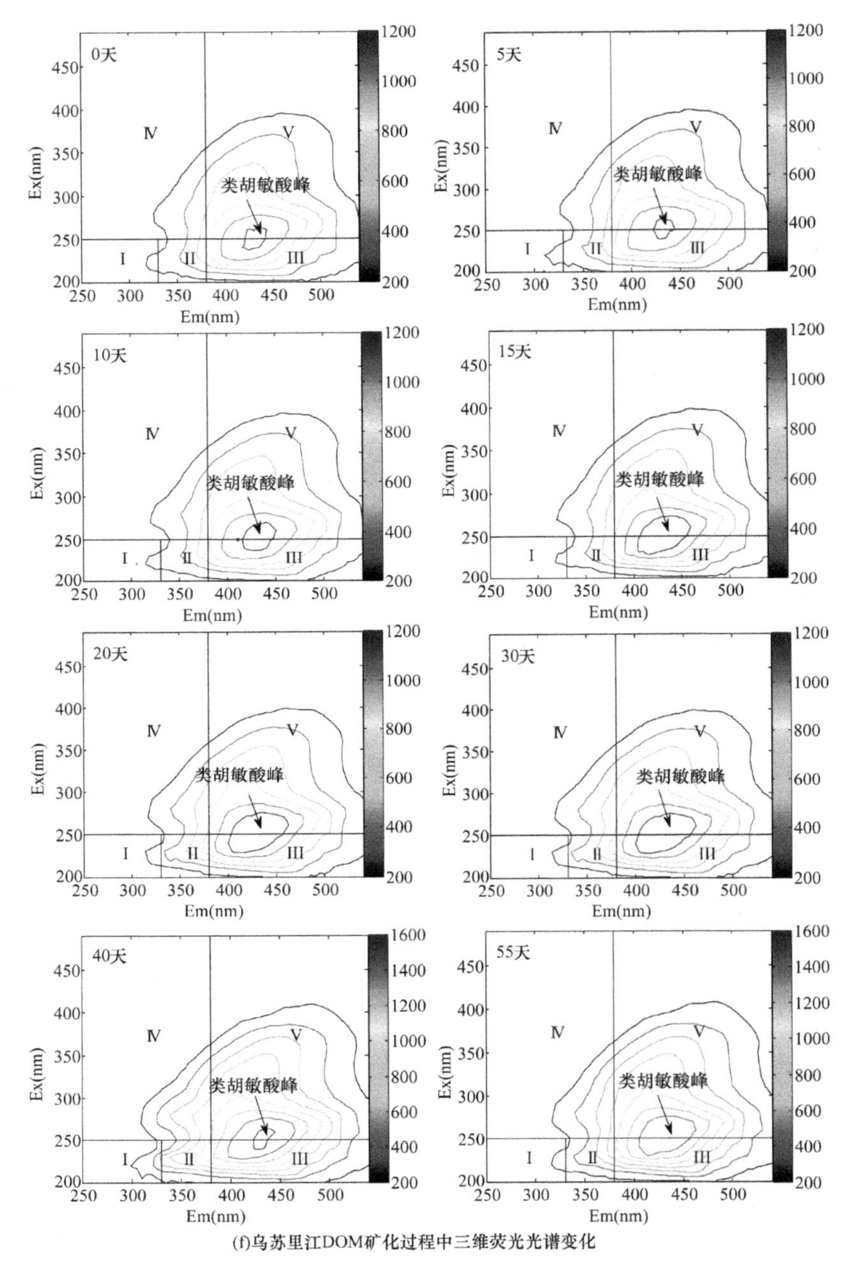

(f)乌苏里江DOM矿化过程中三维荧光光谱变化

图 3-26 （续）

Figure 3-26 （Continued）

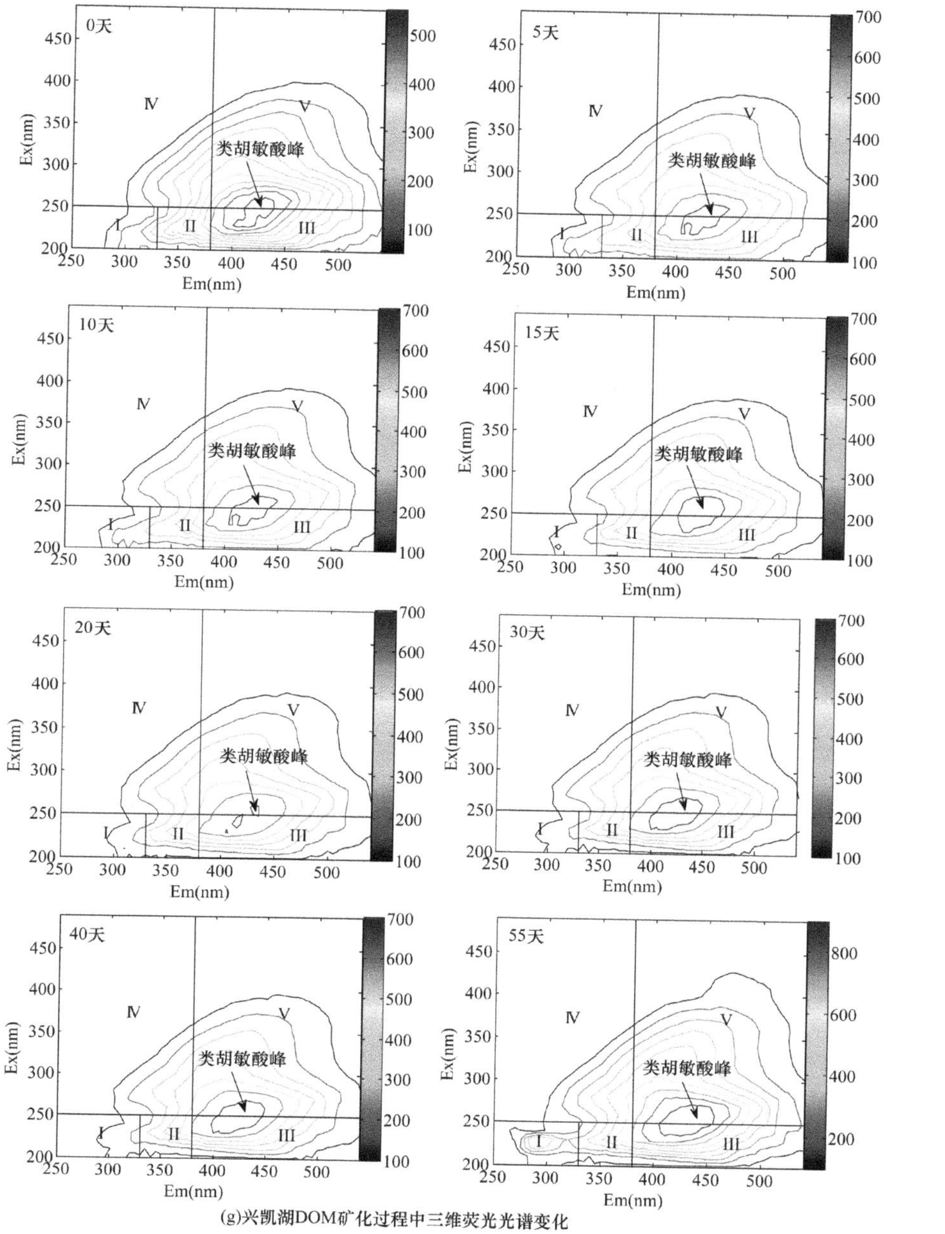

(g)兴凯湖DOM矿化过程中三维荧光光谱变化

图 3-26　(续)

Figure 3-26　(Continued)

结构相对简单，而较长波长处荧光峰的物质分子质量相对较高、分子结构更为复杂。比较初始腐殖质荧光峰位置可以看出，兴凯湖位于最短的发射波长处，名山和乌苏里江具有最大的发射波长，表明兴凯湖 DOM 分子结构最为简单、芳构化程度最低，而名山和乌苏里江 DOM 分子相对较为复杂，芳构化程度较高。

6 月各采样点水样三维荧光光谱如图 3-27 所示，所有点位均检测到明显的类腐殖质峰：Ex/Em=（240～260）nm/（425～435）nm，表明各采样点水样 DOM 分子中均含有分子质量较高、结构复杂的类腐殖质物质。额尔古纳、洛古、呼玛河、黑河、同江、乌苏里江和兴凯湖特征峰位置分别位于 Ex/Em=250 nm/435 nm、260 nm/435 nm、260 nm/430 nm、240 nm/430 nm、250 nm/435 nm、250 nm/435 nm、250 nm/425 nm。比较初始腐殖质荧光峰位置可以看出，兴凯湖 DOM 分子结构最为简单、芳构化程度最低，而洛古 DOM 分子相对最为复杂、芳构化程度最高。

比较 5 月、6 月洛古、呼玛河、同江、乌苏里江和兴凯湖特征峰位置可以看出，6 月洛古和呼玛河均在激发波长出现明显红移，说明 6 月两个采样点 DOM 分子结构更加复杂、芳香性更高，其他采样点无明显变化，说明其 DOM 分子结构差异不大。

经过 55 天室内模拟矿化培养，5 月呼玛河（Ex/Em=240 nm/420 nm）和名山（Ex/Em=240 nm/425 nm）的特征峰出现一定程度的蓝移，说明两个采样点 DOM 分子结构变得更为简单、芳构化程度降低，而洛古（Ex/Em=250 nm/435 nm）、呼玛河上游（Ex/Em=270 nm/430 nm）、同江（Ex/Em=250 nm/435 nm）、乌苏里江（Ex/Em=260 nm/435 nm）和兴凯湖（Ex/Em=250 nm/435 nm）均出现不同程度的红移，

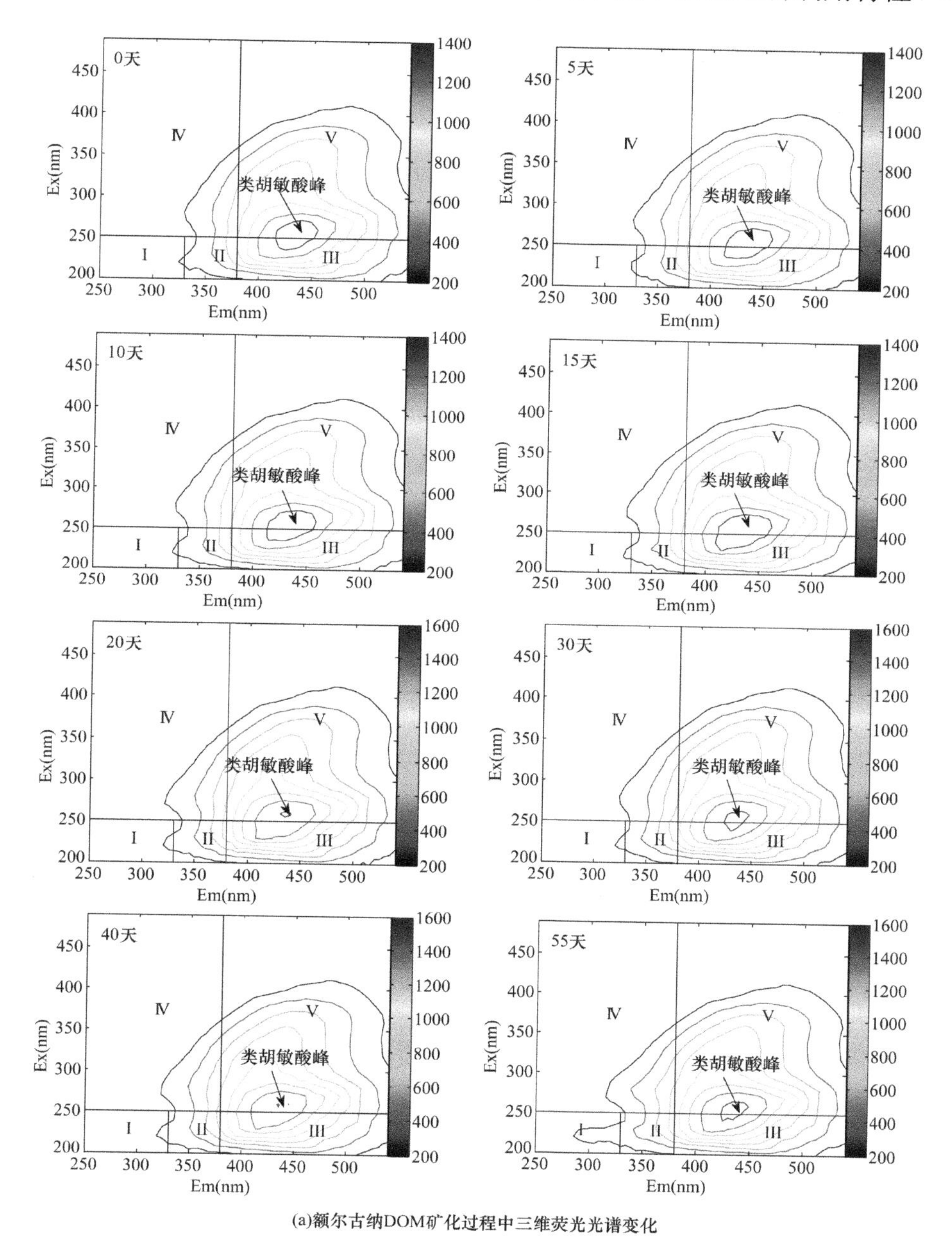

(a)额尔古纳DOM矿化过程中三维荧光光谱变化

图 3-27　6 月各采样点矿化实验过程中三维荧光光谱（彩图请扫封底二维码）

Figure 3-27　The three-dimensional 3-D fluorescence spectrum of DOM during the mineralization experiment in June

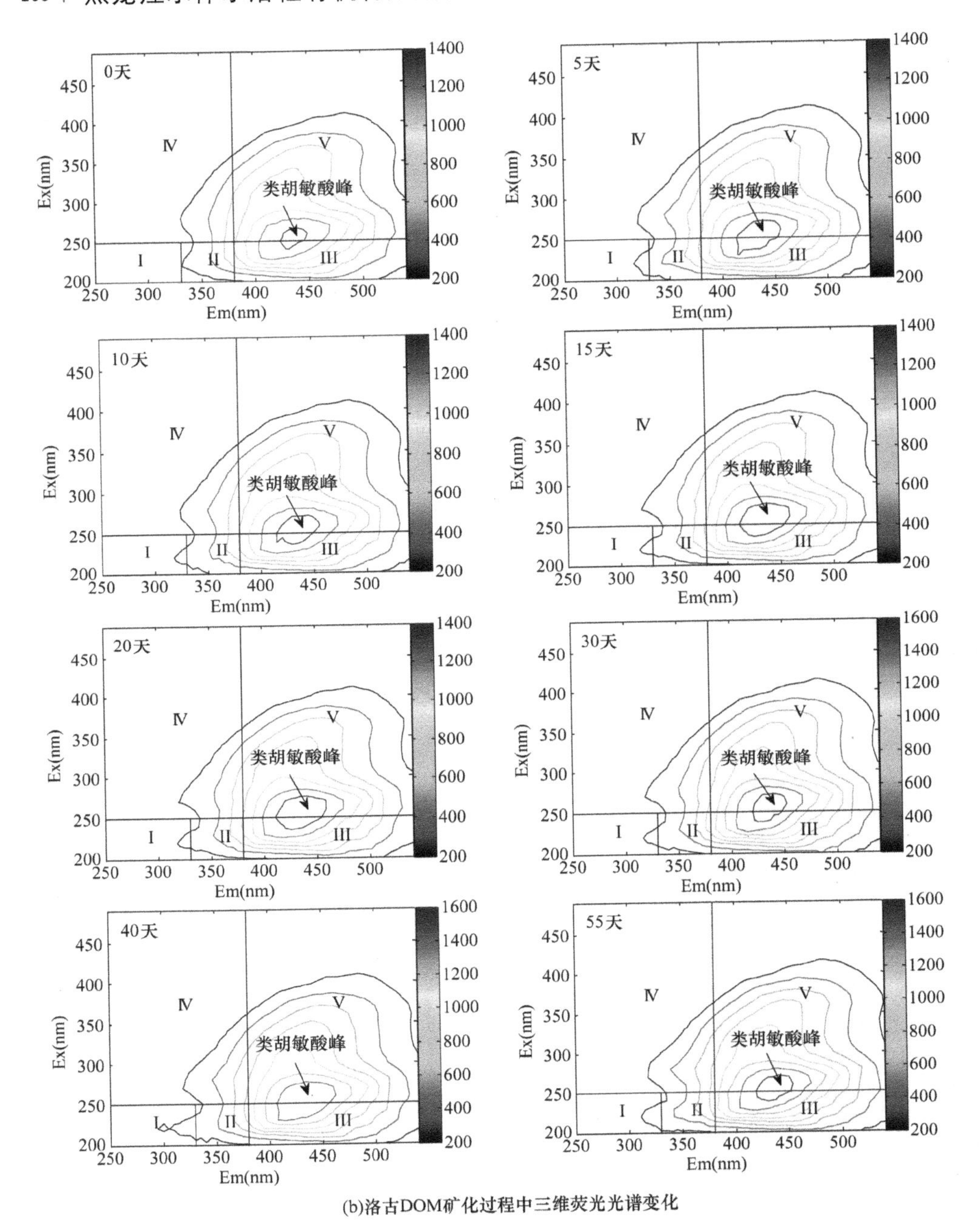

(b)洛古DOM矿化过程中三维荧光光谱变化

图 3-27 （续）

Figure 3-27 （Continued）

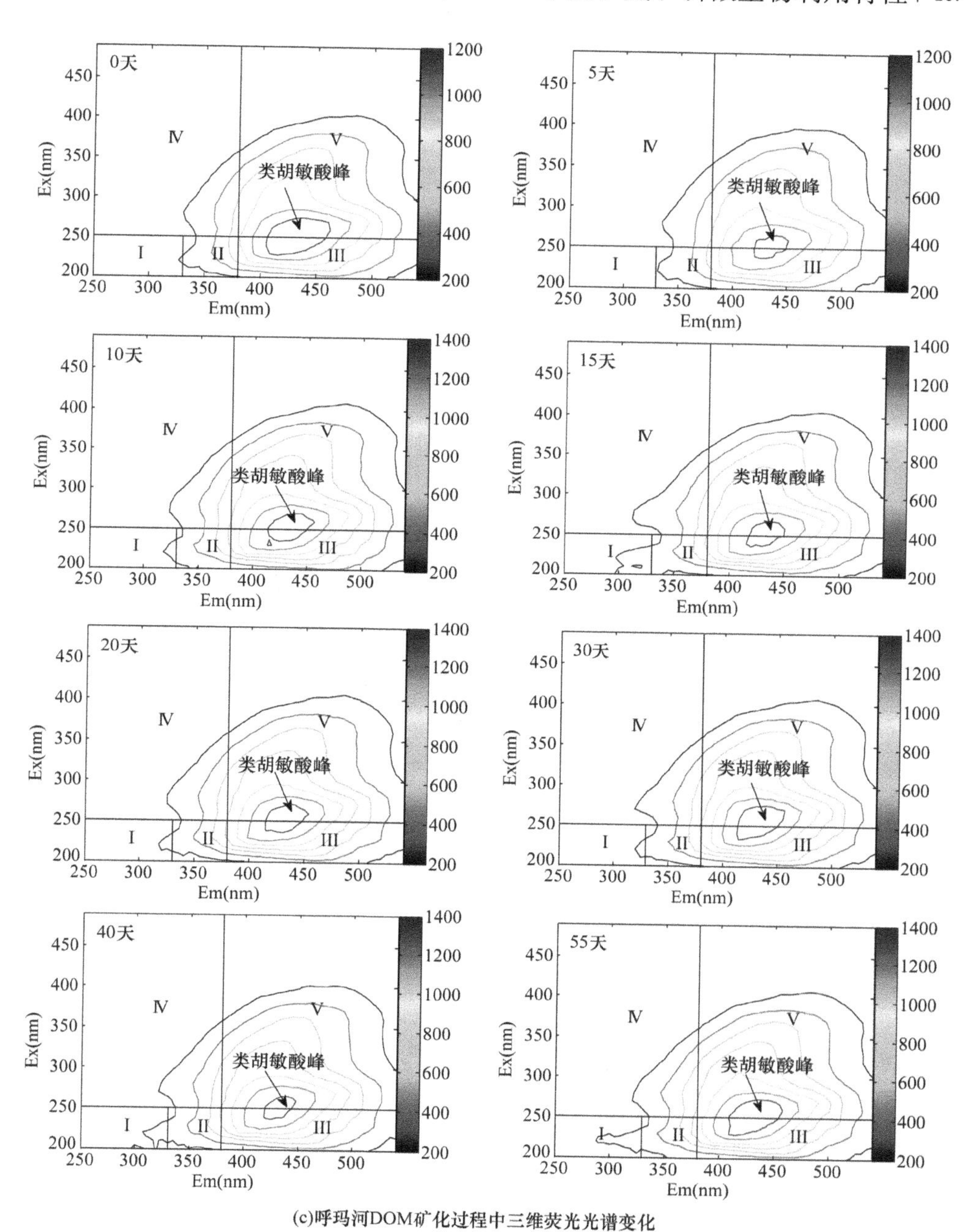

(c)呼玛河DOM矿化过程中三维荧光光谱变化

图 3-27 （续）

Figure 3-27 （Continued）

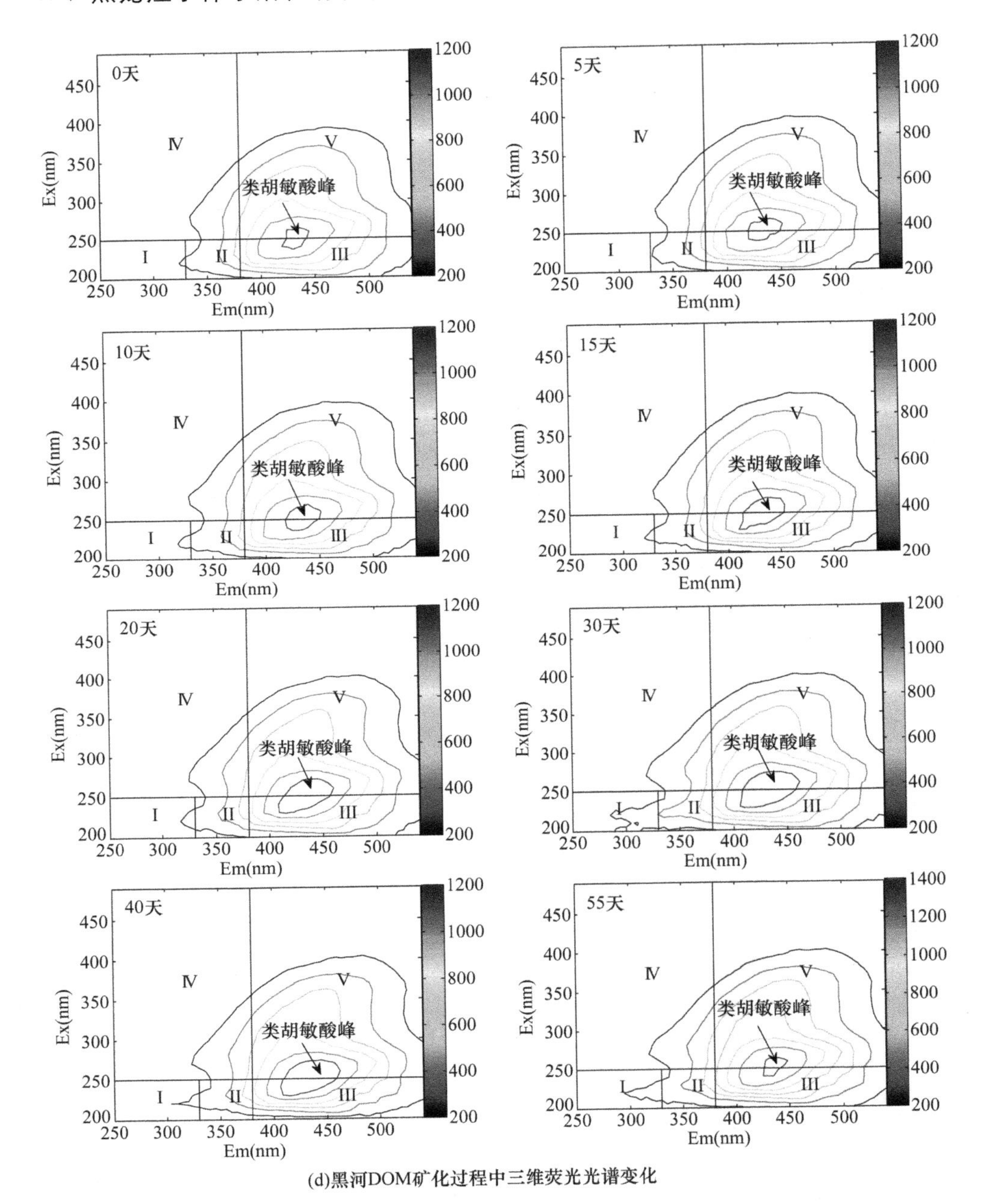

(d)黑河DOM矿化过程中三维荧光光谱变化

图 3-27 （续）

Figure 3-27 （Continued）

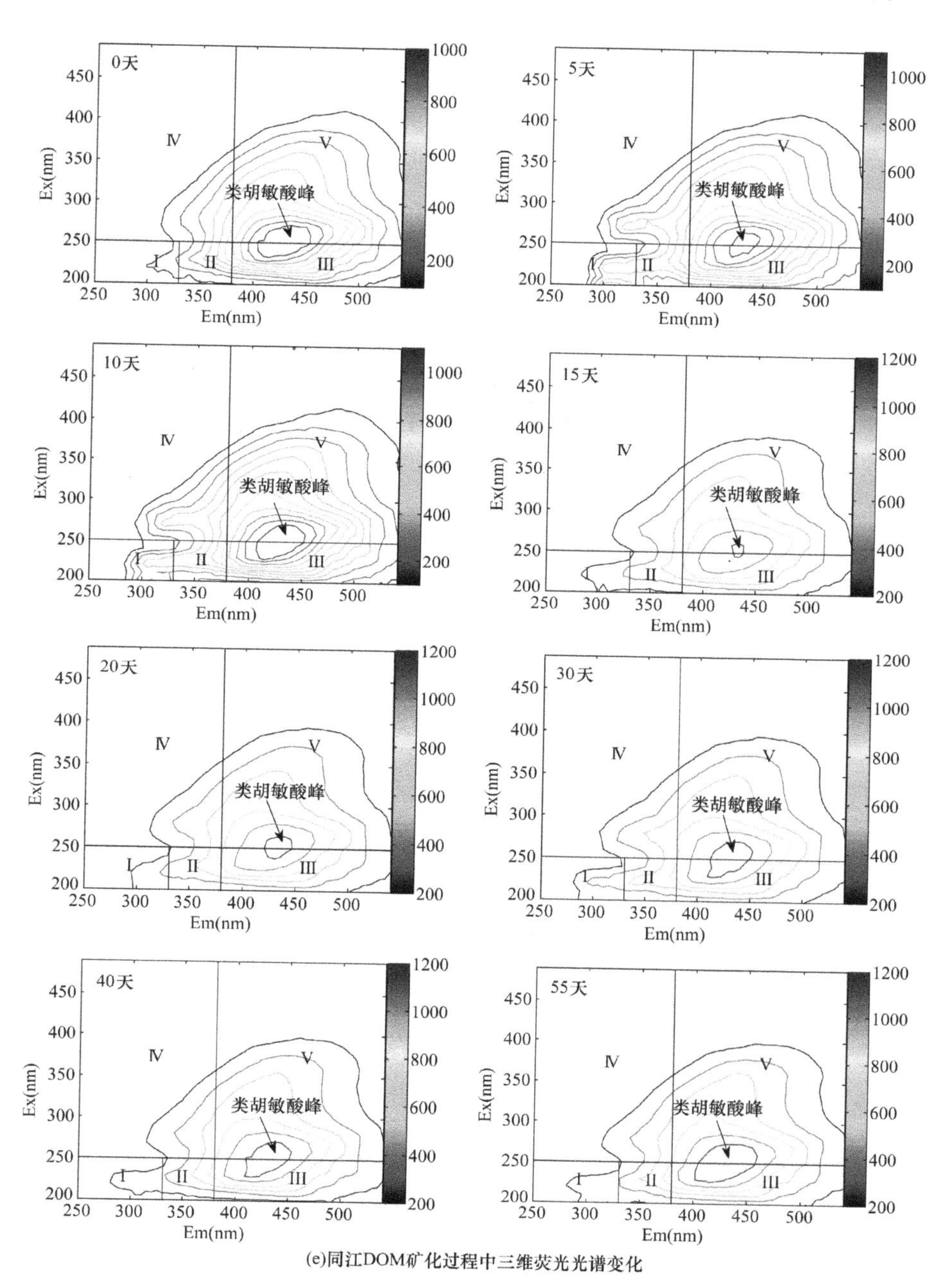

(e)同江DOM矿化过程中三维荧光光谱变化

图 3-27 （续）

Figure 3-27 （Continued）

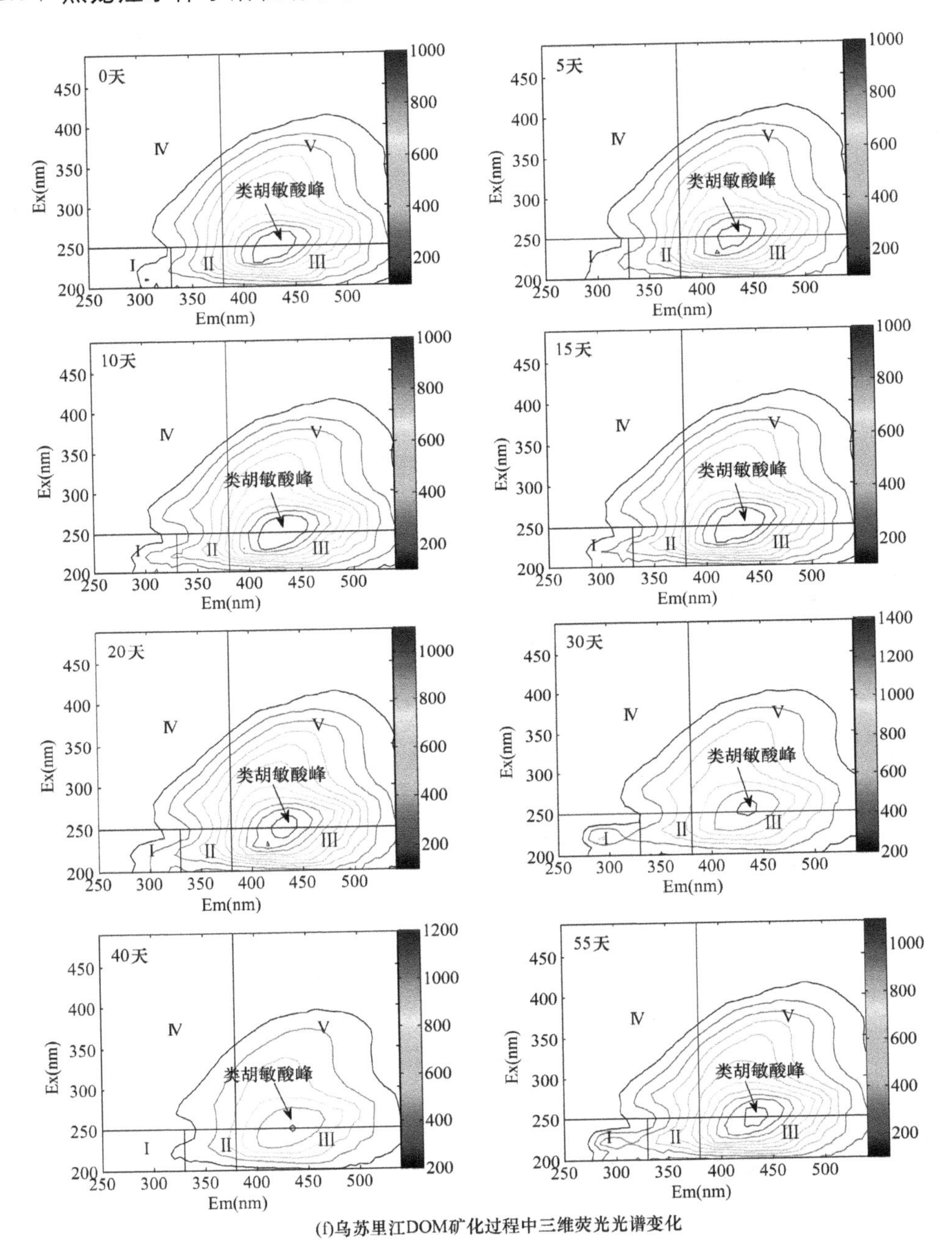

(f)乌苏里江DOM矿化过程中三维荧光光谱变化

图 3-27 （续）

Figure 3-27 （Continued）

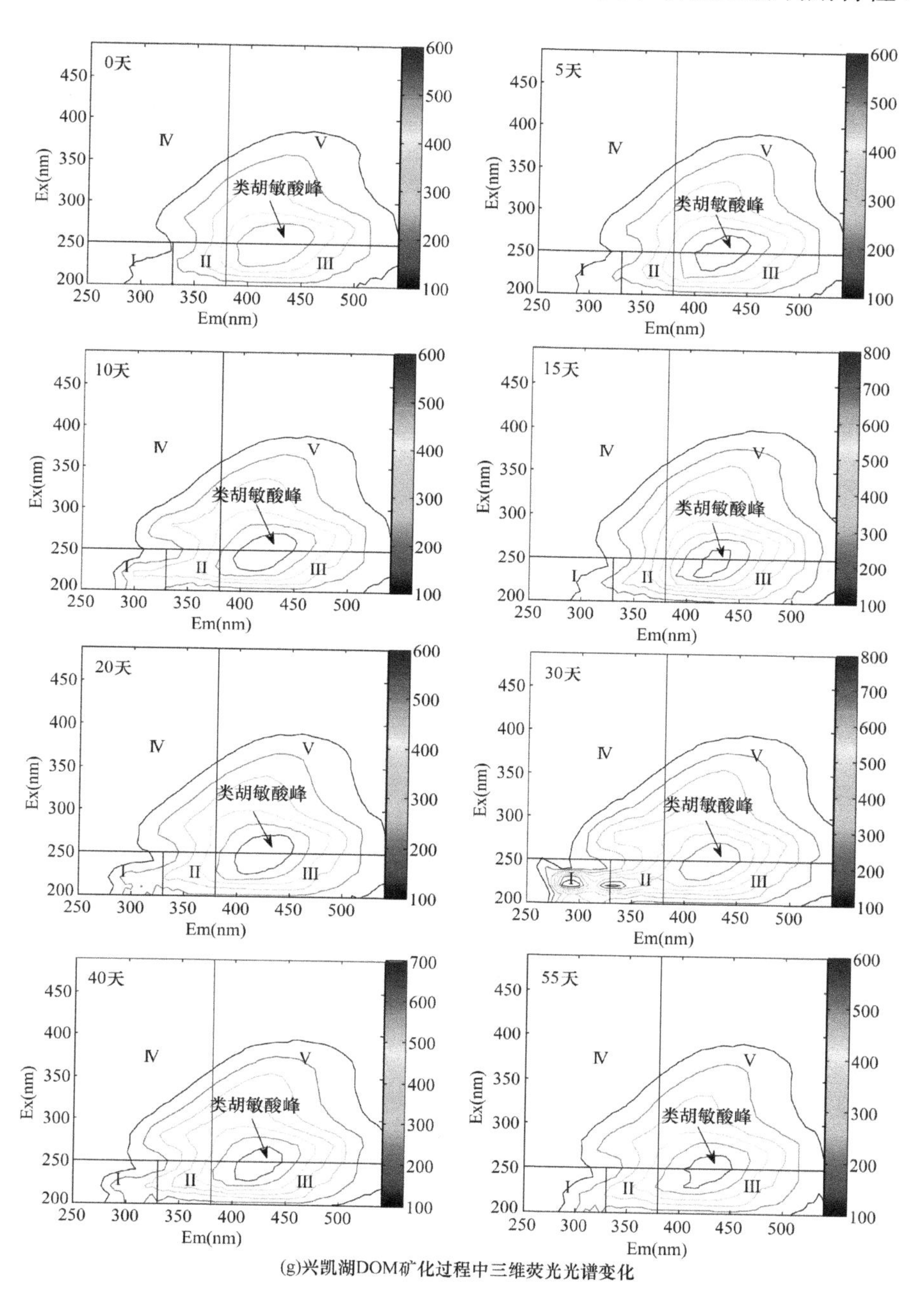

(g)兴凯湖DOM矿化过程中三维荧光光谱变化

图 3-27 （续）

Figure 3-27 （Continued）

说明其DOM分子向结构更为复杂的方向转化，在微生物的作用下，生成了芳构化程度更高的物质。6月同江（Ex/Em=250 nm/425 nm）的特征峰出现较为明显的蓝移，而兴凯湖（Ex/Em=250 nm/435 nm）的特征峰出现较为明显的红移，其他点位特征峰位置变化不大，说明同江 DOM 分子结构变得更为简单、芳构化程度降低，而兴凯湖DOM分子向结构更为复杂的方向转化，在微生物的作用下，生成了芳构化程度更高的物质。如图 3-28 所示，随着矿化培养的进行，5月、6月各水样的类腐殖质峰荧光强度均表现出增加的趋势，表明随着矿化培养的进行，类腐殖质物质有所增加。Kothawala等认为这可能是由于微生物利用不同的生长基质产生了类腐殖质物质[74, 75]。但6月与5月相比，其增加趋势明显减小，这可能与BDOC含量有关[76]。

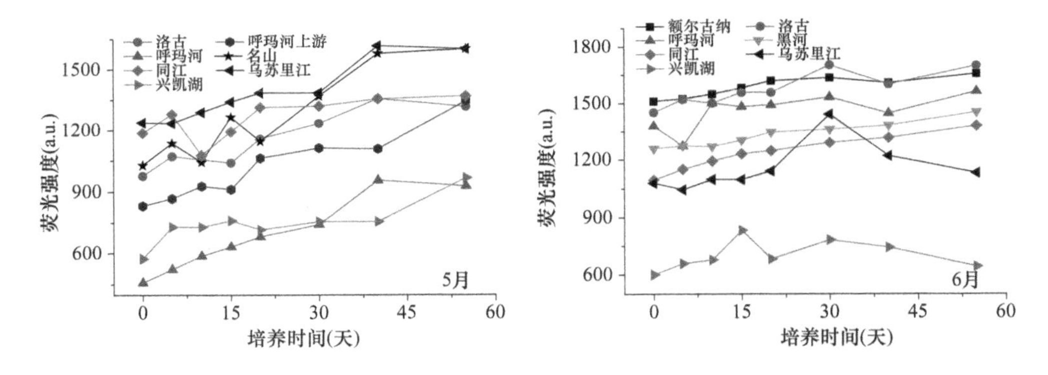

图 3-28　5月、6月矿化实验过程中荧光强度的变化（彩图请扫封底二维码）

Figure 3-28　The change of DOM intensity during the mineralization experiment in May and June

3.3.4.2　DOM三维荧光平行因子分析

利用PARAFAC对5月、6月各采样点矿化过程中112个DOM水样进行分析，共识别出3个荧光组分，如图3-29所示，所有组分

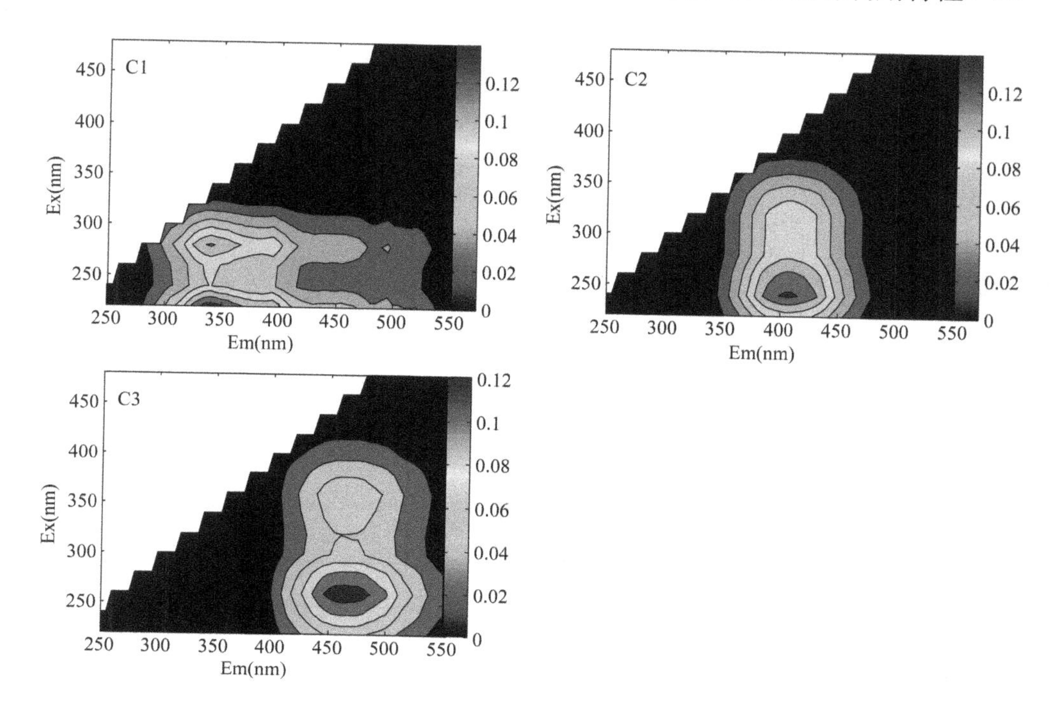

图 3-29　利用 PARAFAC 鉴别出的矿化实验过程中 3 种荧光组分（彩图请扫封底二维码）
Figure 3-29　Three different components identified by PARAFAC model during the mineralization experiment

均具有两个激发峰和一个发射峰。运用 PARAFAC 识别的不同荧光组分的峰位置如表 3-7 所示，根据其峰位置，可识别出 C1 组分为类色氨酸物质，C2 组分为 UVA 类腐殖质，C3 组分为 UVC 类腐殖质。C1 组分为游离或结合在蛋白质中的氨基酸，其荧光特性与游离的色氨酸类似，指示了完整的蛋白质或者较少降解的色氨酸，它可能来源于陆生植物或土壤有机物，也可能由内源产生或由微生物代谢过程产生；C2 组分为分子质量较低的 UVA 类腐殖质物质，一般在海洋中较为常见，在湿地、废水、农业环境中也有发现，这类物质也可能来源于陆生植物、土壤有机物或者由内源或微生物代谢过程产生；

C3 组分为分子质量较大的芳香氨基酸腐殖质物质和高分子腐殖质，较为常见，在森林和湿地环境中含量最高，这类物质一般来源于陆生植物或土壤有机物[39, 77, 78]。如图 3-30 所示，荧光组分所占比例为 C2>C3>C1，说明在矿化过程中类色氨酸物质相对较少，类腐殖质物质占绝大多数，其中分子质量较低腐殖质所占比例高于高分子质量的腐殖质。与 5 月相比，6 月高分子质量的腐殖质所占比例有所增加，而类色氨酸物质相对减少，分子质量较低的腐殖质较为接近。

表 3-7　运用 PARAFAC 得到的矿化实验过程中 DOM 荧光组分

Table 3-7　DOM components identified by PARAFAC model during the mineralization experiment

荧光组分	最大激发发射波长（nm）	荧光物质
C1	220，280/340	类色氨酸
C2	240，310/405	UVA 类腐殖质
C3	260，350/460	UVC 类腐殖质

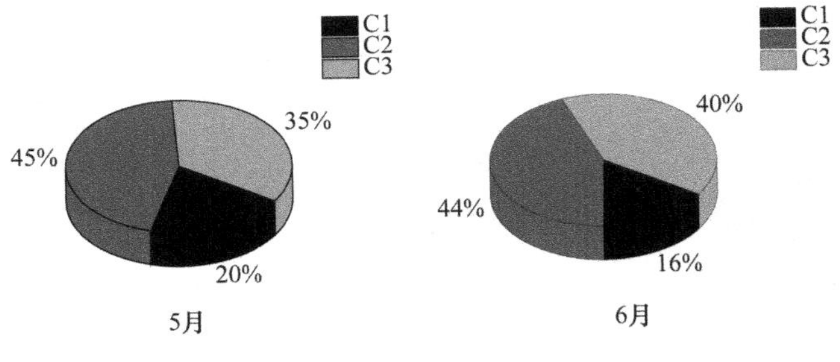

图 3-30　5 月、6 月 3 种荧光组分所占比例

Figure 3-30　Relative proportions of DOM fluorescent component in May and June

5 月黑龙江流域各采样点 DOM 的 3 种组分最大荧光强度（F_{max}）随培养时间的变化如图 3-31 所示。多数采样点 3 种组分 F_{max} 值相差

较大，C2 组分的 F_{max} 值明显高于其他两个组分，C1 组分 F_{max} 值最小，说明在矿化过程中分子质量较低的类腐殖质物质含量最高，其次是高分子的类腐殖质物质，类色氨酸物质含量最少。随着矿化培养的进行，除乌苏里江 C1 组分变化较小外，其他采样点 3 种组分 F_{max} 值均呈明显升高趋势，说明随着矿化培养的进行，微生物利用那些容易被利用的物质，而生成了分子质量较大、结构更为复杂的类色氨酸和类腐殖质物质。从整体看，3 种组分 F_{max} 值平均升高比例较为接近，分别为 56%、57%和 53%，但各采样点比较，同江和乌苏里江 3 种组分的 F_{max} 值升高趋势相对较小。

6 月黑龙江流域各采样点 DOM 的 3 种组分最大荧光强度(F_{max})随培养时间的变化如图 3-32 所示。多数采样点 C2 和 C3 组分 F_{max} 值较为接近且远大于 C1 组分，说明在矿化过程中分子质量较低的类腐殖质和高分子质量的类腐殖质含量较为接近且占绝对优势，类色氨酸物质含量很少。随着矿化培养的进行，除同江和乌苏里江外，其他采样点 3 种组分 F_{max} 值变化相对较小，多数呈现升高趋势，少数有轻微下降趋势。同江 C2 和 C3 组分 F_{max} 值相对差异较大，且均呈现出较为明显的升高趋势，而 C1 组分呈现出明显的下降趋势，说明随着矿化培养的进行，微生物利用了类色氨酸物质，同时生成了类腐殖质物质。乌苏里江 3 种组分 F_{max} 值在培养的前 10 天变化较小，15 天呈现出较大幅度升高，随后出现较大幅度的下降趋势，至培养结束，C2 和 C3 组分 F_{max} 值较初始 F_{max} 值分别下降了 25%和 45%，而 C1 组分 F_{max} 值仍高于初始 F_{max} 值。出现这种现象可能是由于微生物利用容易被利用的小分子物质先生成了更为复杂的类腐殖质物质和类色氨酸物质，随着易被利用的物质逐渐耗尽，微生物

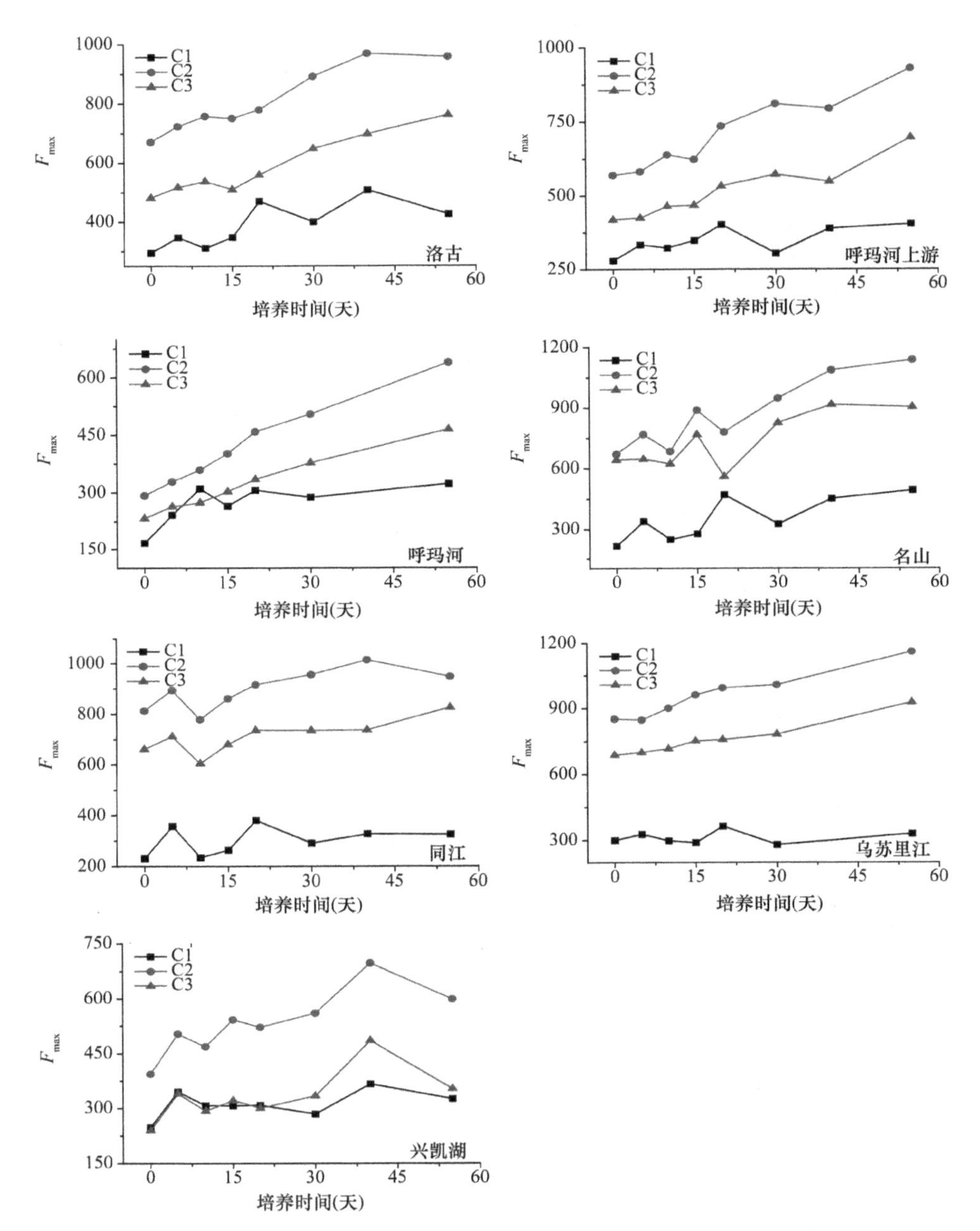

图 3-31　5 月矿化实验过程中各采样点 3 种组分最大荧光强度变化

Figure 3-31　The F_{max} change of DOM component during the mineralization experiment in May

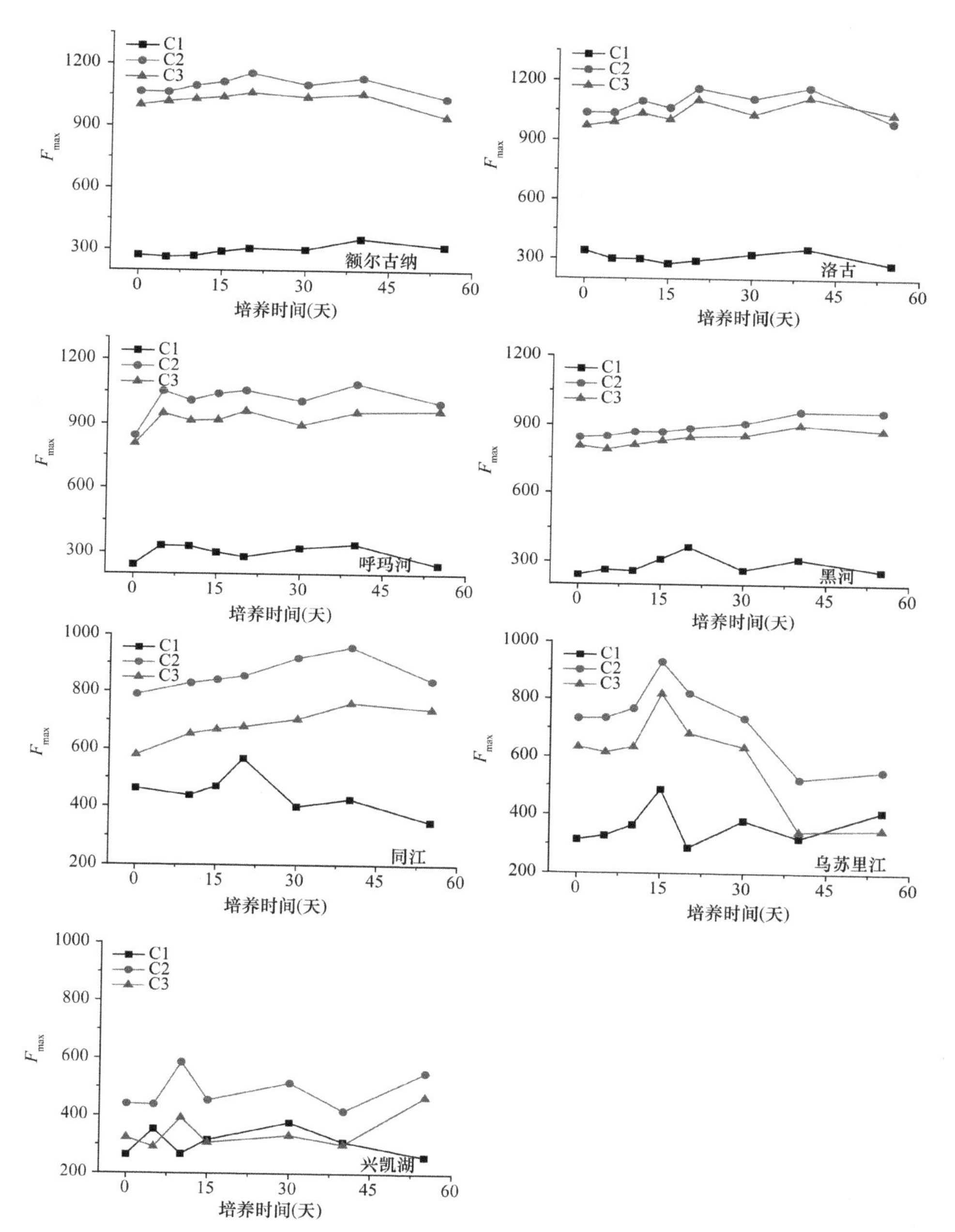

图 3-32 6 月矿化实验过程中各采样点 3 种组分最大荧光强度变化

Figure 3-32 The F_{max} change of DOM component during the mineralization experiment in June

开始利用这些分子质量较大、相对较难被利用的物质作为碳源。兴凯湖 C2 组分 F_{max} 值最大，C1 和 C3 组分 F_{max} 值较为接近，3 种组分的 F_{max} 值随培养的进行呈现出相对较大的波动状态。

从整体看，5 月 3 种组分 F_{max} 值相差较大，C2 组分最大，C3 组分居中，C1 组分最小，6 月 C2 和 C3 组分 F_{max} 值较为接近且与 C1 组分差异相对较大。随着矿化培养的进行，5 月 3 种组分 F_{max} 值变化趋势较为一致，呈现出明显的升高趋势，而 6 月同江和乌苏里江 3 种组分 F_{max} 值变化趋势较为特殊，同江 C1 组分 F_{max} 值呈现出明显下降趋势，而 C2 和 C3 组分 F_{max} 值呈现明显升高趋势，乌苏里江 3 种组分 F_{max} 值呈现出先升高再降低的趋势，其他采样点相对变化较小，多数呈现出升高趋势，少数出现轻微下降趋势。

3.3.5 BDOM 的影响因素

各指标相关性如表 3-8～表 3-10 所示，BDOC 和 RDOC 均与 DOC 极显著相关，说明水体中生物可利用的 DOC 含量和不易被生物所利用的 DOC 均与水体中 DOC 的浓度相关。%BDOC 与 DOC 极显著相关，说明水体中 DOC 的生物利用特性受 DOC 浓度的影响。%BDOC 与 DOC/DON 和生物可利用的水溶性总氮/水溶性总氮 [（BDON++DIN）/TDN]也极显著相关，说明 DOC 的生物利用特性也受 DOC/DON 和水体中总的可以被微生物所利用的氮含量的影响。

BDON 和 RDON 均与 DON 极显著相关，说明水体中生物可利用的 DON 含量和不易被生物所利用的 DON 均与水体中 DON 的浓度相关。BDON 与 TDN、NO_2^--N、NO_3^--N 和 NH_4^+-N 也极显著相关，说明水体中生物可利用的 DON 含量与各氮指标有关，也与 DON 和

DOP 的比例有关。%BDON 与生物可利用的水溶性总氮/水溶性总氮[（BDON+DIN）/TDN]极显著相关，说明 DON 的生物利用特性也受水体中总的可以被微生物所利用的氮含量的影响。

表 3-8　碳指标的相关性分析

Table 3-8　Correlation analysis of carbon index

	DOC	BDOC	RDOC	%BDOC	DOC/DON	（BDON+DIN）/TDN
DOC	1.000					
BDOC	0.866**	1.000				
RDOC	0.935**	0.633*	1.000			
%BDOC	0.730**	0.924**	0.476	1.000		
DOC/DON	0.747**	0.731**	0.640*	0.652**	1.000	
（BDON+DIN）/TDN	0.280	0.407	0.145	0.606**	0.157	1.000

*表示显著相关性在 0.05 水平（双尾检验）；**表示显著相关性在 0.01 水平（双尾检验）

表 3-9　氮指标相关性分析

Table 3-9　Correlation analysis of nitrogen index

	TDN	NO_3^--N	NO_2^--N	NH_4^+-N	DON	BDON	RDON	%BDON	（BDON+DIN）/TDN
TDN	1.000								
NO_3^--N	0.916**	1.000							
NO_2^--N	0.650**	0.595**	1.000						
NH_4^+- N	0.932**	0.860**	0.515**	1.000					
DON	0.961**	0.795*	0.651**	0.829**	1.000				
BDON	0.921**	0.777**	0.634**	0.826**	0.934**	1.000			
RDON	0.771**	0.614**	0.505	0.617*	0.838**	0.588*	1.000		
%BDON	0.371	0.331	0.297	0.387	0.340	0.650**	−0.223	1.000	
（BDON+DIN）/TDN	0.404	0.493	0.314	0.505	0.260	0.549*	−0.248	0.889**	1.000

*表示显著相关性在 0.05 水平（双尾检验）；**表示显著相关性在 0.01 水平（双尾检验）

表 3-10 磷指标相关性分析

Table 3-10 Correlation analysis of phosphorus index

	TDP	DRP	DOP	BDOP	RDOP	%BDOP	DOC/DOP	DON/DOP	(BDOP+DRP)/TDP
TDP	1.000								
DRP	0.866**	1.000							
DOP	0.912**	0.585*	1.000						
BDOP	0.874**	0.530*	0.983**	1.000					
RDOP	0.836**	0.627*	0.842**	0.729**	1.000				
%BDOP	0.458	0.226	0.558*	0.694**	0.038	1.000			
DOC/DOP	−0.352	−0.025	−0.550*	−0.586*	−0.327	−0.450	1.000		
DON/DOP	−0.549*	−0.303	−0.641**	−0.581*	−0.686**	−0.186	0.619*	1.000	
(BDOP+DRP)/TDP	0.596*	0.596*	0.478	0.581*	0.073	0.857**	−0.220	−0.084	1.000

*表示显著相关性在 0.05 水平（双尾检验）；**表示显著相关性在 0.01 水平（双尾检验）

BDOP 和 RDOP 均与 DOP 极显著相关，说明水体中生物可利用的 DOP 含量和不易被生物所利用的 DOP 均与水体中 DOP 的浓度相关。BDOP 与 TDP 也极显著相关，和 DRP 显著相关，说明水体中生物可利用的 DON 含量与各磷指标有关。BDOP 与生物可利用的总溶解性磷/总溶解性磷[（BDOP+DRP）/TDP]、DOC/DOP 和 DON/DOP 显著相关，说明 DOP 的生物有效性也受水体中总的可以被微生物所利用的磷含量，以及 DOC、DON 与 DOP 的比例的影响。%BDOP 与 DOP 显著相关，和（BDOP+DRP）/TDP 极显著相关，说明水体中 DOP 的生物有效性受 DOP 浓度的影响，同时也受水体中总的可以被微生物所利用的磷含量的影响。

3.3.6　浮游细菌优势种群对 BDOM、DOM 各组分 F_{max} 的影响

异养细菌可以降解 DOM 供给自身所需的碳源和营养，也可以利用那些容易被利用的 DOM 形成结构更为复杂的大分子 DOM，因此在 DOM 的生物化学转化方面发挥着重要作用。对水体优势种群与 BDOM、B（F_{max}）进行冗余分析（RDA）（图 3-33），结果表明，主要有拟杆菌和 β 变形菌对 BDOM 和 B（F_{max}）有影响。5 月，优势种群与 BDOC、BDON、BDOP 基本呈现负相关关系，表明这些优势种群对 DOM 降解较少，很少用来形成自身物质，增加其种群数量。变形菌、拟杆菌与 3 种组分 F_{max} 的变化均呈正相关关系，表明在变形

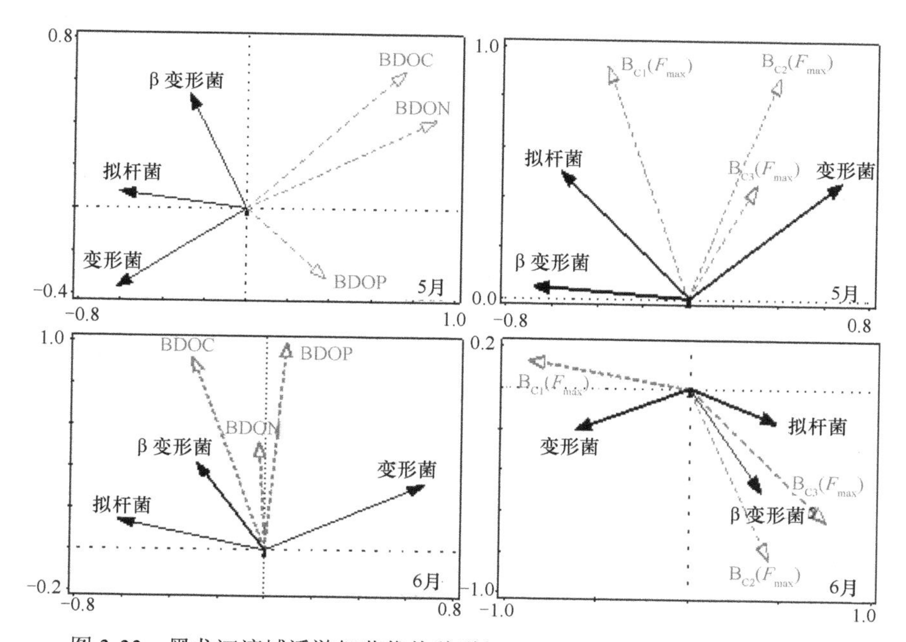

图 3-33　黑龙江流域浮游细菌优势种群与 BDOM、B（F_{max}）的冗余分析

Figure 3-33　Redundancy analysis including an ordination diagram of bacterioplankton dominant population with BDOM，B（F_{max}）in Heilongjiang watershed

B（F_{max}）为第 55 天最大荧光强度与 0 天最大荧光强度的差值，包括：B_{C1}（F_{max}）、B_{C2}（F_{max}）和 B_{C3}（F_{max}）

菌和拟杆菌的作用下可形成更多结构复杂的类腐殖质和类色氨酸物质，而 β 变形菌与 B_{C1}（F_{max}）呈正相关关系，与 B_{C2}（F_{max}）、B_{C3}（F_{max}）呈负相关关系，说明 β 变形菌可降解部分类色氨酸物质，同时生成类腐殖质。结合矿化过程中 3 种组分 F_{max} 均呈现较大的增加趋势，可说明 5 月这些优势种群对 DOM 的降解较少，发挥的主要作用是将结构较为简单的 DOM 转化为结构复杂的类腐殖质和类色氨酸物质。6 月，优势种群与 BDOC、BDON、BDOP 基本呈现正相关关系，拟杆菌、β 变形菌与 B_{C2}（F_{max}）、B_{C3}（F_{max}）呈正相关关系，而与 B_{C1}（F_{max}）呈负相关关系，变形菌主要与 B_{C1}（F_{max}）呈正相关关系，与 B_{C3}（F_{max}）呈负相关关系，表明这些优势种群可降解较多的 DOM，同时，伴随有类腐殖质和类色氨酸物质的形成和降解。由于矿化过程中 3 种组分 F_{max} 变化较小，多数呈现轻微增加趋势，可说明 6 月水体中的这些优势种群对 DOM 的降解较多，同时形成较少的结构复杂的类腐殖质和类色氨酸物质。

3.3.7 黑龙江流域 DOM 微生物可利用特性探讨

3.3.7.1 DOC 生物利用特性

水溶性有机碳是水体中十分活跃的组分，可以作为异养微生物和一些藻类的碳源和营养，在微生物和浮游植物的代谢方面发挥着重要的作用。在沿着水文路径（如陆地冲刷、地下水、湖泊、河流等）运输过程中，DOM 可以被微生物利用，同时矿化出 N 和 P 等，改变了水溶性有机碳的结构和生物利用特性[79, 80]。经过 55 天的室内模拟矿化培养，DOC 出现明显的下降趋势，且在矿化前期（0～15

天）下降较快，中后期（15～55 天）下降较慢，并逐渐趋于平稳。在整个矿化过程中，微生物优先利用 DOC 中不稳定的、容易被降解的化合物，DOC 下降较快，随着易被利用的化合物减少直至耗尽，微生物开始利用相对较难被利用的化合物，这些化合物分子质量较大、结构较为复杂，DOC 下降减慢，当可被利用的化合物慢慢耗尽，DOC 逐渐趋于平稳。被微生物所利用的 DOC 一般有两种去向，一种是转变为 CO_2 释放到大气中，一种是转变为微生物量参与到水体的食物网中[81]。

3.3.7.2　DON 生物利用特性

对 5 月、6 月黑龙江流域各采样点水样进行 55 天的室内模拟矿化培养，矿化过程中，TDN 质量浓度呈现不同程度的下降趋势，其下降了 6%～26.7%，这可能是由于部分 TDN 被微生物同化吸收，参与微生物的组成。NO_3^--N 质量浓度呈现明显的上升趋势，上升了 0.36～1.78 倍，NH_4^+-N 呈现一定的下降趋势，下降了 10.8%～44.1%，DON 质量浓度呈现明显的下降趋势，在矿化前期（0～15 天）下降较快，中后期（15～55 天）下降较慢，并逐渐趋向于平稳，其下降了 30%～57%。由此可见，NH_4^+-N 作为容易被微生物所吸收利用的无机氮源，在硝化细菌的作用下，转化为了 NO_3^--N，DON 作为能源和有机氮源，被微生物所矿化，矿化出的 NH_4^+-N 在水体中存在时间较短，在硝化作用下，最终会以 NO_3^--N 的形式存在于水体中。综合分析，DON 在微生物作用下矿化出无机氮，无机氮最终以 NO_3^--N 的形式存在，而水体氨态氮无明显贡献，不会对水质产生明显影响。

3.3.7.3 DOP 生物利用特性

微生物对 DOP 的利用主要是通过分泌胞外酶来分解 DOP，从而获得维持自身生长所需的能源和营养源[82]，许多微生物自身可以分泌磷酸酶，并在其酶促作用下水解 DOP，释放出 DRP。研究发现，生物可利用磷还存在着一种重要的补充途径，当水体中 DRP 缺乏时，藻类和细菌细胞中便可诱导产生磷酸酶，从而催化 DOP 的分解，释放 DRP，这种机制在水生生态系统中具有重要作用，尤其是在以微生物为主体的湖泊生态系统中[83]。DRP 是可被生物直接利用的磷的主要形态，其质量浓度可影响着浮游生物和水生植物的种类和数量，从而影响水质环境[84, 85]。5 月、6 月黑龙江流域各采样点水样经过 55 天的室内模拟矿化培养，TDP 整体变化幅度较小，5 月除洛古外其他采样点均呈现一定下降趋势，6 月额尔古纳、兴凯湖、乌苏里江和洛古呈现出轻微的上升趋势，而呼玛河、黑河、呼玛河上游和同江呈现出不同的下降趋势，TDP 增加可能是因为微生物死亡，细胞裂解释放出部分有机物，TDP 减少可能是微生物生长良好，将 TDP 转化为组成自身的物质。DRP 质量浓度呈现明显的上升趋势，其上升了 0.67～4.7 倍，DOP 呈现明显的下降趋势，在矿化前期（0～15 天）下降较快，中后期（15～55 天）下降较慢，并逐渐趋于平稳，其下降了 59%～77%。由此可见，DOP 作为能源和有机磷源，被微生物所矿化，主要以 DRP 的形式释放到水体中。综合分析，DOP 在微生物作用下矿化出无机磷，无机磷主要以 DRP 的形式存在，与 6 月相比，5 月水体中可被生物利用的 DOP 含量较高，释放到水体中的 DRP

相应较高，可能对水体产生更大程度的影响。

3.3.7.4　水体中 DOM 生物利用特性的影响因素

经过 55 天的室内模拟矿化培养，水体中%BDOC 为 5.3%～46.3%，平均有 21.9%的 DOC 可以被矿化，%BDON 为 30.3%～57.5%，可被矿化的 DON 平均为 46.3%，%BDOP 为 57.0%～76.9%，可被矿化的 DOP 平均为 68.0%。可见黑龙江流域水体 DOP 的生物利用特性最大，DON 次之，DOC 的生物利用特性最小，P 相对于 N 循环转化更快，C 循环转化最慢。该研究结果与 Charles 等对大西洋中间湾水域的研究结果一致，他们发现该水域可矿化的 DOC、DON 和 DOP 分别为 30%、40%和 80%，P 相对于 N 被优先矿化，N 相对于 C 被优先矿化[86]。Lønborg 等对一个温带沿海水域研究也发现，可被生物利用的 DOC 为 29%±11%，可被生物利用的 DON 为 52%±11%，可被生物利用的 DOP 为 88%±8%，表明 DOP 相对于 DON 被优先矿化，DON 相对于 DOC 被优先矿化[22]。一些关于溪流、河流和湿地的研究也表明 DON 更易被微生物所利用 [63, 87, 88]。这一趋势反映了淡水生态系统中 DOM 化合物的自然特性，不稳定的 DON 可能被矿化并且能比 C 丰富的腐殖质更快地循环，重新转化为 DON，而 C 丰富的腐殖质除非本源供给，否则在沿水文路径运输过程中会通过呼吸作用而逐渐损失。DON 相对于 DOC 生物利用特性更高可能是因为细菌可以选择性地清除 DOM 分子中的含氮官能团，或者优先消耗氮丰富的 DOM 分子[89]。Wiegner 和 Seitzinger 的研究支持了以上的说法，他们通过对淡水湿地的 DOC 和 DON 生物利用特性的季节性变化研究发现，在氮丰富的 DOM 中细菌增长更快[63]。Petrone 等研究也发现，生物可利用的 DOC 主要来源于疏水的含碳丰富的腐殖质，这些腐殖质通常来自于陆源植物，而生物可利用的 DON 主要由一些更容易被利用的来源所提供，如本源的物质或人为活动来源的物质[64]。

DOM的生物利用特性可以被许多因素所影响。Amon和Benner研究发现，DOM 的分子质量大小可以影响其生物利用特性[57]。Sun等通过对一些河流的研究发现DOM的生物利用特性与其化学组成有关[58, 59]。Seitzinger 等认为，在某种程度上，DOM 的分子质量大小和化学组成与其来源有关，所以 DOM 的生物利用特性又受其来源影响[62]。Findlay 等认为，河流 DOM 的化学组成也会受到河流内部许多化学、生物和物理过程的影响[88, 90]。以前的研究也证明了 DOM 的生物利用特性可以被温度、营养的可利用性、光强度、DOM 的性质、微生物群落结构及培养时间等所影响[91]。在我们的研究中，水样在相同的温度、黑暗条件下进行培养，具有相同的培养时间和初始细菌群落结构，所以 DOM 的生物利用特性更可能受 DOM 的初始浓度和化学结构所影响。通过相关性分析可知，%BDOC、%BDON 和%BDOP 分别与水体中 DOC、DON 和 DOP 浓度极显著相关，说明 DOM 的生物有效性受水体中 DOM 的浓度影响。

在同步扫描光谱中，一般认为 308～363 nm 和 363～595 nm 扫描波长，分别是类富里酸区域和类胡敏酸区域[92, 93]，它们与整个同步扫描光谱面积积分值分别为 FLR 和 HLR。$I_{380/280}$ 和 $I_{340/280}$ 表示同步扫描光谱中不同峰强度比值。FLR、HLR、$I_{380/280}$ 和 $I_{340/280}$ 等荧光特征参数都可以用来表征 DOM 分子的腐殖化程度。FLR 值越大，分子腐殖化程度越低，分子结构越简单。HLR、$I_{380/280}$ 和 $I_{340/280}$ 值越大，分子腐殖化程度越高，分子结构越复杂。通过相关性分析表明，5 月%BDOC、%BDON 和%BDOP 与各荧光特征参数均无显著相关（$P>0.05$），说明 5 月 DOM 的化学结构相比于 DOM 的浓度对其生物利用特性影响较小。如表 3-11 所示，6 月%BDOC 和%BDON 均与 FLR 显著正相关，与 HLR、$I_{380/280}$ 和 $I_{340/280}$ 均显著负相关，说明 6 月水体 DOC 和 DON 的生物利用特性不仅受其浓度的影响，也受其化学结构的影响，而%BDOP 与各荧光指标无显著相关性，说明 DOM 的化学结构对 DOP 的生物利用特性无明显影响，这可能是因为 DOP 的含量较小，P 伴随着 DOC 的矿化被优先释放，与 DOM 的结构联系较小。

表 3-11　6 月 DOC、DON、DOP 生物利用特性与荧光参数的相关性分析

Table 3-11　The correlation analysis on DOC，DON，DOP bioavaibility and fluorescence spectra paramete in june

	%BDOC	%BDON	%BDOP	FLR	HLR	$I_{380/280}$	$I_{340/280}$
%BDOC	1.000						
%BDON	0.804*	1.000					
%BDOP	0.214	0.189	1.000				
FLR	0.784*	0.808*	–0.111	1.000			
HLR	–0.722*	–0.728*	0.144	–0.990**	1.000		
$I_{380/280}$	–0.827*	–0.755*	0.072	–0.961**	0.959**	1.000	
$I_{340/280}$	–0.806*	–0.756*	–0.023	–0.934**	0.936**	0.990*	1.000

*表示显著相关性在 0.05 水平（双尾检验）；**表示显著相关性在 0.01 水平（双尾检验）

3.3.7.5　矿化实验中水体 DOM 荧光光谱特性

对 5 月、6 月黑龙江流域各采样点水样进行三维荧光光谱分析可以看到，所有采样点均检测到明显的类腐殖质峰，表明黑龙江水体溶解性有机物组分以结构复杂的类腐殖质物质为主，其分子质量大、结构复杂、生物利用特性低。经过 55 天的室内模拟矿化培养，各采样点类腐殖质峰荧光强度均表现出增加的趋势，表明随着矿化培养的进行，类腐殖质物质有所增加。Kothawala 等认为，这可能是微生物利用不同的生长基质，产生了类腐殖质物质[86, 87]。但 5 月各采样点类腐殖质峰荧光强度增加明显大于 6 月，而 5 月 BDOC 含量明显低于 6 月，通过相关性分析（图 3-34）可知，类腐殖质峰荧光强度的变化 B（I）与 BDOC 含量呈显著负相关关系，这与 Asmala 等的研究结果一致。Asmala 等研究发现，在 BDOC 含量最低的实验单元中，类腐殖质荧光强度增加最多，从而推测当环境中生物可利用的物质较少时，会产生更多的类腐殖质物质，代替增加生物量[76]。

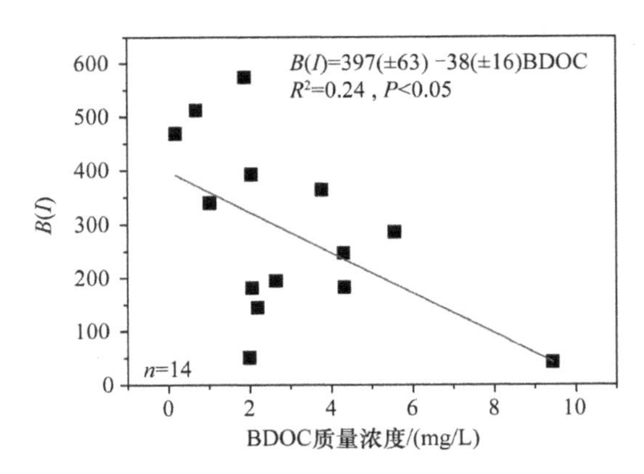

图 3-34 BDOC 质量浓度与 B（I）的相关性分析

Figure 3-34 Relationship between bioavailable DOC and fluorescence intensity variation

B（I）为第 55 天腐殖质峰荧光强度与 0 天腐殖质峰荧光强度的差值

通过平行因子分析可将整个矿化过程中水体溶解性有机物为 3 个组分，组分 1 为类色氨酸物质，组分 2 为 UVA 类腐殖质，组分 3 为 UVC 类腐殖质，荧光组分所占比例为 C2>C3>C1，可见在整个矿化过程中，分子质量较低的类腐殖质物质含量最高，其次是高分子质量的腐殖质，类色氨酸物质含量最低。经过 55 天的室内模拟矿化培养，5 月各采样点 3 种组分的 F_{max} 值均表现出明显的增加趋势，而 6 月 F_{max} 值变化相对较小，多数呈现轻微增加趋势，个别出现降低趋势。进一步验证了当环境中生物可利用的物质较少时，会产生更多的类腐殖质物质。

3.4　本 章 小 结

对 5 月、6 月黑龙江流域水体 DOM 进行室内模拟矿化实验，研究 DOM 的生物利用特性，得到以下结论。

（1）在室内模拟矿化实验过程中，DOC、DON 和 DOP 的矿化趋势大体相同，即在前期（0～15 天）矿化较快，中期（15～30 天）矿化相对较慢，后期（30～55 天）逐渐趋于稳定状态。

（2）6 月与 5 月相比，DOC 的生物利用特性有小幅度升高，DOP 的生物利用特性有小幅度下降，两个月份 DON 的生物利用特性较为接近。3 种 DOM 的生物利用特性为：DOC<DON<DOP，说明水体中水溶性有机磷的循环较水溶性有机氮快，水溶性有机碳循环最慢。

（3）在矿化实验过程中，DON 作为能源和有机氮源，被微生物所矿化，矿化出的 NH_4^+-N 在水体中存在时间较短，在硝化作用下，最终会以 NO_3^--N 的形式存在于水体中，而水体氨态氮无明显贡献，不会对水质产生明显影响。DOP 作为能源和有机磷源，被微生物所矿化，矿化出的无机磷主要以 DRP 的形式释放到水体中。综合分析，与 6 月相比，5 月水体中可被生物利用的 DOP 含量较高，释放到水体中的 DRP 相应较高，可能对水体产生更大程度的影响。

（4）基于最小二乘法，构建不同采样点溶解性有机物中有机态碳、有机态氮、有机态磷矿化一级动力学模型。结果表明，多数采样点水体中溶解性有机物的矿化均能与一级动力学模型很好的拟合，利用一级动力学模型拟合可以对水体中DOM的潜在矿化量和矿化速率进行预测，有助于了解水体C、N、P的循环转化。

（5）黑龙江水体DOM以类腐殖质为主，结构组成复杂、分子质量较大、生物利用特性较低。在矿化培养过程中，类腐殖质有所增加。在整个矿化过程中DOM主要包括3个组分，分别为类色氨酸物质、UVA类腐殖质和UVC类腐殖质，其中类腐殖质组分占绝大部分。随着矿化培养的进行，5月3种组分最大荧光强度均呈现出明显增加趋势，而6月多数呈现轻微增加，少数出现降低趋势。

（6）通过相关性分析可知，5月、6月DOC、DON和DOP的生物利用特性均受其浓度的影响，而5月DOM的化学结构对其生物利用特性未见明显影响，6月DOC和DON的生物有利用性不仅受其浓度的影响，还受DOM化学结构的影响，但DOM的化学结构对DOP的生物利用特性无明显影响。

（7）通过冗余分析可知，主要有拟杆菌和β变形菌对BDOM和BDOM的F_{max}值有影响。5月水体中的这些优势种群对DOM降解作用较小，主要在形成较多的类腐殖质和类色氨酸物质方面发挥作用，而6月优势种群对DOM的降解发挥较大作用，在其作用下形成较少的结构复杂的类腐殖质和类色氨酸物质。

参 考 文 献

[1] 张向红. 黑龙江黑河段“十一五”水环境质量现状及保护对策. 黑龙江环境通报, 2011, (3): 22-23+26.

[2] 田坤. 黑龙江流域生态环境可持续发展战略研究. 杨凌: 西北农林科技大学博士学位论文, 2006.
[3] 易卿, 程彦培, 张健康, 等. 气候变化对黑龙江—阿穆尔河流域的生态环境影响. 南水北调与水利科技, 2014, (5): 90-95.
[4] 满卫东. 乌苏里江流域中俄跨境地区湿地动态变化研究. 延吉: 延边大学硕士学位论文, 2014.
[5] 于灵雪, 张树文, 贯丛, 等. 黑龙江流域积雪覆盖时空变化遥感监测. 应用生态学报, 2014, 25(9): 2521-2528.
[6] 罗凤莲. 黑龙江流域水文概论. 北京: 学苑出版社, 1996.
[7] 郭敬辉. 黑龙江流域水文地理. 上海: 新知识出版社, 1958.
[8] 赵锡山. 俄罗斯结雅水库、布列亚水库对黑龙江干流洪水影响程度分析. 哈尔滨: 黑龙江大学硕士学位论文, 2015.
[9] 郭锐, 陈思宇, 魏金城. 中俄界河——黑龙江水环境分析与评价. 干旱环境监测, 2005, 19(3): 139-141.
[10] 李玮, 褚俊英, 秦大庸, 等. 松花江流域水污染及其调控对策. 中国水利水电科学研究院学报, 2010, 8(3): 229-232.
[11] 王艮梅, 周立祥. 陆地生态系统中水溶性有机物动态及其环境学意义. 应用生态学报, 2003, 14(11): 2019-2025.
[12] Bertilsson S, Jones J B. Supply of dissolved organic matter to aquatic ecosystems: Autochthonous Sources. *In*: Findlay S E G, Sinsabaugh R L. Aquatic Ecosystems: Interactivity of Dissolved Organic Matter. Amsterdam: Academic Press, 2003.
[13] Kang P G, Mitchell M J. Bioavailability and size-fraction of dissolved organic carbon, nitrogen, and sulfur at the Arbutus Lake watershed, Adirondack Mountains, NY. Biogeochemistry, 2013, 115: 213-234.
[14] Aitkenhead-peterson J A, Mcdowell W H, Neff J C. Sources, production, and regulation of allochthonous dissolved organic matter inputs to surface waters. *In*: Findlay S E G, Sinsabaugh R L. Aquatic Ecosystems: Interactivity of dissolved Organic Matter. Amsterdam: Academic Press, 2003.
[15] Neff J C, Chapin F S, Vitousek P M. Breaks in the cycle: dissolved organic nitrogen in terrestrial ecosystems. Frontiers in Ecology and the Environment, 2003, 1: 205-211.
[16] Brodie J, Wolansk I E, Lewis S, et al. An assessment of residence times of land-sourced contaminants in the Great Barrier Reef lagoon and the implications for management and reef recovery. Marine Pollution Bulletin, 2012, 65: 267-279.
[17] Agedah E C, Binalaiyifa H E, Ball A S, et al. Sources, turnover and bioavailability of

dissolved organic nitrogen(DON)in the Colne estuary, UK. Mar Ecol Prog Ser, 2009, 382: 23-33.

[18] Cavender-bares K K, Karl D M, Chisholm S W. Nutrient gradients in the western North Atlantic Ocean: relationship to microbial community structure and comparison to patterns in the Pacific Ocean. Deep-Sea Res I, 2001, 48: 2373-2395.

[19] Jover L F, Effler T C, Buchan A, et al. The elemental composition of virus particles: implications for marine biogeochemical cycles. Nat Rev Microbiol, 2014, 12: 519-528.

[20] Hino S. Characterization of orthophosphate release from dissolved organic phosphorus by gel filtration and several hydrolytic enzymes. Hydrobiologia, 1989, 174: 49-55.

[21] Spencer R G M, Vermilyea A, Fellman J, et al. Seasonal variability of organic matter composition in an Alaskan glacier outflow: insights into glacier carbon sources. Environmental Research Letters, 2014, 9. doi: 10.1088/1748-9326/9/5/055005.

[22] Lønborg C, Davidson K, Álvarez-salgado X A, et al. Bioavailability and bacterial degradation rates of dissolved organic matter in a temperate coastal area during an annual cycle. Marine Chemistry, 2009, 113: 219-226.

[23] 贾国元, 曾提, 贾国东. 淡水环境中可溶有机质研究进展. 绿色科技, 2013, 3: 151-154.

[24] Peuravuori J, Bursdkovd P, Pihlaja K. ESI-MS analyses of lake dissolved organic matter in light of supramolecular assembly. Anal Bioanal Chem, 2007, 389: 1559-1568.

[25] Hossler K, BaueR J E. Estimation of riverine carbon and organic matter source contributions using time-based isotope mixing mode1s. J Geophys Res Biogeosci, 2012, 117: 3035.

[26] Kim S W, Kaplani A, Benner R, et al. Hydrogen-deficient molecules in natural riverine water samples-evidence for the existence of black carbon in DOM. Mar Chem, 2004, 92: 225-234.

[27] Minor E C, Steinbring C J, Longnecker K, et al. Characterization of dissolved organic matter in Lake Superior and its watershed using ultrahigh resolution mass spectrometry. Org Geoehem, 2012, 43(2): 1-11.

[28] Gordon E S, Goni M A. Sources and distribution of terrigenous organic matter delivered by the Atchafalaya River to sediments in the northern Gulf of Mexico. Geochim Cosmochim Acta, 2003, 67: 2359-2375, doi: 10.1016/S0016-7037(02)01412-6.

[29] Massicotte P, Frenette J J. Spatial connectivity in a large river system: resolving the sources and fate of dissolved organic matter. Ecol Appl, 2011, 21: 2600-2617.

[30] Zhang Y, Vandijk M A, Liu M, et al. The contribution of phytoplankton degradation to chromophoric dissolved organic matter(CDOM)in eutrophic shallow lakes: field and experimental evidence. Water Res, 2009, 43: 4685-4697.

[31] 刘小静, 吴晓燕, 齐彩亚, 等. 三维荧光光谱分析技术的应用研究进展. 河北工业科技, 2000, 16(6): 516-523.

[32] 韩宇超, 郭卫东. 河口区有色溶解有机物(CDOM)三维荧光光谱的影响因素. 环境科学学报, 2012, 29(6): 422-426.

[33] 傅平青, 吴丰昌, 刘丛强, 等. 高原湖泊溶解有机质的三维荧光光谱特性初步研究. 海洋与湖沼, 2007, 38(6): 512-520.

[34] 刘笑菡, 张运林, 殷燕, 等. 三维荧光光谱及平行因子分析法在 CDOM 研究中的应用. 海洋湖沼通报, 2012, 3: 133-145.

[35] Ohno T, Bro R. Dissolved organic matter characterization using multiway spectral decomposition of fluorescence landscapes. Soil Science Society of America Joural, 2006, 70(6): 2028.

[36] Stedmon C A, Bro R. Characterizing dissolved organic matter fluorescence with parallel factor analysis: a tutorial. Limnol Oceanogr Methods, 2008, 6: 572-579.

[37] 甘淑钗, 吴莹, 鲍红艳, 等. 长江溶解有机质三维荧光光谱的平行因子分析. 中国环境科学, 2013, 33(6): 1045-1052.

[38] Inamdar S, Finger N, Singh S, et al. Dissolved organic matter(DOM)concentration and quality in a forested mid-Atlantic watershed, USA. Biogeochemistry, 2012, 108: 55-76.

[39] Stedmon C A, Markager S. Tracing the production and degradation of autochthonous fractions of dissolved organic matter using fluorescence analysis. Limnology and Oceanography, 2005, 50(5): 1415-1426.

[40] Stedmon C A, Markager S, Tranvik L. Photochemical production of ammonium and transformation of dissolved organic matter in the Baltic Sea. Marine Chemistry, 2007, 104(3-4): 227-240.

[41] Pedersen D K, Munek L, Engelsen S B. Screening for dioxin contamination in fish oil by PARAFAC and N-PLSR analysis of fluorescence landscapes. J Chemom, 2002, 16(8-10): 451-460.

[42] Booksh K S, Muroski A R. Single-measurement exeitation/emission matrix spectrofluorometer for determination of hydroearbons in ocean waters. Anal Chem, 1996, 68: 3539-3544.

[43] Kujawinski E B, Freitas M A, Zang X, et al. The application of electrospray ionization mass spectrometry (ESI MS) to the structural characterization of natural organic matter. Org Geochem, 2002, 33: 171-l80.

[44] Kim S, Simpson A J, Kujawinski E B, et al. High resolution electrospray ionization mass spectrometry and 2D solution NMR for the analysis of DOM extracted by C-18 solid phase

disk. Org Geochem, 2003, 34: 1325-1335.

[45] Abdulla H A N, Minor E C, Dias R F, et al. Changes in the compound classes of dissolved organic matter along an estuarine transect: a study using FTIR and C-13 NMR. Geochim Cosmochim Acta, 2010, 74: 3815-3838.

[46] Kaiser E, Simpson A J, Dria K J, et al. Solid-state and multidimensional solution-state NMR of solid phase extracted and ultrafiltered riverine dissolved organic matter. Environ Sci Technol, 2003, 37: 2929-2935.

[47] Raymond P, Bauer J. Use of C-14 and C-13 natural abundances for evaluating riverine, estuarine, and coastal DOC and POC sources and cycling: a review and synthesis. Org Geothem, 2001, 32: 469-485.

[48] Mulholland P J. Large-scale patterns in dissolved organic carbon concentration, flux, and sources. *In*: Findlay S E G, Sinsabaugh R L. Aquatic Ecosystems: Interactivity of Dissolved Organic Matter. Amsterdam: Academic Press, 2003: 139-159.

[49] Terzic S, Ahel M. Distribution of carbohydrates during a diatom bloom in the northern Adriatic. Croatic Chemica Acta, 1998, 245: 245-262.

[50] Dalzell B J, Filley T R, Harbor J M. Flood pulse influences on terrestrial organic matter export from an agricultural watershed. J Geophys Res, 2005, 110: 2011.

[51] Kalbitz K, Schmerwitz J, Schwesig D, et al. Biodegradation of soil-derived dissolved organic matter as related to its properties. Geoderma, 2003, 113: 273-291.

[52] 吴振斌, 邱东茹, 贺锋, 等. 沉水植物重建对富营养水体氮磷营养水平的影响. 应用生态学报, 2003, 14(8): 1351-1353.

[53] Ellegaarda M, Clarkeb A L, Reussb N, et al. Multi-proxy evidence of long-term changes in ecosystem structure in a Danish marine estuary, linked to increased nutrient loading. Estuarine Coastal & Shelf Science, 2006, 68(3-4): 567-578.

[54] Diab S, Kochba M, Avnimelech Y. Nitrification pattern in a fluctuating anaerobic-aerobic pond environment. Wat Res, 1993, 27(9): 1469-1475.

[55] Chen W, Wangersky P J. Rates of microbial degradation of dissolved organic carbon from phytoplankton cultures. J Plankton Res, 1996, 18: 1521-1533.

[56] 王艳, 廖新俤, 吴银宝. 环境温度和湿度对蛋鸡粪便含水率、氮素和 pH 的影响. 中国家禽, 2012, 34(4): 21.

[57] Amon R M W, Benner R. Bacterial utilization of different size classes of dissolved organic matter. Limnology and Oceanography, 1996, 41: 41-51.

[58] Sun L, Perdue E M, Meyer J L, et al. Use of elemental composition to predict bioavailability of dissolved organic matter in a Georgia river. Limnology and Oceanography, 1997, 42: 714-721.

[59] Fichot C G, Benner R. The fate of terrigenous dissolved organic carbon in a river-influenced ocean margin. Global Biogeochemical Cycles, 2014, 28(3): 300-318.

[60] Seitzinger S P, Sanders R W. Atmospheric inputs of dissolved organic nitrogen stimulate estuarine bacteria and phytoplankton. Limnology and Oceanography, 1999, 44: 721-730.

[61] Glibert P M, Magnien R, Lomas M W, et al. Harmful algal blooms in the Chesapeake and Coastal Bays of Maryland, USA: Comparison of 1997, 1998, and 1999 events. Estuaries, 2001, 24: 875-883.

[62] Kaushal S S, Delaney-newcomb K, Findlay S E G, et al. Longitudinal patterns in carbon and nitrogen fluxes and stream metabolism along an urban watershed continuum. Biogeochemistry, 2014, 121(1): 23-44.

[63] Wiegner T N, Seitzinger S P. Seasonal bioavailability of dissolved organic carbon and nitrogen from pristine and polluted freshwater wetlands. Limnology and Oceanography, 2004, 49: 1703-1712.

[64] Petrone K C, Richards J S, Grierson P F. Bioavailability and composition of dissolved organic carbon and nitrogen in a near coastal catchment of south-western Australia. Biogeochemistry, 2009, 92: 27-40.

[65] Solomon C T, Jones S E, Weidel B C, et al. Ecosystem consequences of changing inputs of terrestrial dissolved organic matter to lakes: current knowledge and future challenges. Ecosystems, 2015, 18(3): 376-389.

[66] Moran M A, Hodson R E. Bacterial production on humic and nonhumic components of dissolved organic carbon. Microbial Ecology, 1990, 13: 13-29.

[67] Volk C J, Volk C B, Kaplan L A. Chemical composition of biodegradable dissolved organic matter in streamwater. Limnology and Oceanography, 1997, 42: 39-44.

[68] Meyer J L, Benke A C, Edwards R T, et al. Organic matter dynamics in the Ogeechee River, a blackwater river in Georgia, USA. Journal of North American Benthological Society, 1997, 53: 82-87.

[69] Guillemette F, Del Giorgio P A. Simultaneous consumption and production of fluorescent dissolved organic matter by lake bacterioplankton. Environ Microbiol, 2012, 14(6): 1432-1443.

[70] Søndergaard M, Cauwet G, Riemann C, et al. Net accumulation and the flux of dissolved organic carbon and dissolved organic nitrogen in marine plankton communities. Limnology and Oceanography, 2000, 45: 1097-1111.

[71] Kerner M, Hohenberg H, Ertl S, et al. Self-organization of dissolved organic matter into micelle-like microparticles in river water. Nature, 2003, 422: 150-154.

[72] 国家环境保护总局. 水和废水监测分析方法. 4 版. 北京: 中国环境科学出版社, 2002.

[73] 褚磊，于君宝，管博. 土壤有机硫矿化研究进展. 土壤通报, 2014, (1): 240-245.
[74] Kothawala D N, von Wachenfeldt E, Koehler B, et al. Selective loss and preservation of lake water dissolved organic carbon fluorescence during a long-term dark incubation. Sci Total Environ, 2012, 433: 238-246.
[75] Shimotori K, WatanabE K, Hama T. Fluorescence characteristics of humic-like fluorescent dissolved organic matter produced by various taxa of marine bacteria. Aquat Microb Ecol, 2012, 65: 249-260.
[76] Asmala E, Autio R, Kaartokallio H, et al. Processing of humic-rich riverine dissolved organic matter by estuarine bacteria: effects of predegradation and inorganic nutrients. Aquat Sci, 2014, 76(3): 451-463.
[77] Ishii S K L, Boyer T H. Behavior of reoccurring PARAFAC components in fluorescent dissolved organic matter in natural and engineered systems: a critical review. Environmental Science & Technology, 2012, 46: 2006-2017.
[78] Chari N V H K, Sarma N S, Pandi S R, et al. Seasonal and spatial constraints of fluorophores in the midwestern Bay of Bengal by PARAFAC analysis of excitation emission matrix spectra. Estuarine, Coastal and Shelf Science, 2012, 100: 162-171.
[79] Vahatalo A V, Aarnos H, Mantyniemi S. Biodegradability continuum and biodegradation kinetics of natural organic matter described by the beta distribution. Biogeochemistry, 2010, 100: 227-240.
[80] Hansell D A. Recalcitrant dissolved organic carbon fractions. Annual Review of Marine Science, 2013, 5: 421-445.
[81] Raymond P A, Bauer J E. Riverine export of aged terrestrial organic matter to the North Atlantic Ocean. Nature, 2001, 409: 497-500.
[82] 张斌，席北斗，赵越，等. 五大连池水溶性有机磷矿化特性的研究. 环境科学，2012, 33(5): 1491-1496.
[83] Klotz R L. Cycling of phosphatase hydrolyzable phosphorus in streams. Canadian Journal of Fisheries and Aquatic Sciences, 1991, 48(8): 1460-1467.
[84] Schindler D W. Evolution of phosphorus limitation in lakes. Science, 1997, 195(4275): 260-262.
[85] Wetzel R G. Limnology, lake and river ecosystems. Third edition. New York: Academic Press, 2001: 266-269.
[86] Hopkinson C S J R, Vallino J J, Nolin A. Decomposition of dissolved organic matter from the continental margin. Deep-Sea Research II, 2002, 49: 4461-4478.
[87] Mengistu S G, Quick C G, Creed I F. Nutrient export from catchments on forested landscapes reveals complex nonstationary and stationary climate signals. Water Resour Res,

2013, 49: 3863-3880.

[88] Wiegner T N, Seitzinger S P, Gilbert P M, et al. Bioavailability of dissolved organic nitrogen and carbon from nine rivers in the eastern United States. Aquat Microb Ecol, 2006, 43: 277-287.

[89] Fang H, Cheng S, Yu G, et al. Experimental nitrogen deposition alters the quantity and quality of soil dissolved organic carbon in an alpine meadow on the Qinghai-Tibetan Plateau. Applied Soil Ecology, 2014, 81(1): 1-11.

[90] Findlay S, Quinn J M, Hickey C W, et al. Effects of land use and riparian flowpath on delivery of dissolved organic carbon to streams. Limnology and Oceanography, 2001, 46: 345-355.

[91] Del Giorgio P A, DaviS J. Patterns in dissolved organic matter lability and consumption across aquatic ecosystems. *In*: Findlay S E G, Sinsabaugh R L. Aquatic Ecosystems: Interactivity of Dissolved Organic Matter. Amsterdam: Academic Press, 2003: 399-424.

[92] Wang M L, Bei-dou X I, Qi-gong X U, et al. Fluorescence spectroscopic characteristics of dissolved organic matters(DOM)from Jingpo Lake water. Spectroscopy and Spectral Analysis, 2012, 32(9): 2477-2481.

[93] 王曼霖, 席北斗, 许其功, 等. 镜泊湖水体水溶性有机物荧光特性研究. 光谱学与光谱分析, 2012, 32(9): 2477-2481.